全国中等职业学校机械类专业通用教材

全国技工院校机械类专业通用教材（中级技能层级）

冷作工技能训练

（第五版）

人力资源社会保障部教材办公室组织编写

中国劳动社会保障出版社

简介

本书主要内容包括：入门知识，打大锤训练，钳工简单操作，焊条电弧焊基本操作，放样，矫正，下料，钻孔、攻螺纹与套螺纹，手工弯形，机械弯形，装配，连接，复合作业等。

本书由李明强担任主编，李冰、郑文杰担任副主编，隋成富、代野、杨光刚、王士林参加编写。

图书在版编目(CIP)数据

冷作工技能训练／人力资源社会保障部教材办公室组织编写. -- 5版. -- 北京：中国劳动社会保障出版社，2020

全国中等职业学校机械类专业通用教材 全国技工院校机械类专业通用教材. 中级技能层级

ISBN 978-7-5167-4726-1

Ⅰ. ①冷… Ⅱ. ①人… Ⅲ. ①冷加工-中等专业学校-教材 Ⅳ. ①TG386

中国版本图书馆CIP数据核字(2020)第223552号

中国劳动社会保障出版社出版发行

(北京市惠新东街1号 邮政编码：100029)

*

北京市艺辉印刷有限公司印刷装订 新华书店经销

787毫米×1092毫米 16开本 11.75印张 277千字

2020年12月第5版 2025年1月第2次印刷

定价：24.00元

营销中心电话：400-606-6496

出版社网址：http://www.class.com.cn

http://jg.class.com.cn

前　言

为了更好地适应全国技工院校机械类专业的教学要求，全面提升教学质量，人力资源社会保障部教材办公室组织有关学校的一线教师和行业、企业专家，在充分调研企业生产和学校教学情况、广泛听取教师对教材使用反馈意见的基础上，对全国技工院校机械类专业通用教材中所包含的车工、钳工、机修钳工、铣工、焊工、冷作工、机床加工等工艺学、技能训练教材进行了修订。

本次教材修订工作的重点主要体现在以下几个方面：

第一，合理更新教材内容。

根据机械类专业毕业生所从事岗位的实际需要和教学实际情况的变化，合理确定学生应具备的能力与知识结构，对部分教材内容及其深度、难度做了适当调整；根据相关专业领域的最新发展，在教材中充实新知识、新技术、新设备、新材料等方面的内容，体现教材的先进性；采用最新国家技术标准，使教材更加科学和规范。

第二，紧密衔接国家职业技能标准要求。

教材编写以国家职业技能标准《车工（2018年版）》《钳工（2020年版）》《铣工（2018年版）》《焊工（2018年版）》等为依据，涵盖国家职业技能标准（中级）的知识和技能要求，并在与教材配套的习题册、技能训练图册中增加了针对相关职业技能鉴定考试的练习题。

第三，精心设计教材形式。

在教材内容的呈现形式上，尽可能使用图片、实物照片和表格等形式将知识点生动地展示出来，力求让学生更直观地理解和掌握所学内容。针对不同的知识点，设计了许多贴近实际的互动栏目，在激发学生学习兴趣和自主学习积极性的同时，使教材“易教易学，易懂易用”。在教材插图的制作中采用了立体造型技术，同时部分教材在印刷工艺上采用了四色印刷，增强了教材的表现力。

第四，引入“互联网+”技术，进一步做好教学服务工作。

在《车工工艺学（第六版）》《车工技能训练（第六版）》《钳工工艺学（第六版）》等教材中使用了增强现实（AR）技术。学生在移动终端上安装App，扫描教材中带有AR图标的页面，可以对呈现的立体模型进行缩放、旋转、剖切等操作，以及观察模型的运动和拆分动画，便于更直观、细致地探究机构的内部结构和工作原理，还可以浏览相关视频、图片、文本等拓展资料。在部分教材中使用了二维码技术，针对教材中的教学重点和难点制作了动画、视频、微课等多媒体资源，学生使用移动终端扫描二维码即可在线观看相应内容。

本套教材中的工艺学教材配有习题册，技能训练教材配有技能训练图册。另外，还配有方便教师上课使用的电子课件，电子课件和习题册答案可通过技工教育网（http://jg.class.com.cn）下载。

本次教材的修订工作得到了辽宁、江苏、浙江、山东、河南等省人力资源和社会保障厅及有关学校的大力支持，在此我们表示诚挚的谢意。

人力资源社会保障部教材办公室

2020年8月

目 录

入门知识 …………………………………………………………………………………… (1)

第一单元　打大锤训练 …………………………………………………………………… (4)

第二单元　钳工简单操作 ………………………………………………………………… (8)

课题一　錾削 ……………………………………………………………………………… (8)
课题二　錾削平面 ………………………………………………………………………… (12)
课题三　锉削平面 ………………………………………………………………………… (13)
课题四　手工锯削 ………………………………………………………………………… (15)

第三单元　焊条电弧焊基本操作 ………………………………………………………… (18)

课题一　焊条电弧焊设备及工具的使用 ………………………………………………… (18)
课题二　平焊操作 ………………………………………………………………………… (21)
课题三　横角焊操作 ……………………………………………………………………… (25)
课题四　立焊操作 ………………………………………………………………………… (27)
课题五　定位焊操作 ……………………………………………………………………… (28)
课题六　焊接作业 ………………………………………………………………………… (30)

第四单元　放样 …………………………………………………………………………… (31)

课题一　放样量具、工具及其使用 ……………………………………………………… (31)
课题二　桁架构件放样 …………………………………………………………………… (34)
课题三　板架构件放样 …………………………………………………………………… (39)
课题四　容器构件放样 …………………………………………………………………… (45)

第五单元　矫正 …………………………………………………………………………… (56)

课题一　窄钢板条变形的矫正 …………………………………………………………… (56)
课题二　角钢变形的矫正 ………………………………………………………………… (58)
课题三　角钢框焊接变形的矫正 ………………………………………………………… (60)
课题四　槽钢变形的机械矫正 …………………………………………………………… (61)
课题五　钢板的火焰矫正 ………………………………………………………………… (63)
课题六　焊接工字梁的火焰矫正 ………………………………………………………… (65)
课题七　支架变形的矫正 ………………………………………………………………… (66)

第六单元　下料 …… (69)
课题一　机械剪切 …… (69)
课题二　剋子的修磨与淬火 …… (71)
课题三　板料的剋切 …… (73)
课题四　冲裁 …… (76)
课题五　气割 …… (77)
课题六　数控火焰/等离子切割 …… (83)
第七单元　钻孔、攻螺纹与套螺纹 …… (100)
课题一　钻头及其刃磨 …… (100)
课题二　立钻钻孔 …… (102)
课题三　攻螺纹与套螺纹 …… (105)
第八单元　复合作业（一） …… (111)
课题一　框架梁制作 …… (111)
课题二　板架构件制作 …… (113)
课题三　换热器部件放样 …… (115)
第九单元　手工弯形 …… (117)
课题一　板料手工弯形 …… (117)
课题二　型钢手工弯形 …… (120)
课题三　手工弯管 …… (123)
第十单元　机械弯形 …… (126)
课题一　滚弯 …… (126)
课题二　压弯 …… (129)
第十一单元　装配 …… (140)
课题一　桁架构件的装配 …… (140)
课题二　板架构件的装配 …… (144)
课题三　容器构件的装配 …… (149)
第十二单元　复合作业（二） …… (155)
课题一　离心式通风机机壳的制作 …… (155)
课题二　车体构件的制作 …… (159)
课题三　煤气管道支架的制作 …… (161)

第十三单元　连接 …………………………………………………………………………（164）
课题一　铆接 ……………………………………………………………………………（164）
课题二　螺纹连接 ………………………………………………………………………（169）
课题三　胀接 ……………………………………………………………………………（170）
第十四单元　复合作业（三） ……………………………………………………………（173）
课题一　搅拌机槽体制作 ………………………………………………………………（173）
课题二　筒形旋风除尘器筒体制作 ……………………………………………………（174）
课题三　型钢组合小梁制作 ……………………………………………………………（176）
课题四　储液筒体制作 …………………………………………………………………（178）

入门知识

一、冷作工作内容及技术特点

1. 冷作工作内容

冷作是一个专门从事金属结构制造、维修的工种。随着我国经济建设的发展，金属结构产品日益广泛地应用于国民经济的各个部门，冷作在工业生产中的作用也更加明显。

冷作工作内容主要有矫正、放样、号料、下料、弯曲、冲压、装配、连接等。这些工作内容在生产中的工序组合如图 0－1 所示。

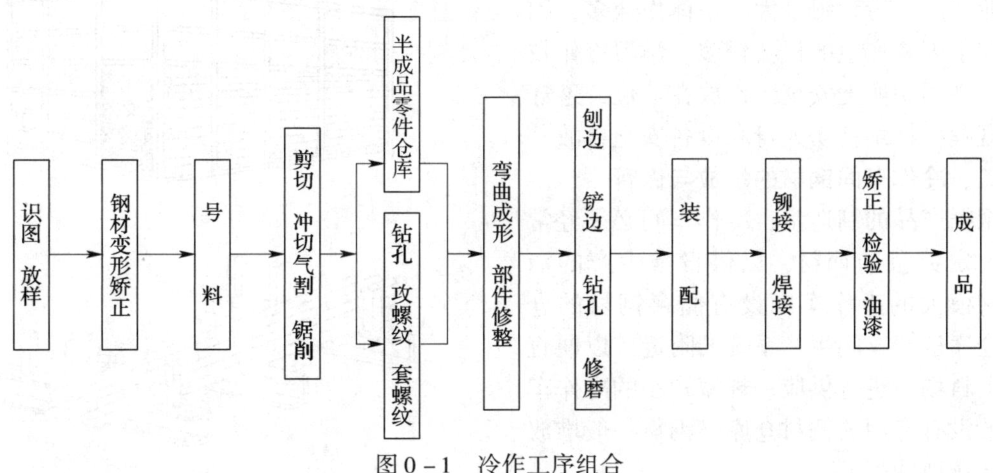

图 0－1　冷作工序组合

2. 冷作技术的特点及学习要求

冷作技术与其他工种的技术相比较，具有以下特点。

（1）综合性强

冷作技术是由许多自成体系的技术综合而成的，如放样、冲压成形、装配等技术，而这些技术本身就可以构成一个独立的工种。因此，冷作技术具有很强的综合性，要求学习者不仅具有较为广泛的知识基础，而且除本专业的知识外，还要掌握一定的焊工、钳工等相关工种的专业知识与操作技能。

（2）集体配合性强

冷作的大部分工作是集体作业，一个人即使有高超的技术也难以独立完成。所以，协作配合的意识对于掌握冷作技术是十分重要的。学习伊始，就应树立集体作业观念和协作配合精神。实习作业中，要听从指挥，默契配合，力求做到既能承担关键技术内容，当好“主角”，又能甘当“配角”，做出最佳配合。同时，要逐步培养、锻炼自己的组织施工能力，以便在需要时成为集体作业的指挥者。

(3) 劳动强度大

冷作生产的产品通常不定型，作业面较大，实现机械化、自动化困难较多。因此，到目前为止，手工操作在冷作技术中仍占很大比例。而且，一般金属结构制品及其零件、部件的尺寸、重量都较大，这些都造成了冷作工作的体力劳动强度较大。针对冷作技术的这一特点，一方面需要学习者具有强健的体魄；另一方面又要求学习者在学习、工作中要多动脑筋，搞技术改进和革新，以提高工作效率并减轻体力劳动强度。

(4) 安全问题突出

由于冷作工作中经常变换操作内容，而且作业面广、劳动强度大、集体作业多，因此不安全因素产生的机会较多。学习冷作技术时，必须切实把安全工作放在首位，遵守操作规程，杜绝一切人身和设备安全事故。

二、冷作车间钢材的堆放与保管

根据产品的制造量，冷作车间必须经常储存一定数量的钢材，以供日常生产的消耗。规模大的冷作车间设有储存钢材的仓库，仓库位于车间生产系统的附近，以便直接向下料场所进行供应。规模较小的冷作车间一般没有专用的钢材仓库，钢材一般堆放在生产场地的附近。

钢材仓库一般分为露天材料库和室内材料库。露天材料库一般存放中厚钢板、型钢及大型管材等。露天存放受气候影响较大，但比较经济。室内材料库一般存放薄钢板、有色金属、直径较小的管材及贵重金属材料等。

钢材入库后，应按不同种类、材质、规格、型号、批注、炉号等分别存放与保管，并设有明显的标牌，注明钢材规格、型号、材质、炉号、批注号等有关项目。钢材储存要充分考虑材料吊运是否方便。

1. 最底层钢板不得直接放在地面上，应放在由方木或型钢组成的垫架上，如图 0－2 所示。

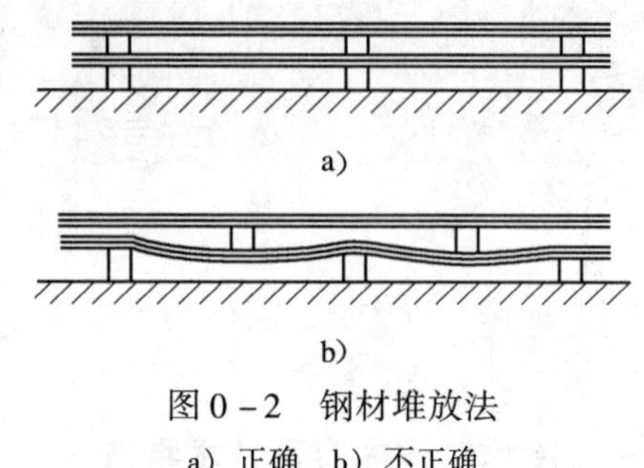

图 0－2　钢材堆放法

a）正确　b）不正确

2. 各种型钢要排放整齐，最好放置在格式放置架中或支柱式放置架中，如图 0－3 所示。不同材质、规格、型号的型钢应分别放置在不同的格内，并有明显标牌标注。

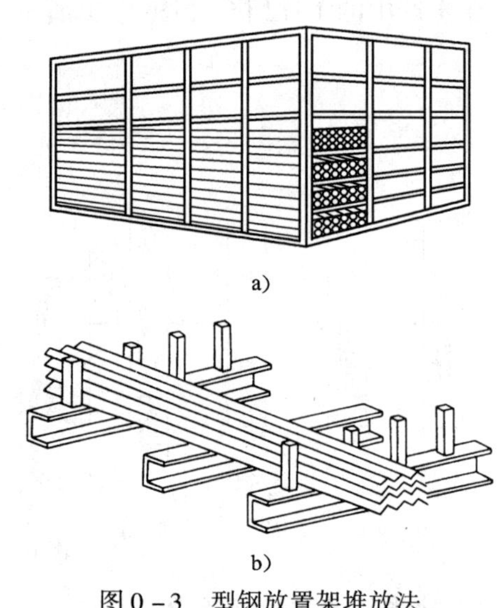

图 0－3　型钢放置架堆放法

a）格式放置架　b）支柱式放置架

3. 露天堆放时，钢板、宽扁钢、工字钢及槽钢的堆放高度，在成排放置未经勾连时，不应该大于钢材堆放的宽度；而在相互勾连放置时，堆放高度不应该大于钢材堆放宽度的两倍。钢材及宽扁钢正常放成一排，如图 0－4 所示。

4. 露天堆放钢板时，长度方向适当倾斜，以减少积水。型钢在露天堆放时应予倒放。

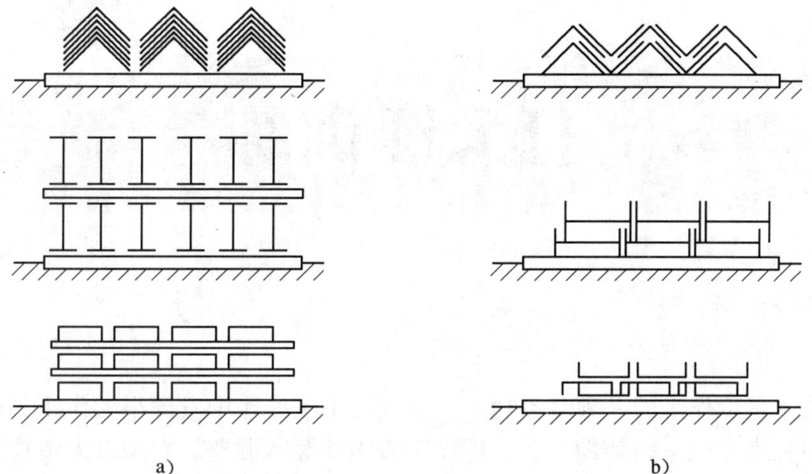

图 0－4　型钢堆放法

a）正确　b）不正确

第一单元

打大锤训练

打大锤技术是冷作工的一项基本功。它不仅在手工操作中发挥很大作用，而且在机械化作业中也常用它来完成一些辅助工作。冷作工必须熟练掌握左、右撇打大锤技术。在本单元中，以打右撇大锤为例介绍打大锤技术。打左撇大锤的各项技术动作只是与打右撇大锤方向相反，可参照对比训练。

一、训练场地及器材

冷作工打大锤训练是在训练场安置锤桩，以大锤击打锤桩来练习打大锤技术。这项训练需要较大的作业空间。训练场地应宽阔、平整，场地中不应有任何妨碍训练的杂物。场地的大小可视参加训练的人数而定。一般每个锤桩可同时供 2 ~ 3 人训练，各锤桩间距至少为 5 m。

打大锤训练应用的工具和器材主要有。

1. 大锤

冷作工用大锤如图 1 -1 所示。男生一般应选质量为 3. 6 kg 的锤头；女生可视体力情况选质量为 3. 6 kg 或 2. 7 kg 的锤头。

2. 锤桩

锤桩由一个合适直径的钢棒铸入铸铁底座构成，如图 1 -2 所示。锤桩的高度最好与训练者的身高相适应，一般以 800 ~ 1 000 mm 为宜。

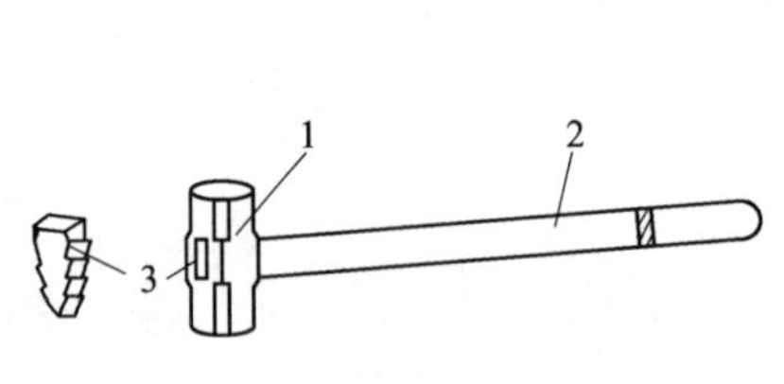

图 1 -1　大锤

1—锤头　2—锤柄　3—锤楔

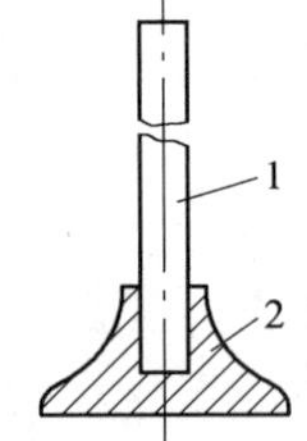

图 1 -2　锤桩

1—钢棒　2—铸铁底座

此外，还应准备斧子、木锯、冲头、楔钉等器具，用于装换、修理锤柄。

在正式训练前，要学会安装锤柄。首先应选择好锤头、锤柄。选择锤头时，主要看其孔眼是否端正，大小是否适宜。选择锤柄时，既要看它整体是否很直，又要看它的木纹是直的还是斜的。木纹直而整体不直的锤柄调直后尚可使用，而斜向木纹的锤柄因受振动易断，不宜选用。锤柄的长度一般为 900 ~ 1 000 mm。

选择好锤头、锤柄后，可比照锤头的孔深，用斧子将锤柄方形端（无方形端的，选较粗的一端）的一段，砍削成与锤头孔眼相适应的形状和尺寸；然后将锤柄紧密地打入锤头孔眼中，并在装入锤头孔眼的锤柄端头钉入1~2枚楔钉，使两者接合更牢固。

二、抱打大锤训练

抱打大锤是指用大锤击打锤桩或工作物后，再沿落锤运动轨迹将大锤举起的打锤方法。抱打大锤的技术动作可分解如下。

1. 预备

打锤前，训练者面对锤桩站立，站立位置与锤桩间的距离和锤柄长度相等，如图1－3所示。然后，左脚后撤半步，两脚略成八字自然开立，开张角度为40°~60°；以左手虎口握住锤柄后端，右手握在锤柄中间，两手距离为300~500 mm，将锤头正置于锤桩上。同时，腰身自然下弯，双膝微屈，形成抱打预备姿势，如图1－4所示。

图1－3 训练者站立位置

图1－4 抱打预备姿势

2. 起锤

起锤时，腰身挺起，双腿站直，带动双臂将锤举起。锤举起后的姿势如图1－5所示，身体向右后方扭转，使左肩对着锤桩，两手握锤柄随腰身的扭转尽量后送，使左肩绕颈部在颌下屈成90°左右，手腕反扣，使锤头放平；右臂也屈成90°，并使右大臂与肩平；同时，整个身体成一直线略向前倾，两眼始终正视锤桩。

a) b)

图1－5 抱打举锤姿势

a）侧面姿势 b）正面姿势

3. 落锤

落锤时，舒展的腰肢回收与双臂同时发力带动大锤下落，击打锤桩。这时要求锤头必须以整个锤面与锤桩的被打击面接触，以保证将来以大锤击打工件时落锤平稳，不损伤工件表面。锤落下后的身体姿势与预备姿势相同。

还需指出，抱打大锤时，无论举锤或落锤，锤头应始终绕肩关节做圆弧运动，而不能在头上绕过。

上述技术动作分解训练后，便可将其连贯起来练习。整套动作应达到身体站立稳定、锤击点准确、落锤有力的要求。

抱打大锤技术是其他打锤方法的基础，

应适当地多安排训练时间。左、右撇打法反复训练，并要注意及时纠正错误动作，使技术动作正确定型。

三、抡打大锤训练

抡打大锤是指在打锤时大锤起落的运动轨迹绕肩关节形成封闭曲线的打锤方法。常用的抡打大锤方法有竖向抡打和横向抡打两种。

1. 竖向抡打

竖向抡打是指锤头自上而下运动的抡打方法。竖向抡打（右撇）的预备姿势如图 1－6 所示，两脚站立位置与抱打时正好相反，左脚在前，右脚在后，略成外八字自然开立。握锤方法和身体姿势则完全与抱打相同。

图 1－6　竖向抡打的预备姿势

起锤时，两手握锤自然下垂（以求省力）靠近身体右侧，以右肩关节为轴将锤从前下方送到身后上方，直至举起，竖向抡打举锤姿势如图 1－7 所示。

图 1－7　竖向抡打举锤姿势

抡打举锤及落锤动作，除两脚前后位置与抱打有区别外，其他动作及要求与抱打基本相同。

竖向抡打大锤在冷作生产实习及工作实践中应用最多，也是打大锤训练的重点。

2. 横向抡打

横向抡打是指以大锤横向击打锤桩或工作物的抡打方法。进行横向抡打训练前，要先将锤桩横置固定，一般是将底座大部埋入地下。

横向抡打的技术动作可分解为预备、起锤和落锤三个步骤。

(1) 预备

训练者站在锤桩一侧，双脚略成外八字自然开立，分开角度及两脚与锤桩的相对位置如图 1－8 所示。双腿微屈，腰身稍躬，双手握锤柄使锤头正抵锤桩，此时站立位置应远近适宜，横向抡打的预备姿势如图 1－9 所示。

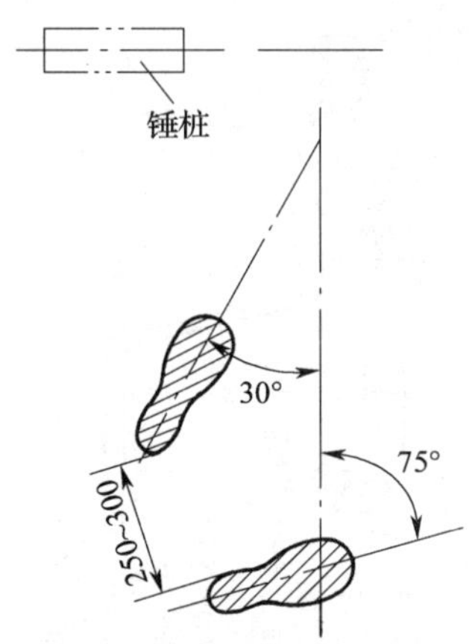

图 1－8　分开角度及两脚与锤桩的相对位置

图 1－9　横向抡打的预备姿势

（2）起锤

起锤时，身体站直，带动双臂握锤贴着身体外侧，将锤从身前下方送至身后上方举起，如图 1－10 所示。举锤姿势与竖向抡打基本相同，这时面部不再正对锤桩，但仍要以双目注视锤桩。

图 1－10　横向抡打站立姿势

（3）落锤

落锤时，要屈腿收腰、身体回转，同时右臂下沉使大锤成横扫之势，腰、腿、手臂共同用力于锤去击打锤桩。为保证锤头与锤桩的端面接触良好，锤的下落轨迹后段应与锤桩几乎处于同一直线，横向抡打落锤动作如图 1－11 所示。大锤落下后整个身体的姿势与预备姿势相同。

图 1－11　横向抡打落锤动作

四、注意事项

1．训练场地上不能有妨碍训练的杂物，训练者脚下应平整，便于站立。

2．锤桩应放置稳固，相邻锤桩间应有足够的间距。锤桩被打击面上的飞边、毛刺应及时除掉，以免在锤打时飞出伤人。

3．打锤前应检查锤柄安装是否牢固，并环顾身前、身后是否有人，以免挥锤伤人。

4．打大锤时不得戴手套，以防大锤脱手飞出发生事故。

5．两人或三人共用一个锤桩同时打锤时，不得相对站立。而且，必须预先明确落锤顺序，有节奏地共同练习。

第二单元

钳工简单操作

课题一　錾削

一、錾削设备及工具和錾削姿势

1. 錾削设备及工具

（1）台虎钳

台虎钳是用来夹持工件的通用设备，其规格用钳口的宽度来表示，常用的规格有 100 mm（4 in）、125 mm（5 in）和 150 mm（6 in）等。

台虎钳有固定式和回转式两种。如图 2－1 所示为固定式台虎钳，在钳台上安装时，必须使固定钳身的工作面处于钳台边缘以外，以保证夹持长条形工件时工件的下端不受钳台的阻碍。

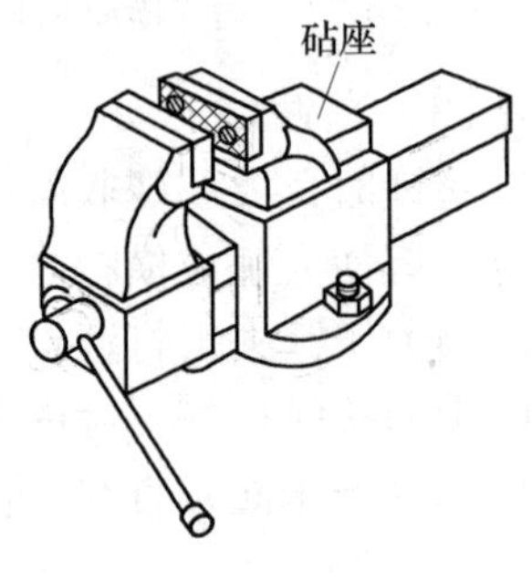

图 2－1　固定式台虎钳

（2）錾子

錾子是錾削用的工具，一般用碳素工具钢（T7A）或 65Mn 锻制，并经刃磨与热处理后方能使用。

錾子的种类很多，冷作工常用的有扁錾和窄錾两种。扁錾（见图 2－2a）的切削部分扁平，主要用于錾削平面和分割薄板料，有时也用于去除工件的飞边毛刺。窄錾（见图 2－2b）用于开槽、挑焊根等。

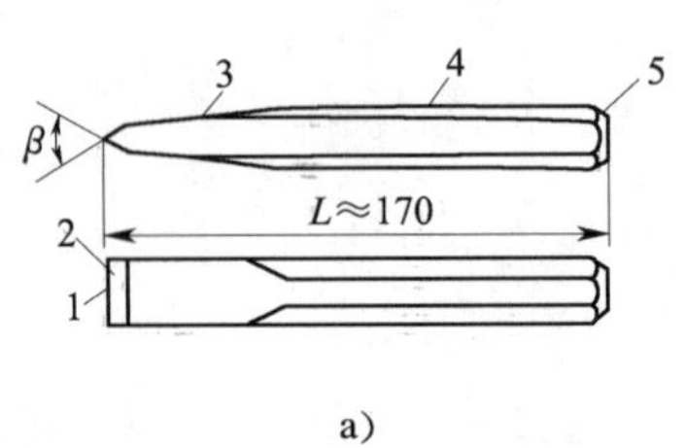

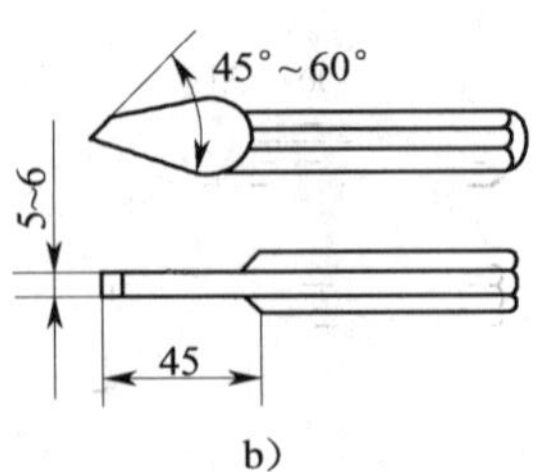

图 2－2　錾子

a）扁錾　b）窄錾

1—切削刃　2—切削部分　3—斜面　4—柄　5—头部

錾子切削部分两面的夹角称为楔角，用 β 表示（见图 2－2）。楔角越小，錾子的刃口越锋利，但强度越差；楔角越大，强度越好，但錾削阻力大。因此，选择錾子的楔角应在保证强度的前提下尽量取最小值。一般情况下，錾削高碳钢和铸铁时，楔角取 60°～70°；錾削中碳钢和其他中等硬度的材料时，楔角取 50°～60°；錾削铜、铝等软材料时，楔角取 30°～50°。

錾子用钝后需要进行修磨。錾子楔角的刃磨方法如图 2－3 所示。双手握持錾子，在旋转的砂轮轮缘上进行刃磨。刃磨时，必须使切削刃高于砂轮中心，在砂轮全宽上做左右来回平稳移动，并要控制錾子的方向、位置，保证磨出所需要的楔角。刃磨时，加在錾子上的压力不宜过大，左右移动要平稳、均匀，并要经常蘸水冷却，以防退火。

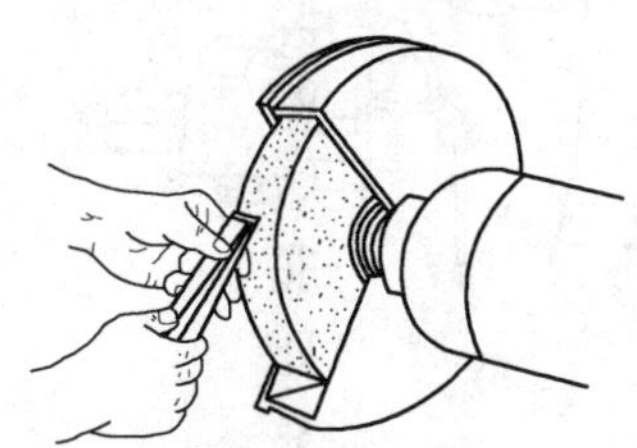

图 2－3　錾子楔角的刃磨方法

新錾子刃磨后应进行热处理。

（3）锤子

锤子（见图 2－4）由锤头、木柄、斜楔铁组成。锤子的规格以锤头的质量来表示，有 0.25 kg、0.5 kg 和 1 kg 等多种规格。锤头一般用 T7 钢制成，并经热处理。木柄应选择较坚韧的木材，装入锤孔后用斜楔铁楔紧，以防工作时锤头脱落。

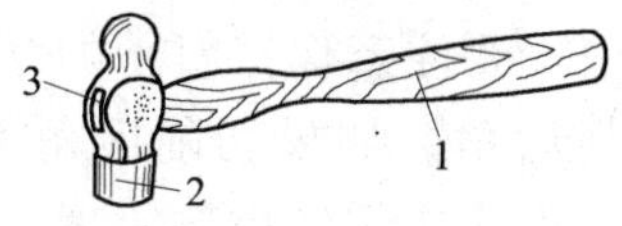

图 2－4　锤子

1—木柄　2—锤头　3—斜楔铁

2. 錾削姿势

（1）握錾方法（见图 2－5）

用左手的中指、无名指和小指握住錾子，拇指和食指自然接触。錾子的尾端从手中露出 20 mm。錾子握得不要太紧，以减轻錾削时錾子对手的振动。

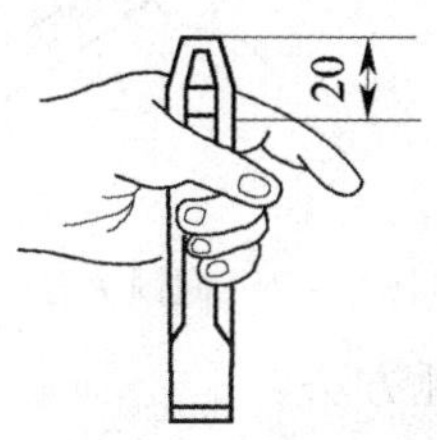

图 2－5　握錾方法

錾削时，小臂自然放平，使錾子保持正确的倾斜角度。錾子倾斜角度正确时，錾削后角为 5°～8°，如图 2－6 所示。

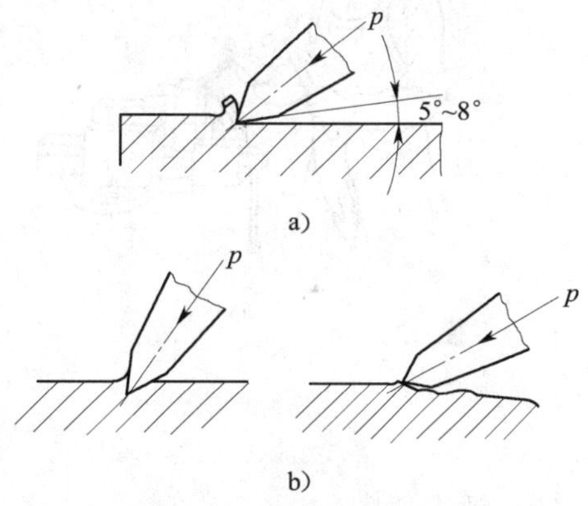

图 2－6　錾子的倾斜角度

a）正确　b）不正确

（2）握锤方法（见图 2－7）

用右手握住锤子，采用五指满握法。拇指轻轻压在食指上，虎口对准锤头方向，木柄尾部露出 15～30 mm。

（3）站立姿势

为了充分发挥较大的锤击力，操作者必须保持正确的站立姿势。如图 2－8 所示，左脚超前半步，两脚自然站立，身体重心稍微偏于后脚，视线落在工件的錾削部位上。

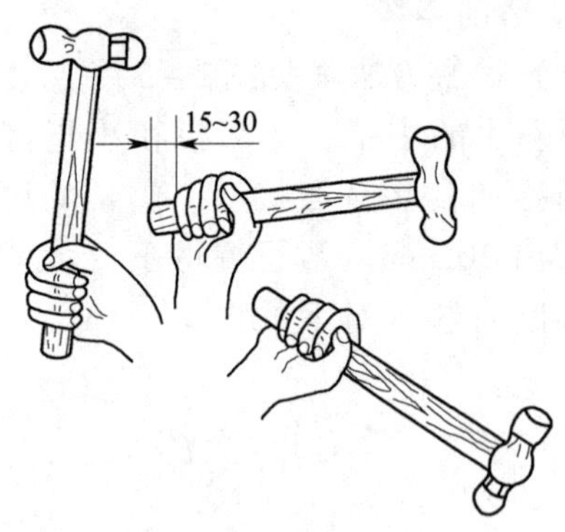

图 2-7　握锤方法

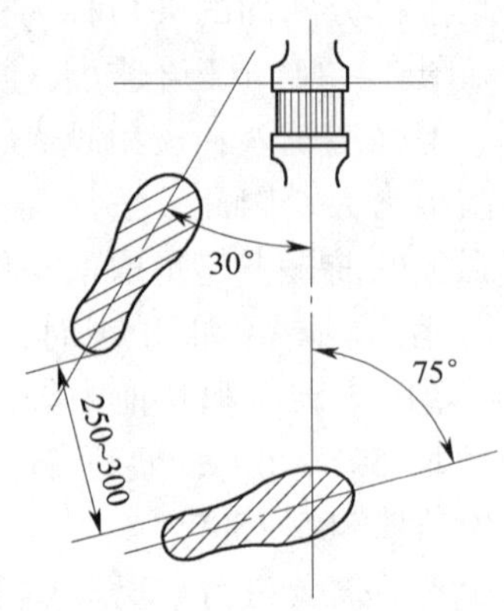

图 2-8　站立姿势

（4）挥锤方法

挥锤有腕挥、肘挥和臂挥三种方法。锤击力量以腕挥时最小，肘挥时较大，臂挥时最大，肘挥和臂挥的挥锤方法如图 2-9 所示。

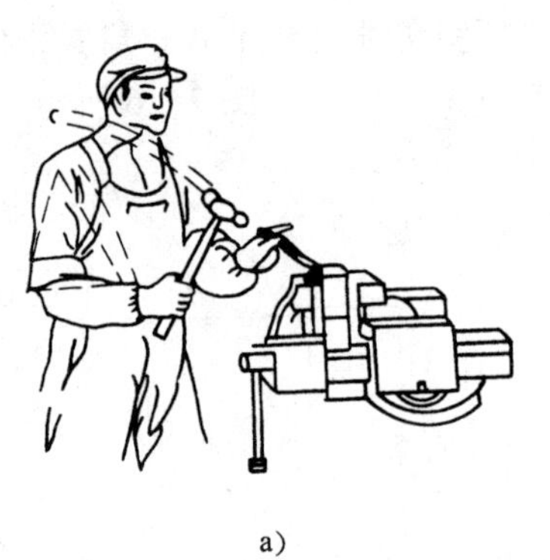

a)　　　　b)

图 2-9　挥锤方法

a）肘挥　b）臂挥

（5）锤击速度

一般锤击速度为 40～50 次/min。锤子落下时应做加速运动，这样可以增加锤击的力量。

二、錾削板料

1. 錾削工件（见图 2-10）

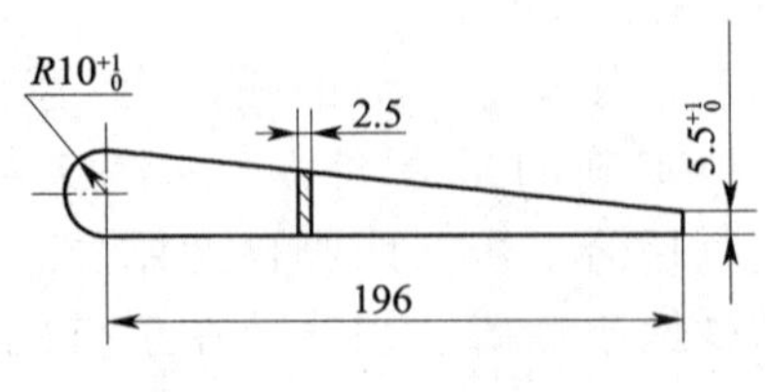

图 2-10　錾削工件

2. 錾削步骤与方法

錾削板料的方法有两种。

一种方法是将板料夹持在台虎钳上进行錾削，如图 2-11 所示。錾削时，板料按划线夹成与钳口平齐，用錾子沿钳口并斜对着板料（约成 45°角）自右向左錾削。錾削时的锤击力量要根据錾削板料的厚度来决定，不能过大，以免撕裂工件。在錾削的过程中，要注意保持錾子的倾斜角度，以保证切削后角。如果切削后角不当，则易出现錾削跑线或錾伤钳口等现象。

另一种方法是在铁砧上錾削板料，如图 2-12 所示。对于尺寸较大的板料或錾削线有曲线而不能在台虎钳上錾削时，就需要在铁砧上进行錾削。此时，切断用錾子的切削刃应磨成适当的弧形，使由前向后排錾时的錾痕连接光顺，用圆弧刃和平刃錾削的结果分别如图 2 – 13a、图 2 – 13b 所示；当錾削直线段时，錾子切削刃的宽度可宽一些；錾削曲线段时，刃宽应根据曲率半径大小而定，使錾痕与曲线基本一致。錾削时，应由前向后排錾。开始时，錾子应斜放似剪切状，然后逐步放垂直，依次錾削，如图 2 – 13c、图 2 – 13d 所示。

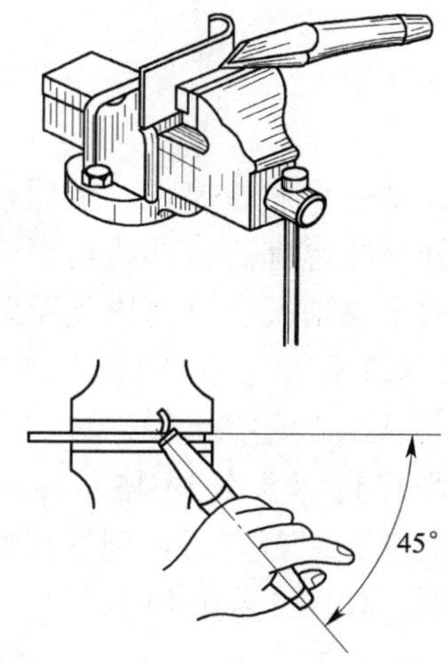

图 2 – 11　在台虎钳上錾削板料

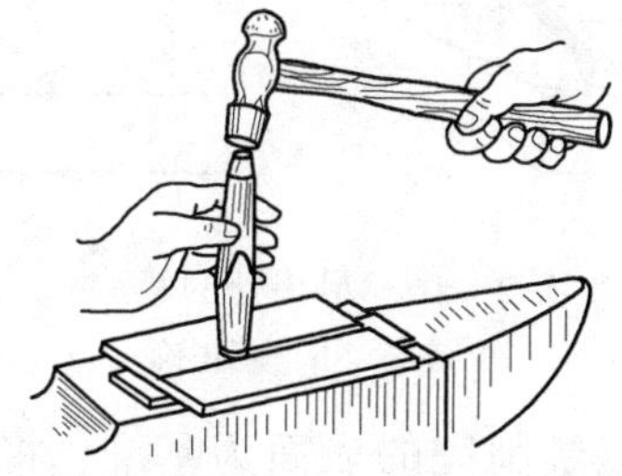

图 2 – 12　在铁砧上錾削板料

此工件直线段部分采用在台虎钳上錾削，曲线段部分采用在铁砧上錾削。

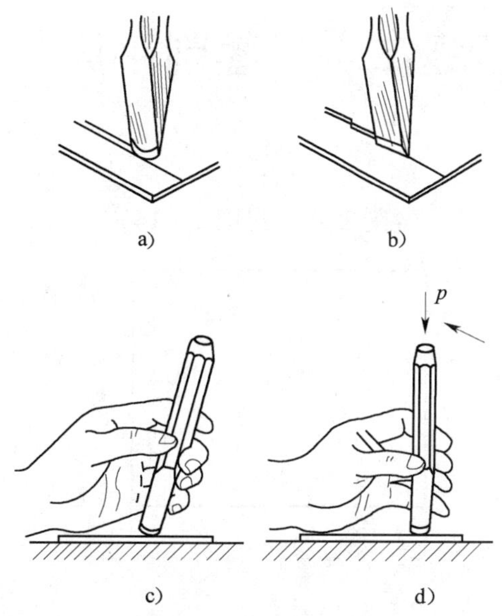

图 2 – 13　錾削板料方法

a）用圆弧刃錾削　b）用平刃錾削

c）先倾斜錾削　d）后垂直錾削

三、注意事项

1. 在台虎钳上錾削板料，錾削线要与钳口平齐，板料应夹持牢固。

2. 在台虎钳上錾削时，錾削的后面部分要与钳口平面贴平，刃口略向上翘，以防錾坏钳口表面。

3. 在铁砧上錾削时，錾子刃口必须先对齐錾削线并成一定斜度按线錾削，要防止后一錾与前一錾错开，造成錾削下来的边缘弯弯曲曲。同时，錾子不要錾到铁砧上，如不用垫铁时，应该在板料上錾出全部錾痕且不錾透，然后再敲断板料。

4. 发现锤子木柄有松动或损坏时，要立即装牢或更换。木柄上不应黏有油，以免使用时滑出。

5. 錾子头部有明显毛刺时，应及时磨去。

课题二　錾削平面

一、錾削工件（见图 2－14）

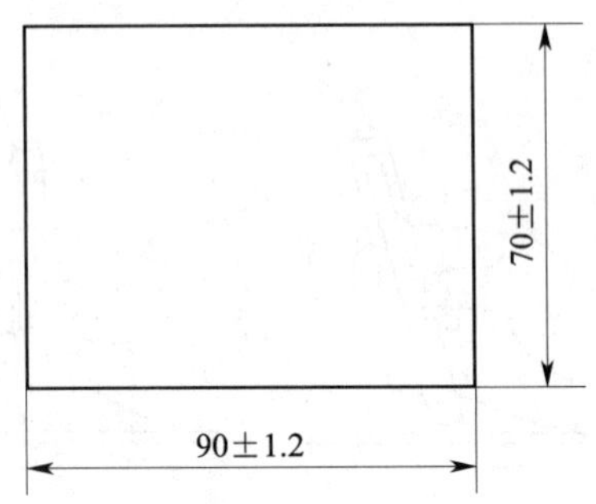

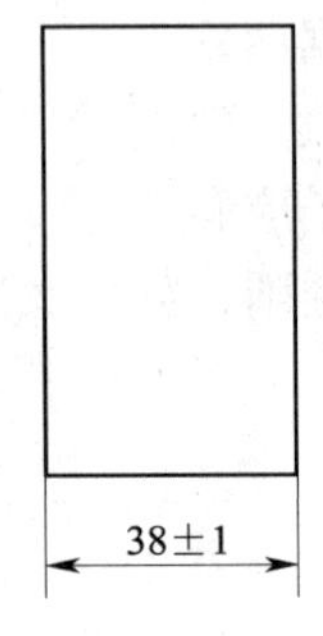

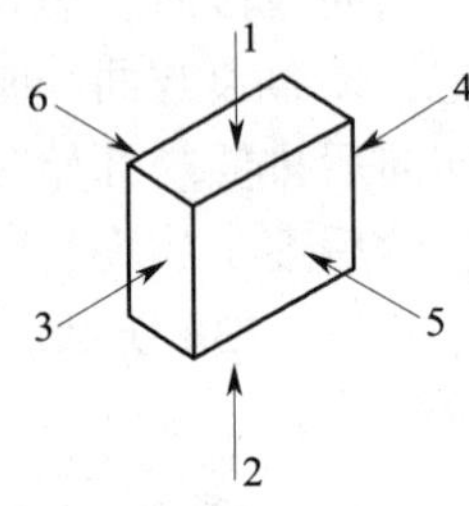

图 2－14　錾削工件

二、步骤与方法

1. 按图样划出 90 mm × 70 mm 尺寸的平面加工图，并打好样冲眼。

2. 按图样各侧面序号的顺序（1、2、3、4）依次錾削，达到图样尺寸要求，相邻两平面基本垂直，相对两平面基本平行，且錾痕整齐。錾削方法如下。

（1）起錾

用扁錾錾削平面时，采用斜角起錾法，即先在工件边缘尖角处，将錾子放置成负角，錾出一个斜面，然后按正常的錾削角度向中间錾削，如图 2－15 所示。

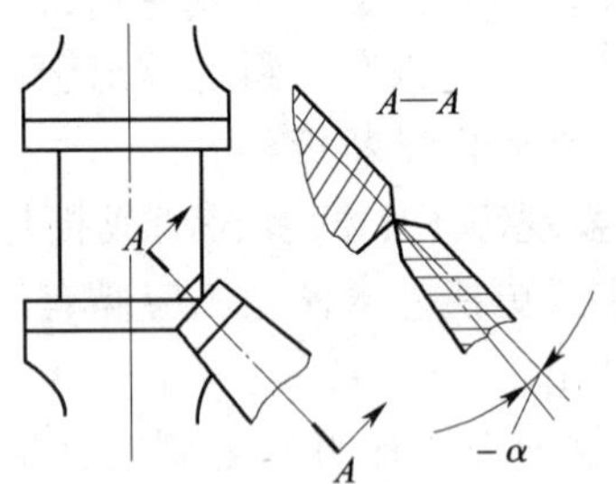

图 2－15　起錾方法

（2）錾削动作

錾削时，一般使切削后角保持在 5°～8°，每次錾削量为 0.5～2 mm。在錾削过程中，一般每錾削 2～3 次后，可将錾子后退一些，做一次短暂停顿，然后再将刃口顶住錾削处继续錾削。这样既可以随时观察錾削表面的平整情况，又可以使手臂肌肉有节奏地得到放松。

（3）尽头处的錾法

当錾削接近尽头处约 15 mm 时，应掉头錾去余下部分，否则，錾到尽头处时可能会产生崩裂，如图 2－16 所示。

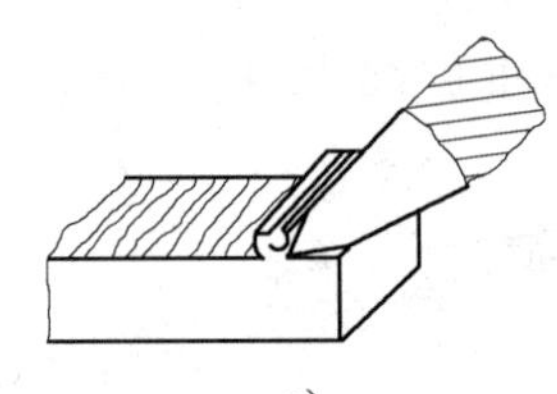

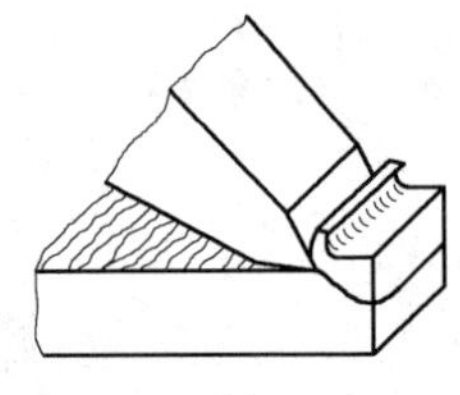

图 2－16　尽头处的錾法

a）正确　b）不正确

3. 以錾削完的表面为基准，将工件放在平台或平板上划线，工件厚度取38 mm，并在工件四周所划的线上打上样冲眼。

4. 以划线线条为基准，分别錾削前后两个大平面（平面 5、平面 6），使工件厚度达到尺寸要求，并使前后两个大平面平行。

三、注意事项

1. 工件必须夹紧，伸出钳口的高度一般在 10～15 mm 为宜，下面要加木衬垫。

2. 錾削时，应戴好防护眼镜。工位前后要有防护网，防止碎屑飞出伤人。

3. 錾削时，应掌握正确的姿势、合适的速度（以 30 ~ 40 次/min 为宜）和一定的锤击力量。

4. 錾削时，錾子的轴线和工件之间的夹角应保持一致，否则錾削的平面会凹凸不平。

5. 錾削时，视线必须在錾削部位，当錾削接近尽头时，应掉头錾削。

6. 錾子用钝后要及时刃磨锋利，錾子头部有明显的毛刺要及时磨去。

7. 錾屑要用刷子刷掉，不得用手擦或用嘴吹。

课题三　锉削平面

一、锉削工件（见图 2－17）

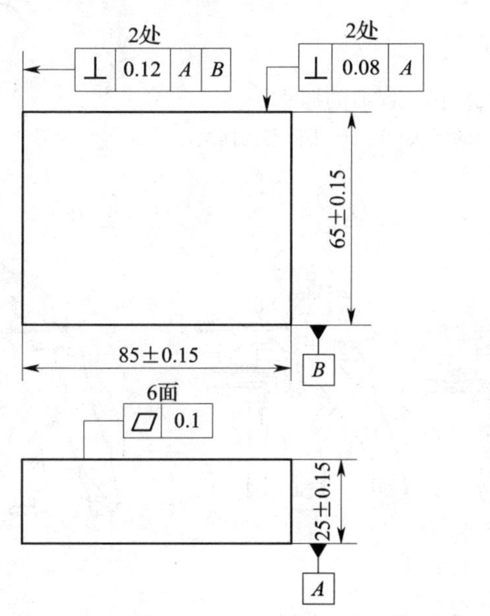

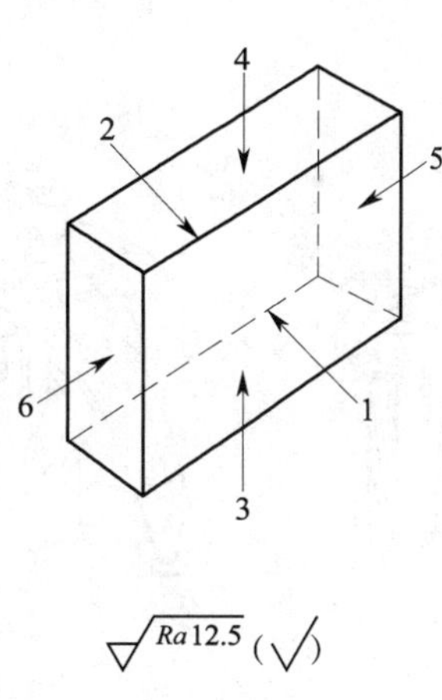

图 2－17　锉削工件

二、锉削工具及锉削姿势

1. 锉削工具

锉刀用高碳工具钢 T12 或 T13 制成，并经热处理，硬度可达 HRC62 ~ 67。锉刀组成如图 2－18 所示。

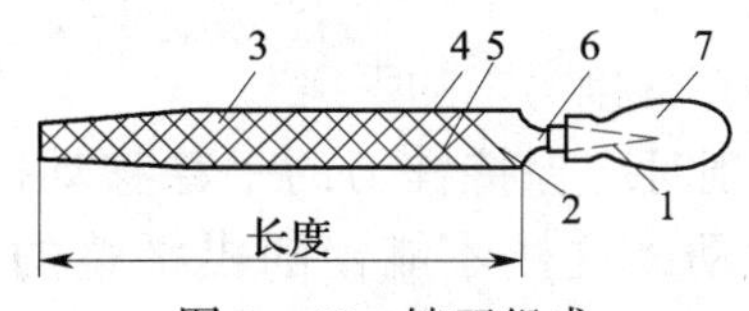

图 2－18　锉刀组成

1—锉刀舌　2—面齿　3—锉刀面　4—锉刀边
5—底齿　6—锉刀尾　7—木柄

2. 锉削姿势

（1）锉刀的握法

正确握持锉刀有助于提高锉削质量和发挥锉削力量。由于锉刀的大小和形状不同，其握法也不同，如图 2－19 所示。

（2）锉削操作姿势

人的站立位置和錾削时相似。锉削时，身体的重心放在左腿上，右膝要伸直，左膝随锉削时的往复运动而屈伸，锉削操作姿势如图 2－20 所示。

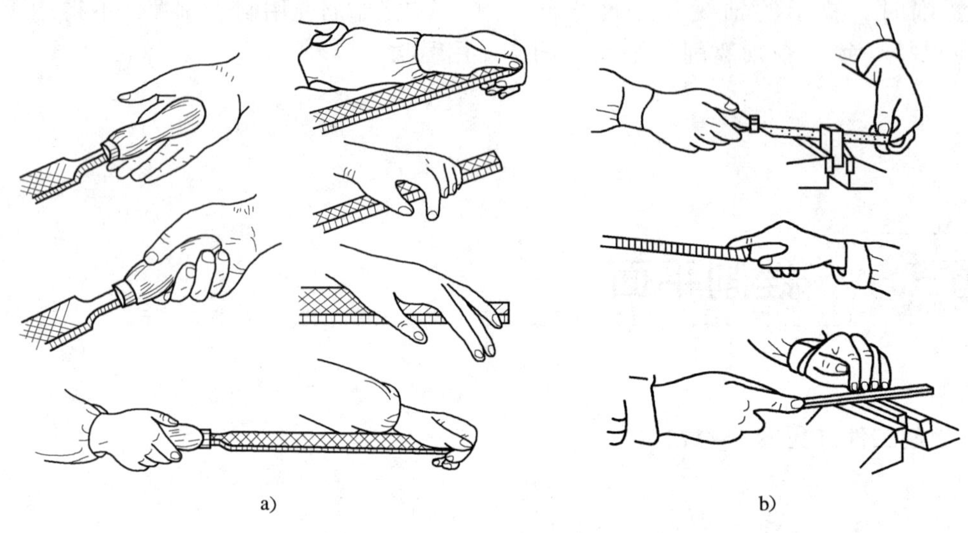

图 2－19　锉刀的握法

a）较大锉刀的握法　b）较小锉刀的握法

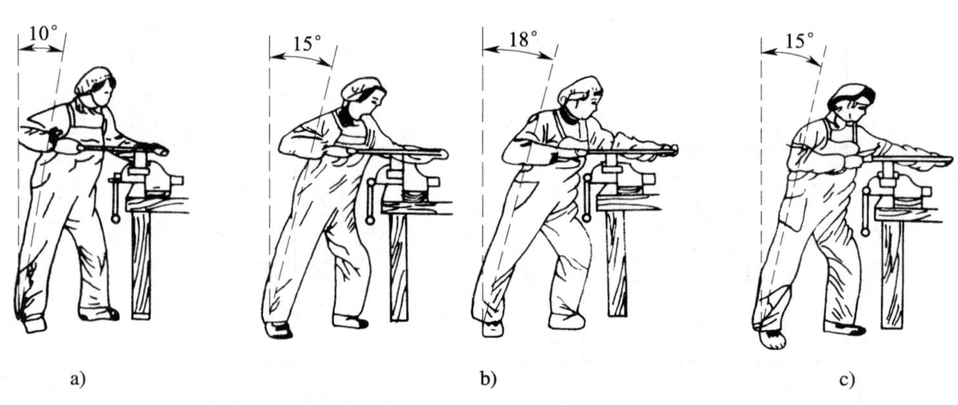

图 2－20　锉削操作姿势

a）锉削开始　b）锉削中　c）锉削结束

（3）锉削力矩的平衡

锉削时应保持锉刀的平稳移动而不能上下翘动，这样才能锉削出平整的平面。为此，锉刀要端平，用力要均匀变化，使锉刀在任意位置时前后两端受的力矩都能平衡。另外，锉削时应在锉刀向前运动时用力，在回锉时应将锉刀略提起，以免锉伤已锉好的表面。如图 2－21 所示为锉削时的用力情况。

三、锉削步骤与方法

1. 工件安装在台虎钳中，伸出钳口不要太多，以免薄工件在锉削时振颤。

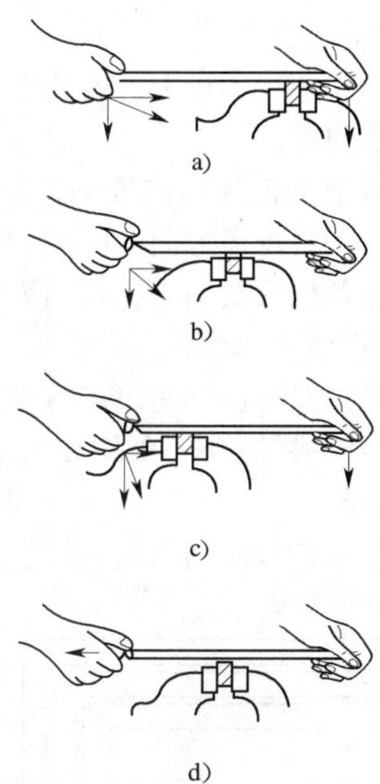

图 2－21　锉削时的用力情况

a）锉削开始　b）锉削中　c）锉削结束　d）回锉

2. 选择平面 *A*（见图 2－17）为加工基准，先将其锉平，达到图样给出的平面度要求。具体锉削方法如下。

（1）采用交叉锉法粗锉 *A* 面。交叉锉法如图 2－22 所示，锉刀与工件接触面长，锉刀易握平，容易判断被锉面的不平程度，能较快锉削出平面，适用于粗加工。

（2）以顺向锉法对 *A* 面精锉加工。顺向锉法如图 2－23 所示，锉刀顺着同一方向对工件进行锉削，可得到顺直的锉痕，比较整齐美观，加工精度较高。

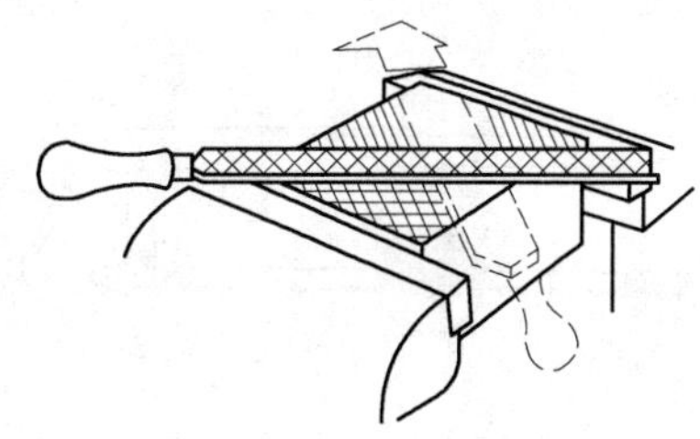
图 2－22　交叉锉法

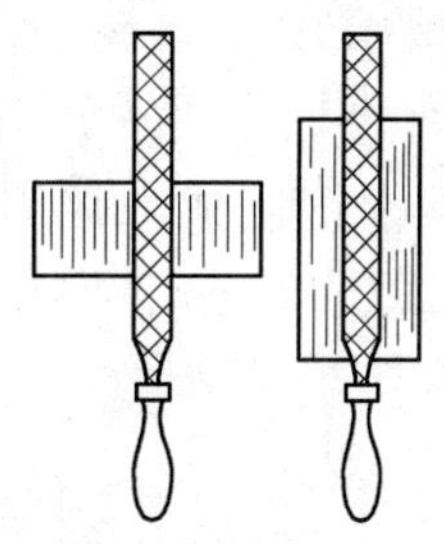
图 2－23　顺向锉法

（3）按图样给出的各面编号顺序，结合划线依次对各面进行粗锉削、精锉削加工，达到图样要求。

（4）全部精度复检，并做必要的修整锉削，最后对各锐边均匀倒角 *C*0.5 mm。

四、注意事项

1. 锉刀必须装柄使用，以免刺伤手。

2. 不能用嘴吹切屑，也不能用手擦摸锉削表面。

3. 锉齿堵塞时，必须用钢丝刷顺着锉纹方向刷去切屑。

4. 锉刀不能当撬棒和锤子使用。

5. 锉刀放置要合理，不得重叠堆放，以免损坏锉刀。

课题四　手工锯削

一、手锯及其使用

1. 手锯

手锯由锯弓和锯条两部分组成。锯弓是用来夹持和张紧锯条的工具，有固定式和可调式两种。如图 2－24 所示为可调式锯弓。

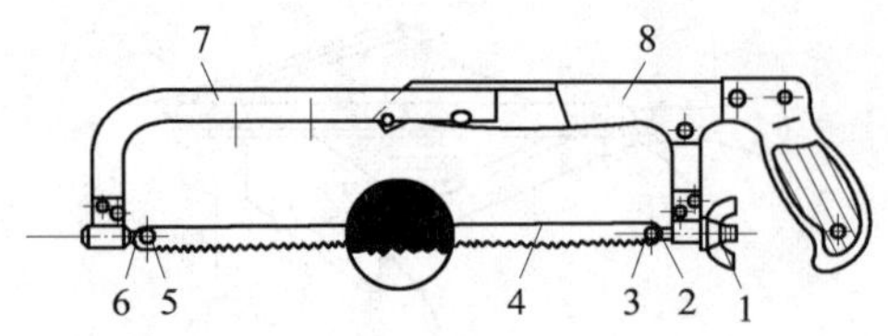

图 2－24　可调式锯弓

1—蝶形拉紧螺母　2—活动拉杆　3、5—定位销　4—锯条　6—固定拉杆　7—可调部分　8—固定部分

锯条用碳素钢制成，常用的锯条长约 300 mm，宽度为 12 mm，厚度为 0.8 mm。锯齿的形状如图 2－25 所示。

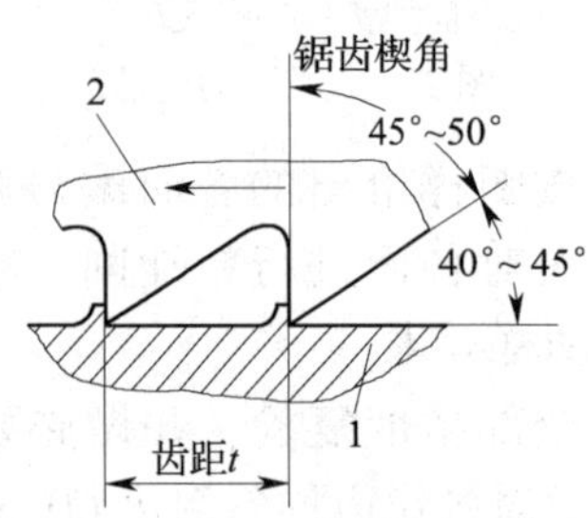

图 2－25　锯齿的形状

1—工件　2—锯齿

锯条按锯齿齿距（见图 2－25）分为粗齿、中齿和细齿三种。粗齿锯条适用于锯削铜、铝等软金属及厚工件；细齿锯条适用于锯削硬钢、板料及薄壁管子等；锯削普通钢、铸铁及中等厚度的工件多用中齿锯条。

2. 手锯的使用

进行手工锯削时，手锯的使用方法如图 2－26 所示。

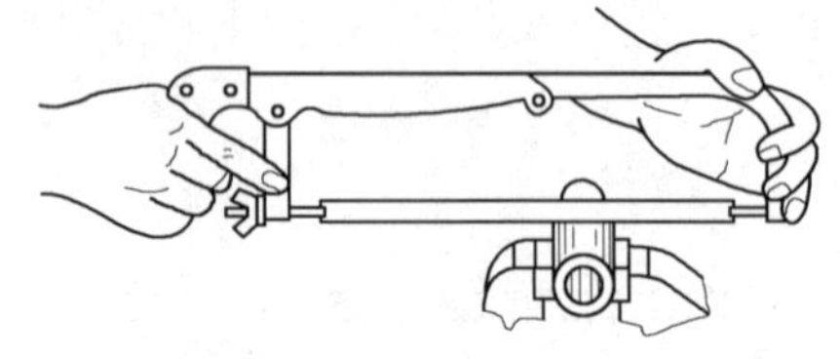

图 2－26　手锯的使用方法

二、锯削工件一

锯削工件如图 2－27 所示，具体锯削步骤与方法如下。

1. 安装锯条

将锯条安装在锯弓上，安装锯条时应注意以下几个问题。

（1）由于手锯是向前推动进行锯削的，所以安装锯条时锯齿方向应向前。

（2）锯条松紧要适当，否则锯削时易将锯条折断。

（3）当锯缝过深并超过锯弓高度时，应将锯条相对锯弓转 90°，如图 2－28 所示。

2. 划线

按图 2－27 所示划出锯削线。

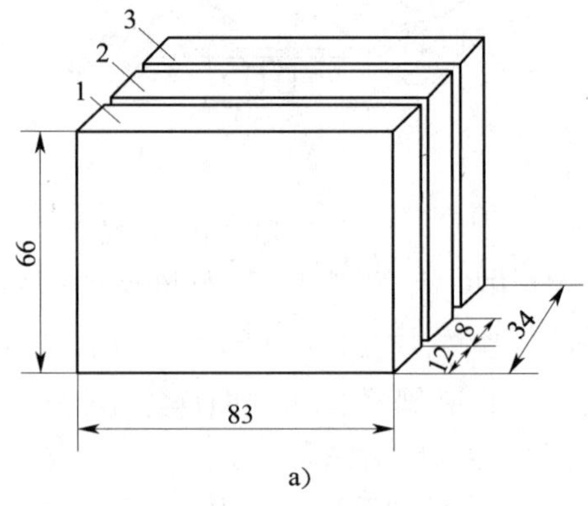

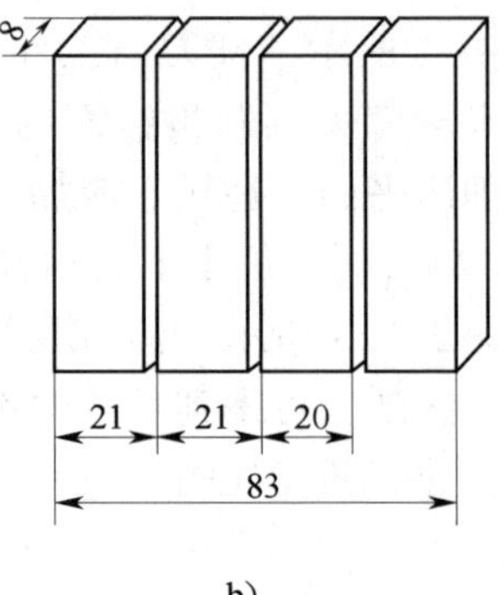

图 2－27　锯削工件一

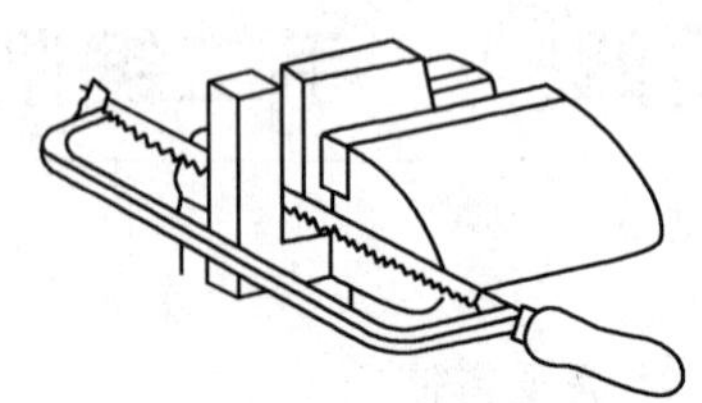

图 2－28　锯缝过深时锯条的安装

3. 夹持工件

将工件牢固地夹持在台虎钳上，锯削位置不应离钳口过远，以免锯削时颤动而折断锯条。

4. 起锯

起锯时，锯条应倾斜一定角度，倾斜角度α应小于15°（见图2－29），且锯弓往复行程要短，压力要小，锯条与工件表面垂直。锯出锯口后，再逐渐将锯弓改至前后水平方向。

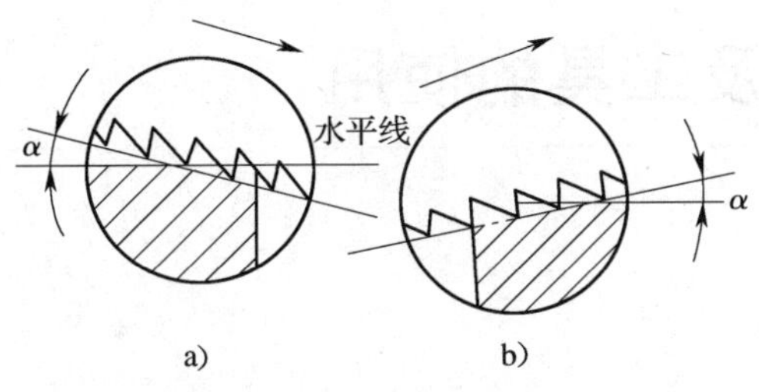

图2－29　起锯方法

a）锯条前部压低　b）锯条前部抬起

5. 锯削

起锯后继续锯削时，锯弓应做直线往复运动，不可摆动，前推时加压，用力要均匀，返回时从工件上轻轻滑过。锯削速度不宜过快，通常往复30～60次/min。锯削时，一般往复行程不应小于锯条全长的2/3，以免锯条中间部分迅速磨钝。锯钢材料时应加润滑剂。

6. 锯削收尾

工件将要锯断时，锯削速度要放慢，压力要减轻，行程要缩短，并尽量用手扶住工件，以免损坏工件或砸伤手、脚。

三、锯削工件二

锯削工件如图2－30所示，其锯削方法和锯削工件一时基本相同。但是，因为工件二的管壁薄，为保证顺利锯削不损坏锯条，锯削时应使锯条沿管壁转换角度锯削，如图2－31所示。

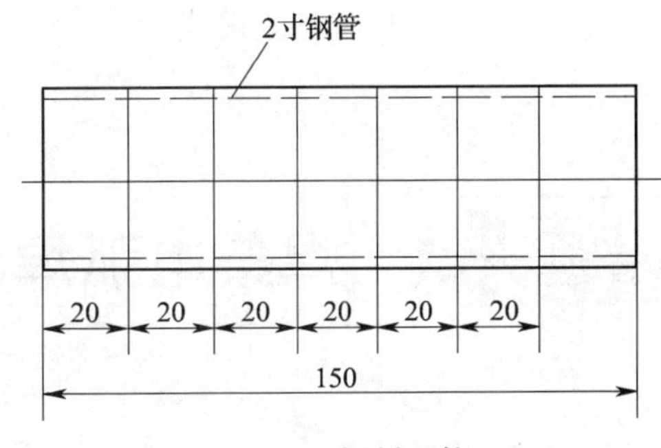

图2－30　锯削工件二

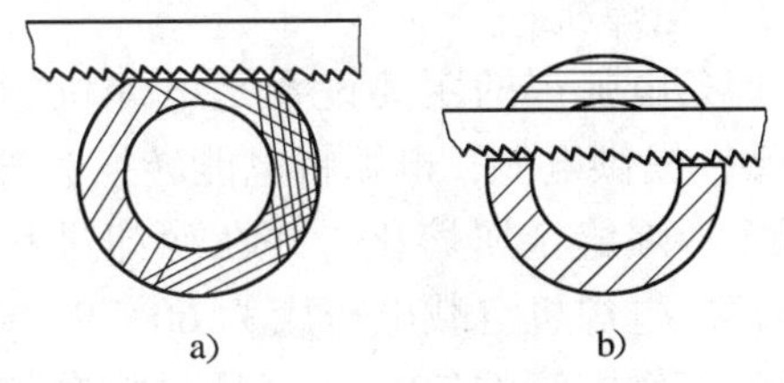

图2－31　锯削管子

a）正确　b）不正确

四、注意事项

1. 锯削练习前，要注意工件是否夹持牢固，锯条安装和起锯方法是否正确，以免一开始锯削就损坏锯条或造成废品。

2. 锯削完毕，应将锯弓上的蝶形螺母适当松开，但不要拆下锯条，防止锯弓上的零件遗失，并将其妥善放好。

第三单元

焊条电弧焊基本操作

课题一 焊条电弧焊设备及工具的使用

一、焊条电弧焊设备及工具

1. 电焊机

焊条电弧焊的主要设备是电焊机。它的作用是向负载（电弧）提供电能，电弧将电能转换为热能，这种电弧热能使焊条、焊缝金属熔化，并在冷却过程中再结晶，从而实现焊接。电焊机空载电压应为 60～80 V，短路电流一般不得超过工作电流的 50%，而且要能在较大范围内对焊接电流做均匀调节。

生产中较为常用的电焊机是弧焊整流器，它是一种将交流电变压、整流转换成直流电的电焊机。如图 3－1 所示为 ZX5－400 型晶闸管弧焊整流器，它采用全集成电路控制电路、三相全桥式整流电源，由三相主变压器、晶闸管组、直流电抗器、控制电路、电源控制开关等部件组成。晶闸管弧焊整流器的主要技术参数见表 3－1。

图 3－1 ZX5－400 型晶闸管弧焊整流器

表 3－1 晶闸管弧焊整流器的主要技术参数

产品型号	额定输入容量 /kV·A	一次侧电压 /V	工作电压 /V	额定焊接电流 /A	焊接电流调节范围 /A	负载持续率 /%	质量 /kg	主要用途
ZX5－250	14	380	21～30	250	25～250	60	150	适用于焊条电弧焊
ZX5－400	24	380	21～36	400	40～400	60	200	
ZX5－630	48	380	44	630	130～630	60	260	

2. 电焊钳

电焊钳（见图 3－2）又称焊把，用于夹持焊条和传导电流。电焊钳应满足质量轻、导电性好的要求，而且更换焊条要方便。电焊钳的导电部分用铜质材料，手柄用耐热的绝缘材料。

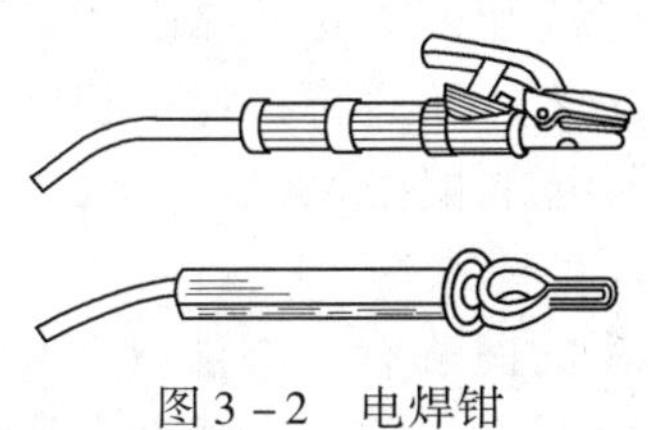

图 3－2　电焊钳

3. 焊接电缆

焊接电缆用来传导焊接电流。从电焊机两极引出的两根电缆，一根连接电焊钳，另一根连接焊接平台或工件。焊接电缆一般采用导电性能好的多股纯铜软线，外表有良好的绝缘层，以避免发生短路或触电事故。电缆长度根据使用需要决定，一般不宜太长。在使用中应注意保护焊接电缆，以免被锐利的钢板边缘割伤。

4. 面罩

面罩用于遮挡飞溅金属和电弧中的有害光线，保护焊接操作者的头部和眼睛，同时也是观察焊接过程的重要工具。常用的面罩有手握式和头戴式两种，如图 3－3 所示。

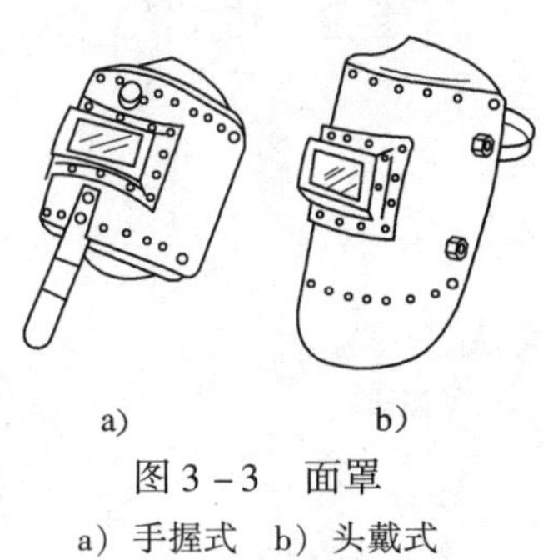

a)　　　　b)

图 3－3　面罩

a）手握式　b）头戴式

5. 清理工具

清理工具有钢丝刷和清渣锤（见图 3－4）等。钢丝刷用来刷除焊件表面的锈蚀和污物。清渣锤用来敲除焊渣和检查焊缝，锤头的两端可根据需要制成棱锥形和扁铲形。

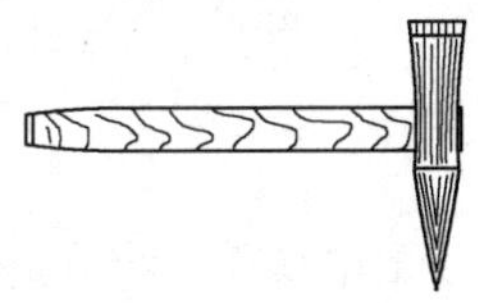

图 3－4　清渣锤

6. 焊接附属设施

焊接附属设施主要有遮光板和焊接平台。当焊接地点在室内，并且是多台电焊机同时工作时，为了避免相互干扰和弧光灼伤眼睛，可用遮光板将各焊接位置隔开。遮光板可采用厚度为 1.0～1.5 mm 的薄钢板焊接在圆钢（或小角钢）弯制的框架上制成，如图 3－5 所示。遮光板可制成长 1 400～1 600 mm、高 1 000～1 200 mm，两侧面均涂以深色油漆以减少光的反射。

图 3－5　遮光板

焊接平台（见图 3－6）是为方便焊接操作而设立的，可用厚钢板焊接或铸造而成。焊接平台长约 600 mm，宽约 400 mm，高 250～300 mm。在焊接平台任意一条腿的下端钻一个通孔，用以连接焊接电缆。焊接时，可根据焊接要求将焊件摆放在平台上。

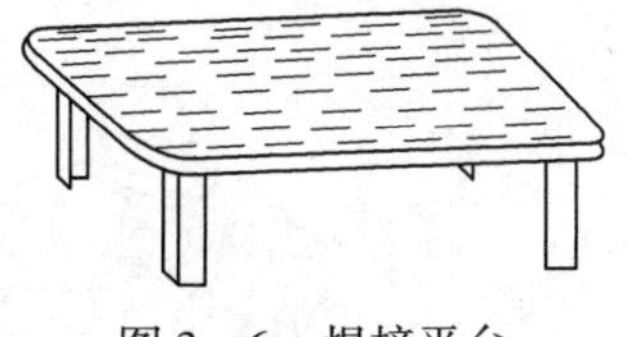

图 3－6　焊接平台

二、技能训练操作

1. 操作准备

穿戴好劳动保护用品，在工作场所合理布置电焊机及附属设施。如图 3－7 所示为常见焊接训练场地的布置方式。

安装好焊接电缆。选择并安装面罩上的护目玻璃。把清渣锤、钢丝刷和焊条放在焊接平台附近。

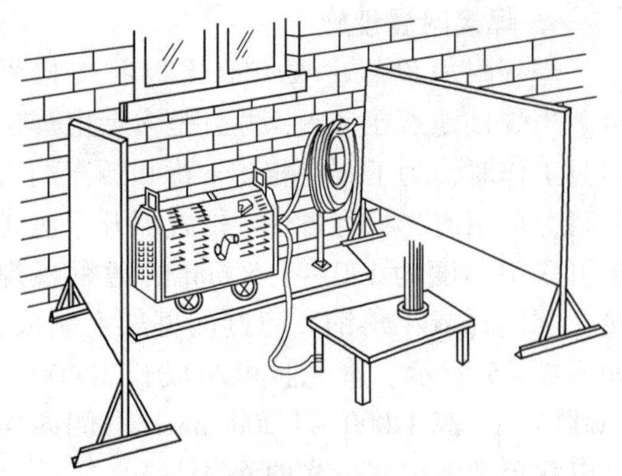

图 3－7　常见焊接训练场地的布置方式

2. 焊条的安装与更换

使用的电焊钳有夹紧装置时，只需扳开夹紧装置即可进行焊条的安装与更换。使用简易自制的弹性电焊钳时，左手持待装焊条，将右手中电焊钳上的焊条头向外打松动，再将待装焊条露铁心的端头插入电焊钳圆槽内，撬开夹紧的电焊钳，使已松动的焊条头掉下来，随后将新焊条装好。安装好的焊条应与电焊钳保持 80°～120°，如图 3－8a 所示。

电焊钳的握法有正握法（见图 3－8b）和反握法（见图 3－8c）两种。正握法用于平焊、横角焊，反握法用于立焊。

3. 模拟焊接姿势

正确的焊接姿势可以提高焊条移动时的平稳性和连续焊接能力。平焊时的焊接姿势和电焊钳握法如图 3－9a 所示，立焊时的焊接姿势和电焊钳握法如图 3－9b 所示。模拟平焊操作时，一般左手持面罩（卸去护目玻璃），右手采用正握法握电焊钳，焊条末端沿直线由左向右做匀速移动。移动中，焊条末端与模拟焊件之间应始终保持 4～5 mm 的间距。

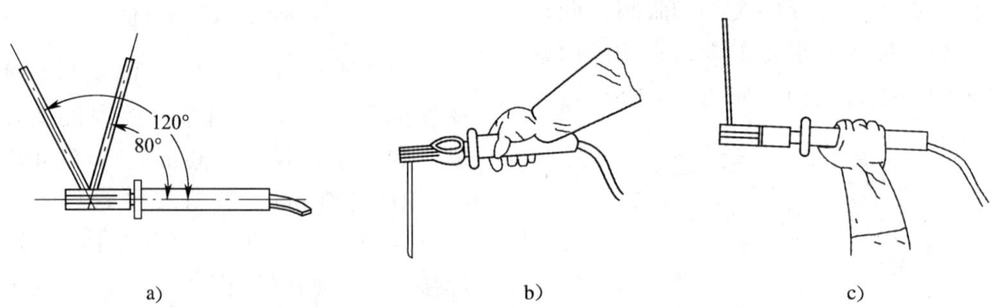

a)　　b)　　c)

图 3－8　焊条安装及电焊钳握法

a）焊条与电焊钳的夹角　b）正握法　c）反握法

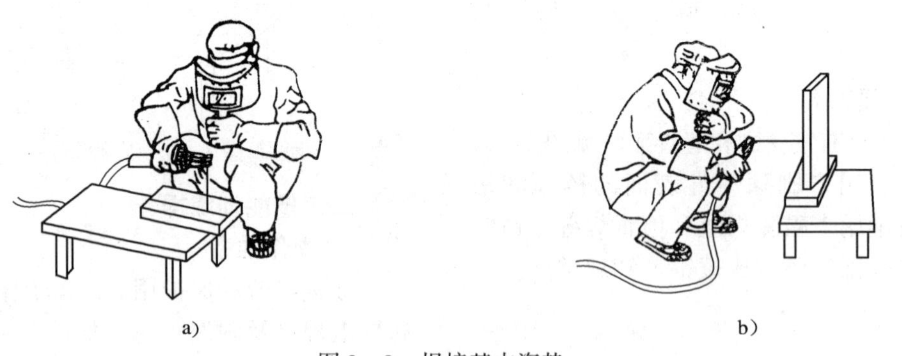

a)　　b)

图 3－9　焊接基本姿势

a）平焊操作姿势　b）立焊操作姿势

4. 调节焊接电流

调节焊接电流时，应注意调节手柄的旋转方向。使用无电流指示刻度表的电焊机时，应根据调节手柄的旋转圈数，粗略地确定焊接电流值。

5. 收拢焊接电缆

焊接操作结束后，应将焊接电缆顺应其弯曲趋势，规整地盘成一卷，挂在电焊机旁。

三、注意事项

1. 电焊机额定电压应与供电网络电压一致。

2. 电焊机应接地，以保证安全。

3. 换接电焊机电源线时，应切断电源进行。焊接结束后要立即关掉电源。

4. 焊接电缆与电焊机连接必须牢固。

5. 保持电焊机的清洁，定期用干燥的压缩空气吹净电焊机内的灰尘。露天安放的电焊机，一定要设防护罩，以防止灰尘和雨水侵入。

6. 搬动电焊机时，要避免剧烈振动，防止损坏电焊机。

课题二　平焊操作

一、不开坡口的对接平焊

1. 不开坡口的对接平焊工件（见图 3－10）

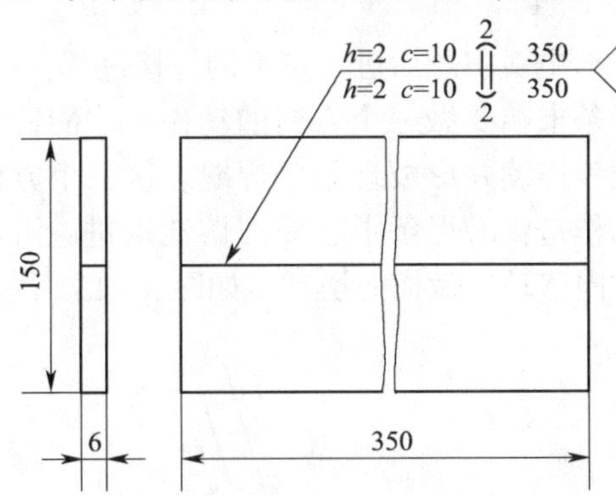

技术要求

1.焊件组装后两板的焊缝间隙为2.0，两板面应平直。
2.焊件采用双面焊，焊缝宽为10。
3.焊缝高度应控制在1~2。
4.焊缝应成形美观、平直，无咬边、夹渣和气孔等缺陷。
5.每条焊缝接头不得少于一处，接头处的熔深与外观应和焊缝保持一致。
6.焊缝起头应饱满，收尾无明显弧坑。

图 3－10　不开坡口的对接平焊工件

2. 焊接工艺规范选择

（1）焊条直径的选择

焊条电弧焊常用的焊条直径有 3.2 mm、4.0 mm 和 5.0 mm 三种规格。焊条直径的大小要根据焊件厚度来确定：厚度大的焊件应选用较大直径的焊条，薄焊件则应选用较小直径的焊条。如图 3－10 所示的焊件，由于板件较薄，并采用双面单层焊，所以正面焊缝应选择 ϕ4.0 mm 的焊条，反面的封底焊缝则应选用 ϕ3.2 mm 的焊条。

（2）焊接电流的选择

焊接电流的大小主要由焊条直径、焊件厚度和焊接位置等因素决定。若焊接电流大则焊接速度快，但焊接电流过大时，飞溅严重，焊缝容易产生气孔、咬边和焊条药皮脱落等缺陷，严重时可以将焊件烧穿。若焊接电流过小，则焊缝金属熔化不好，铁液流动性差，使焊缝成形差。对于一定直径的焊条，有一个合理的电流选择范围。平焊时，ϕ3.2 mm 的焊条焊接电流应选择 90～130 A。ϕ4.0 mm 的焊条焊接电流可选择 160～210 A。

焊接操作中，经常采用试验的方法来确定焊接电流的大小。当焊接电流选择得当时，电弧稳定，飞溅少，熔渣与铁液容易分离，焊缝成形均匀美观。

3. 焊接步骤与方法

平焊的焊接步骤与方法主要包括准备焊件、引弧、运条、接头与收尾、焊缝清理等环节。

（1）准备焊件

焊件应按照工件图样要求的材质、尺寸剪裁好。若板件出现弯曲变形等缺陷则需进行矫正，最后按要求的焊缝间隙进行定位焊，并在工件的规定部位打上钢印。

（2）引弧

引弧即引燃电弧，其操作方法有碰击法和划擦法两种。

碰击法引弧是将焊条末端对准焊缝部位垂直碰击，形成瞬时短路，然后将焊条上提并保持一定距离（3～5 mm），引燃电弧，如图 3－11a 所示。

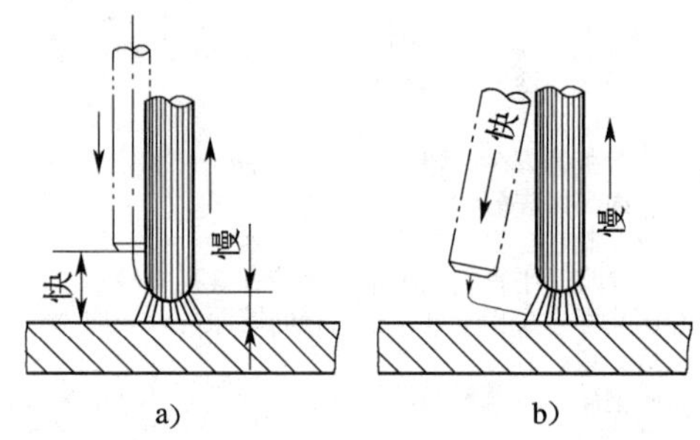

图 3－11　引弧操作方法

a）碰击法　b）划擦法

划擦法引弧是将焊条末端在焊件上轻轻擦过一段距离，引燃电弧，然后将焊条提起并保持一定距离（3～5 mm），如图 3－11b 所示。划擦法引弧比较容易掌握，但容易擦伤焊件表面。因此，在使用划擦法引弧时，应尽量把引弧段放在未焊的焊口上，以减少或不擦伤焊件。

在引弧过程中，若焊条粘在焊件上，应迅速左右摆动焊条，使之与焊件脱离。如摆动仍不能脱离，应迅速切断电源，以免短路过久而损坏电焊机。

引弧时焊件处于常温，电弧的穿透力受阻，熔化金属的冶金反应受到影响，出现焊缝高而熔深浅的现象，而且容易产生气孔。因此，引弧位置通常选在焊缝起点后面约 10 mm 处，如图 3－12 所示。引燃电弧后拉长电弧，迅速移至焊接起点进行预热，预热后将电弧恢复到正常长度，待弧坑填满时，再移动焊条正常焊接。经过引弧点时，引弧点处的金属再次熔化，这样就消除了引弧时造成的焊接缺陷。

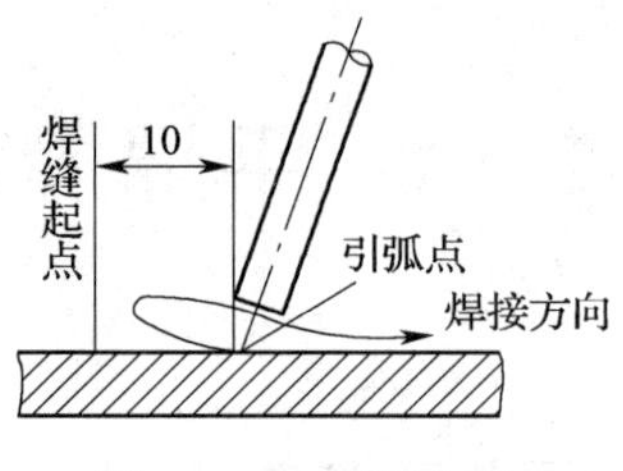

图 3－12　引弧位置

（3）运条

电弧引燃后进入正常的焊接过程，此时，焊条末端要做三个方向的动作，才能使焊接过程连续并形成理想的焊缝。这三个方向的动作是：沿焊条中心线向熔池送进、沿焊接方向移动、做横向摆动，如图 3－13 所示。

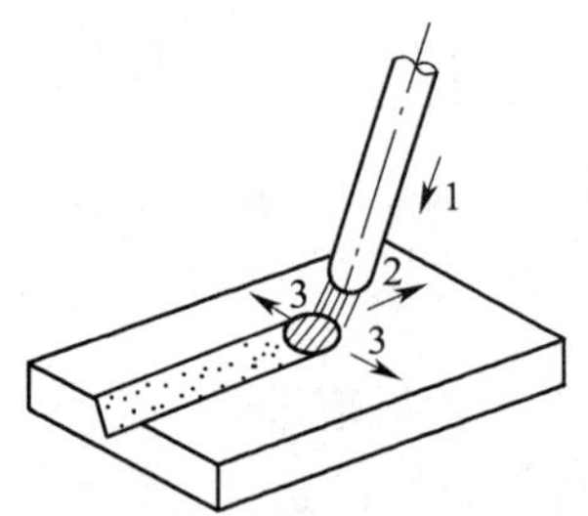

图 3－13　运条基本动作

1—沿焊条中心线向熔池送进

2—沿焊接方向移动　3—做横向摆动

随着焊接过程的进行，焊条不断地被熔化而变短，为保持一定的弧长，必须将焊条沿轴向送进熔池，送进速度应与焊条的熔化速度相等。

焊条沿焊接方向移动使熔化金属形成焊缝。移动速度（即焊接速度）的快慢根据焊缝形式与位置、工件厚度、焊条直径和焊接电流等因素决定。移动速度太快，熔池深度不够，容易造成未焊透或未熔合缺陷；反之，移动速度太慢，会使焊缝过高，焊件因过热而增大变形或被烧穿。

焊条做横向摆动可以增加焊缝宽度，并且焊条摆动时，电弧反复搅拌熔池，加速熔化金属的冶金反应，促进熔池中的熔渣和气体浮出，有利于改善焊缝质量。

以上三个动作必须协调，根据接头形式、焊缝间隙、焊缝位置、焊条直径、焊接电流和焊件厚度等情况，有各种不同的运条方法，如图 3 – 14 所示为常用的运条方法。

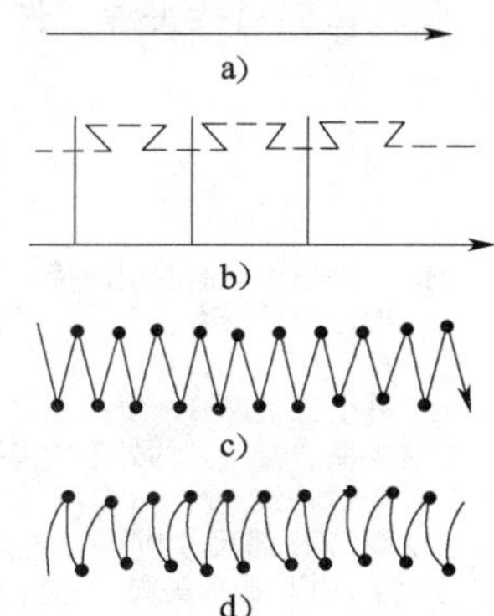

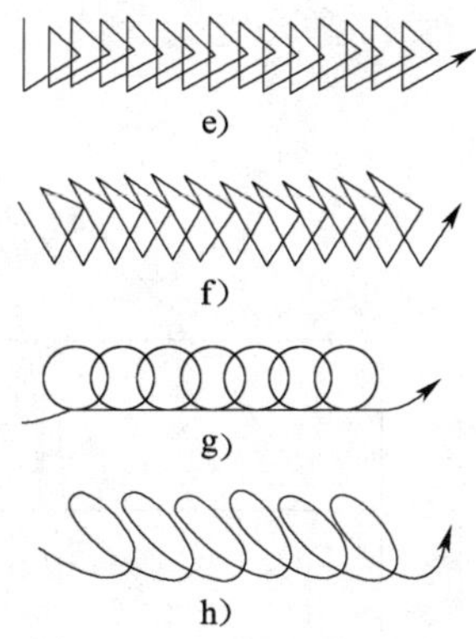

图 3 – 14　常用的运条方法

a）直线形　b）往复直线形　c）锯齿形　d）月牙形　e）正三角形　f）斜三角形　g）环形　h）斜环形

如图 3 – 10 所示工件中的正反两面焊缝均宜采用直线形运条方法。施焊时，焊条与焊件间应保持的角度如图 3 – 15 所示。焊接正面焊缝时，可采用短弧焊接，使熔池达到板厚的 2/3，焊缝宽度控制在 10 ~ 12 mm，焊缝高应小于 1. 5 mm。

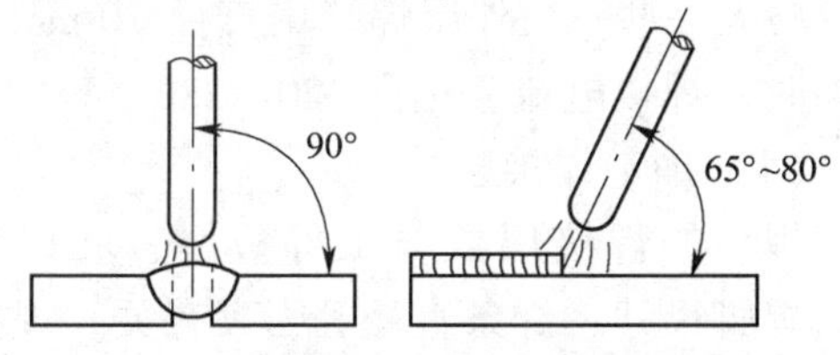

图 3 – 15　平焊时焊条与焊件间的角度

焊接反面封底焊缝时，可不铲除焊根，将正面焊缝背面的熔渣清除干净，然后用 ϕ3. 2 mm 焊条焊接，运条速度要略快一些。

（4）焊缝的接头与收尾

由于焊条长度有限，焊条电弧焊中一条焊缝往往由若干段短焊缝连接而成。两段短焊缝的连接处称为焊缝接头。

焊缝接头方法与焊接顺序有关，如图 3 – 16 所示为焊缝的接头方法。采用如图 3 – 16a 所示的首尾相接的焊缝接头方法时，由于焊缝 1 的结尾留有一个弧坑，接头时在弧坑前引弧，稍拉长电弧引入原弧坑，等填满弧坑后，即可开始焊缝 2 的焊接，如图 3 – 17 所示。

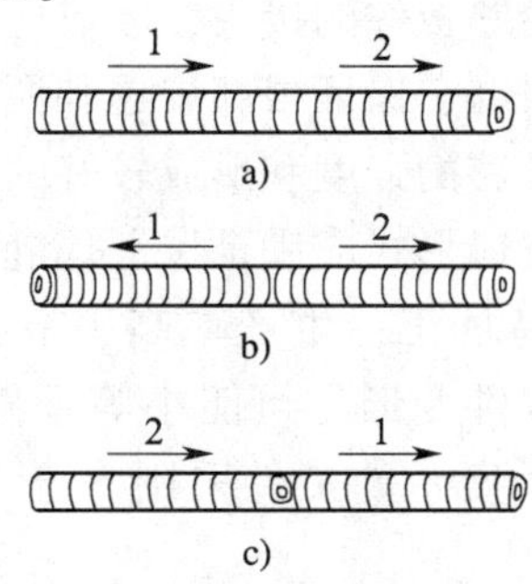

图 3 – 16　焊缝的接头方法

a）首尾相接法　b）分中焊法　c）逐步退焊法

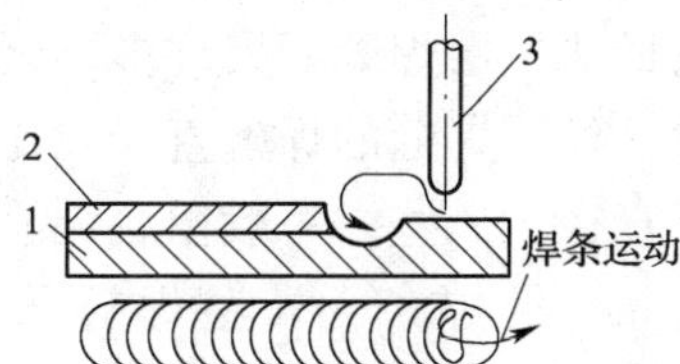

图 3 – 17　首尾相接的接头方法

1—工件　2—焊缝　3—焊条

焊缝焊完时，如果立即熄弧，就会在焊缝末尾处形成低于焊件表面的弧坑。过深的弧坑很容易产生应力集中而形成裂纹，影响焊缝的质量。为了填满弧坑，焊缝收尾时，焊条停止前移的同时做圆周运动（划小圈），待填满弧坑时再拉断电弧。也可以用回焊收尾法或反复断弧收尾法，即在较短的时间内反复引燃和熄灭电弧，直至填满弧坑为止。

（5）焊缝的清理

焊接结束后，焊缝表面覆盖着一层渣壳，称为熔渣。清除熔渣时，应该待焊缝温度降低后，再用清渣锤轻轻将其敲掉。焊件上的飞溅金属则可用扁铲铲除。

二、开坡口的对接平焊

1. 开坡口的对接平焊工件（见图 3－18）

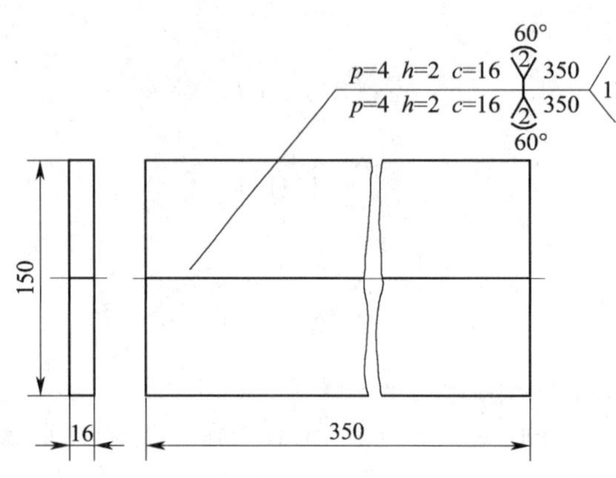

图 3－18　开坡口的对接平焊工件

2. 焊接工艺规范选择

（1）接头坡口形式的选择

对于较厚板件的接头，坡口应能使电弧深入焊缝根部，保证根部焊透和便于清除熔渣，获得足够的强度和形成较好的焊缝。因此，所选坡口形式应满足保证焊缝焊透；坡口形状容易加工；生产率高、节省焊接材料；焊后焊件变形尽可能小等条件。由此，如图 3－18 所示的工件采用 X 形坡口比较有利。

（2）焊条直径的选择

X 形坡口的截面呈放射状，外层焊缝的填充金属量比里层焊缝要大许多。因此，选择焊条时，外层焊缝的焊条直径要比里层焊缝的焊条直径大一些。一般里层焊缝可选取直径 4.0 mm 的焊条，外层焊缝选取直径 5.0 mm 的焊条；也可两层均用直径 4.0 mm 的焊条焊接。

（3）焊条电流的选择

用直径4.0 mm的焊条焊接时，焊接电流可选择160～210 A，外层焊缝的焊接电流要比里层略大一些。当外层焊缝用直径5.0 mm的焊条时，焊接电流应选择 220～280 A。

（4）确定焊接层数

焊缝的焊接层数与工件板厚、坡口形式、焊脚尺寸、焊条直径等因素有关。焊接层数 n 可按下式计算：

$$n = \frac{t}{d} \qquad (3-1)$$

式中　t——工件厚度，mm；

d——焊条直径，mm。

3. 焊接步骤与方法

（1）准备焊件

开坡口焊件的焊接准备工作除按正常焊件备料外，还需在板料上加工坡口。加工坡口可在刨边机或刨床上完成，也可以用风铲或气割等方法。对焊缝质量要求不高的焊件，还可以用碳弧气刨加工坡口。经加工合格的板件方可按图样要求进行定位焊，装配成对接平焊接头。

（2）工件的施焊方法

开坡口对接平焊的焊接方法与不开坡口对接平焊大体相同，均包括引弧、运条、接头、收尾等步骤。所以，前面叙述的各种操作方法对开坡口工件仍然适用。不同之处是开坡口工件比不开坡口工件的焊接层数增加。因此，第二层焊缝需采用月牙形或锯齿形运条方法；两面第一层焊缝焊完，并将熔渣清理干净后方可焊接第二层焊缝。

三、注意事项

1．焊接操作前，必须穿戴好劳动保护用品，以防触电、弧光灼伤和烫伤。

2．启动电焊机时，电焊钳不得与焊件接触，以免发生短路。调节焊接电流和极性接法时，应在空载条件下进行。

3．应按照电焊机的额定焊接电流和负载持续率来使用电焊机，以防止电焊机过载损坏。

4．定期对焊接设备、焊接电缆、焊接工具进行检查，发现问题应及时修理，以免发生事故。

5．在敲除熔渣时，要防止固态熔渣烫伤和击伤眼睛。

6．要注意电焊机的通风。高温天气作业时，要注意电焊机的工作温度，要避免大电流长时间焊接，以防烧坏电焊机。

课题三　横角焊操作

一、横角焊工件（见图 3－19）

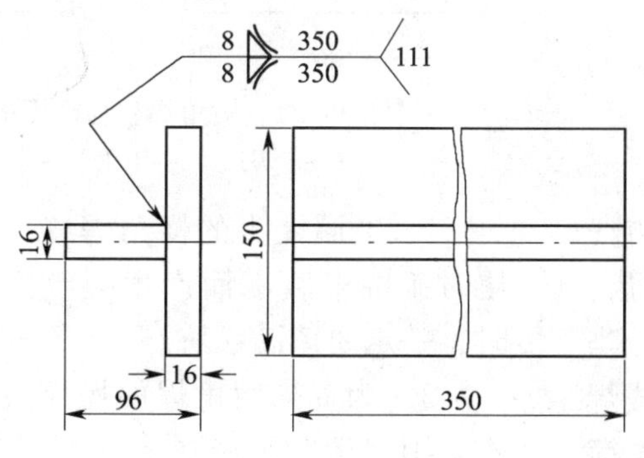

技术要求

1. 工件焊接后，两板件应保持垂直，且上下对称布置。
2. 焊缝焊脚符合尺寸要求。焊缝波纹均匀、美观，无咬边、未焊透、夹渣和焊瘤等缺陷。
3. 焊接后，应将焊缝上的熔渣及飞溅金属清理干净。

图 3－19　横角焊工件

二、焊接参数的选择

1. 焊条直径的选择

参照对接平焊中焊条直径的选用要求，选用直径为 5.0 mm 的焊条。

2. 焊接电流的选择

T 形接头横角焊由于散热较快，选用的

焊接电流应较相同条件下的平焊电流略大一些。因此，采用直径为 5.0 mm 焊条，焊接电流为 220 ~ 280 A。

3. 确定焊接层数

根据工件图样要求的焊脚尺寸，采用单层焊缝焊接即可。

三、焊接步骤与方法

T 形接头或搭接接头焊缝的焊接称为角焊，焊缝呈水平位置的角焊又称为横角焊。进行横角焊时，若焊件两板厚度相等，则焊条与两板均成 45° 的夹角，并应向焊接方向倾斜 70° ~ 80° 的角度，如图 3 - 20a 所示。若两板厚度不相等，则应调整焊条角度，使电弧偏向厚板的一边，以使两边焊脚尺寸趋于相同，如图 3 - 20b 所示。

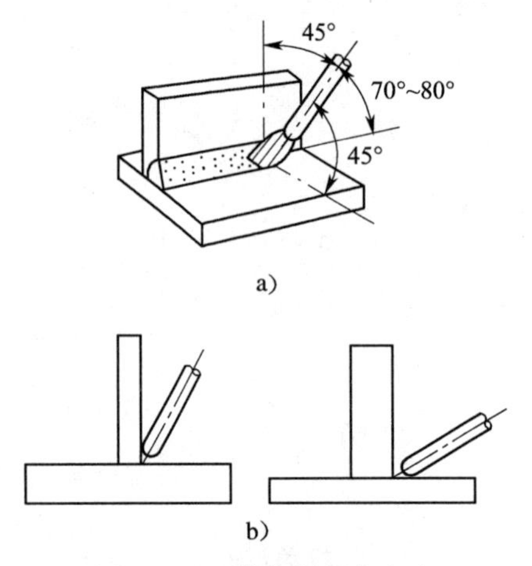

图 3 - 20　横角焊焊条角度

a）板厚相等时的焊条角度

b）板厚不相等时的焊条角度

对于焊脚尺寸较小的横角焊，采用直线形运条方法即可。焊接时，将电弧引燃后，使焊条端头靠在焊缝处，保持焊条角度。当焊条熔化时，逐渐沿着焊接方向移动形成焊缝，完成焊接。这种焊接方法不但操作简便，而且能获得较大的熔深，焊缝表面也较美观。

当焊脚尺寸大于 8 mm 时，需采用多层焊或多层多道焊，如图 3 - 21 所示，图中数字表示焊道的焊接序号。

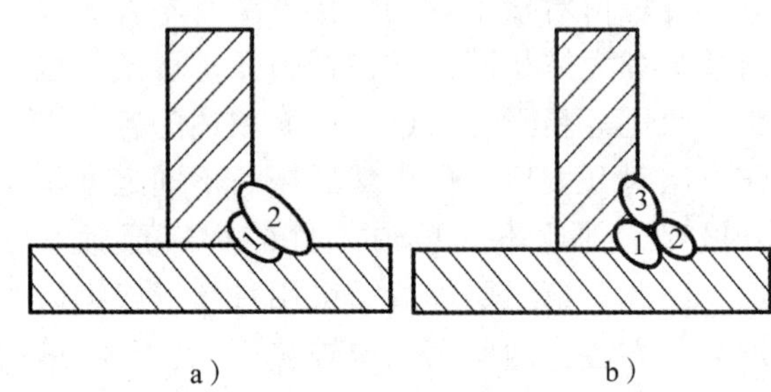

图 3 - 21　横角焊的焊接顺序

a）多层焊　b）多层多道焊

四、注意事项

1. 横角焊容易产生未焊透、下垂、咬边等缺陷，如图 3 - 22 所示。为防止缺陷的产生，操作时除正确选择焊接参数外，还应注意及时调整焊条角度，通过运条控制焊缝金属和熔渣超前，使电弧对两板加热均匀。

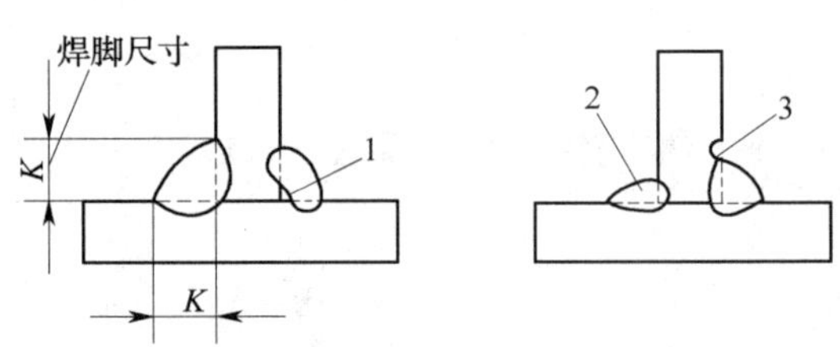

图 3 - 22　横角焊容易产生的缺陷

1—未焊透　2—下垂　3—咬边

2. T 形接头的横角焊缝，往往由于收尾时弧坑未填满而产生裂纹，所以在收尾时，一定要填满弧坑。

3. 为提高横角焊的操作技能，尽可能不采用“船”形施焊法。

课题四 立焊操作

一、立焊工件（见图 3-23）

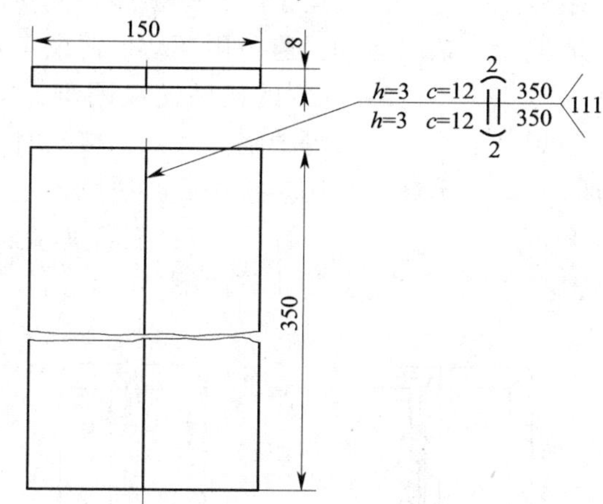

技术要求

1. 焊件采用双面立焊，焊件组装后板件应平直，两板间隙为2。
2. 焊缝应符合尺寸要求，接头处无明显脱节现象。
3. 焊缝应成形美观、平直，无咬边、焊瘤和夹渣等缺陷。
4. 焊后应将熔渣和飞溅金属清理干净，并在焊件一角打印编号。

图 3-23 立焊工件

二、焊接参数的选择

1. 焊条直径的选择

由于立焊缝的熔池位于垂直面上，若焊条直径大，则相应熔池和熔化金属的体积也大，这将增加操作难度，容易造成熔化金属下淌形成焊瘤。因此，立焊选用的焊条直径比平焊和角焊都要小一些。立焊一般选用 ϕ3.2 mm 或 ϕ4.0 mm 的焊条即可。

2. 焊接电流的选择

焊接电流的大小取决于焊条直径和焊缝位置。立焊的焊接电流应该比平焊、角焊的小10%～15%。立焊电流选择范围见表 3-2。

表 3-2 立焊电流选择范围

板厚/mm	焊条直径/mm	电流/A
5～6	ϕ3.2	90～120
	ϕ4.0	—
7～10	ϕ3.2	90～120
	ϕ4.0	120～160
11～18	ϕ3.2	90～120
	ϕ4.0	120～160

三、焊接步骤与方法

立焊一般采用由下往上焊接的方法，操作时，采用反握法持电焊钳。焊条与被焊两板间的夹角相等（见图 3-24a），与水平面成 15°～30°夹角（见图 3-24b）。这样，利用电弧的吹力托住熔化的金属，同时采用短弧焊接，使熔滴顺利地过渡到熔池中去，而熔渣则下淌覆盖在焊缝外表面上。

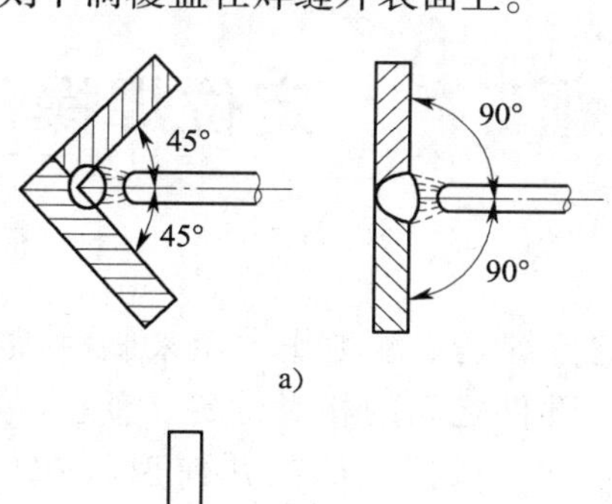

a)

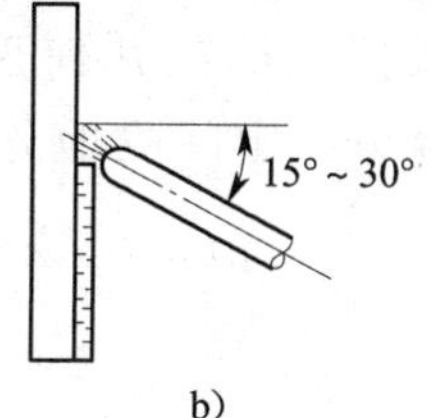

b)

图 3-24 立焊时的焊条角度

a）焊条与被焊两板间的夹角 b）焊条与水平面的夹角

不开坡口的对接立焊，常用于薄板件的焊接。焊接时，可采用跳弧法、灭弧法以及幅度较小的锯齿形或月牙形运条方法。

跳弧法是当熔滴脱离焊条末端过渡到熔池后，立即将电弧向焊接方向提起，使熔化金属有凝固的机会，迅速形成台阶。随后将提起的电弧拉回熔池，当熔滴过渡到熔池后，再提起电弧。如此不断重复熔化→冷却→凝固的过程，由下至上地堆积成一条焊缝。对接立焊的运条方法如图 3－25 所示。跳弧法运条的特点是：在焊接较薄板件和接头间隙较大的立焊缝时，能避免产生烧穿、焊瘤等缺陷。为保证焊接质量，不使空气侵入熔化金属，要求电弧移开熔池的距离尽可能短一些。

四、注意事项

1. 立焊的运条速度要均匀，摆动幅度应一致。运条时，必须靠手腕动作来控制焊条的运动，避免用摆动手臂来实现运条。

2. 立焊的接头比较困难，容易产生焊瘤、夹渣等缺陷。因此，接头时更换焊条要迅速，采用热接法。收尾则采用灭弧法。

3. 焊接时，应将工件垂直固定在焊接平台上，防止其倾倒。

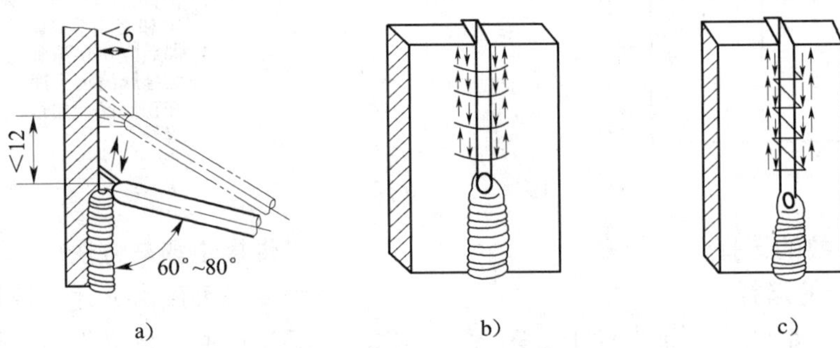

图 3－25　对接立焊的运条方法

a）直线形跳弧法　b）月牙形跳弧法　c）锯齿形跳弧法

课题五　定位焊操作

定位焊是装配工作中用来临时固定各零件、部件之间的相对位置，使已经装配的焊接结构保持正确的几何形状和尺寸。由于定位焊缝呈一定间隔地分布在正式焊缝的位置上，因此，正确地实施定位焊，不仅能使结构达到装配所需要的强度和刚度，还对保证正式焊缝的质量起着重要的作用。

一、定位焊工件（见图 3－26）

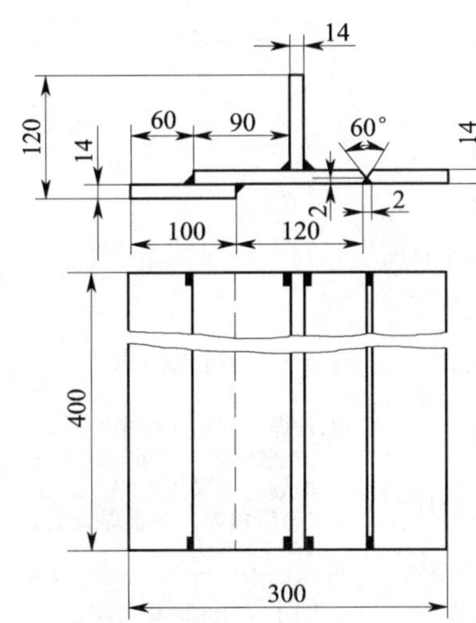

技术要求

1. 定位焊前应将各板件平整后去毛刺，装配后板件间的相对位置要符合图样要求。
2. 定位焊时，在焊件焊缝的两端定位焊接10~20的焊缝，并保证焊牢。
3. 对V形坡口焊缝应考虑反变形量。

图 3－26　定位焊工件

二、焊接参数的选择

定位焊因施焊位置不同，而采取平焊、角焊、立焊等方法，故前面介绍的各种焊接方法的焊接参数仍可参照。需要强调指出的是定位焊所用的焊条、焊件温度等工艺条件，应该与正式施焊时的要求相同；焊接电流应比正式焊接时大 10% ~ 15%，以防止产生未焊透和焊脚过高等缺陷。

三、焊接步骤与方法

1. 对接接头的定位焊

将平整好的板件放在焊接平台上，每两块一组拼好，接缝应留有 1 ~ 2 mm 的间隙。然后在接缝两端以定位焊固定。为防止两端因施焊顺序不同而引起接缝间隙不一致，应该适当加大后焊一端的接缝间隙，以抵消焊接收缩的作用。或者，在后焊端接缝间隙内放入一厚度与间隙尺寸相等的窄薄铁片，以阻止定位焊时两板靠拢，待定位焊结束后再将其取出。

2. T 形接头的定位焊

组装 T 形接头时，应保证接头两板的垂直度。施焊时，先用定位焊固定接头一侧，待两板角度修正后，再定位焊接另一侧。定位焊后，应将定位焊缝处的熔渣清理干净，以免影响正式焊接的质量。

四、注意事项

1. 定位焊缝的宽度应比正式焊缝窄。板厚为 4 ~ 12 mm 的焊件，对接接头的焊缝高度应≤2 mm；T 形接头的焊缝高度为 3 ~ 6 mm。定位焊缝长度为 10 ~ 30 mm，间隔为 50 ~ 300 mm。在特殊情况下，定位焊缝的长度和间隔可适当调整。

2. 在焊缝交叉处和焊缝转折处不允许定位焊，应离开 50 mm 左右。

3. 对不开坡口的接头，引弧后应当将电弧拉长，对焊件焊接点进行预热，以取得较大的熔深。

4. 若定位焊开裂而需重新焊接时，必须将开裂的焊缝金属全部铲掉方可重焊。

课题六　焊接作业

一、焊接作业工件（见图 3－27）

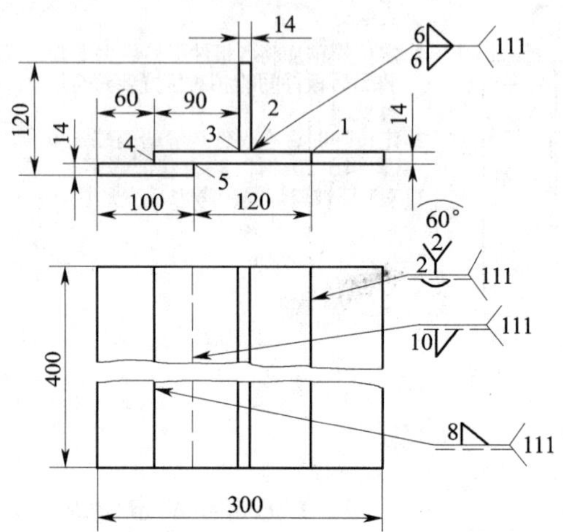

技术要求

1.各焊缝均采用焊条电弧焊方法施焊。焊缝1用平焊；焊缝2、5采用立焊；焊缝3、4为横角焊。每条焊缝至少有一处接头。
2.焊缝应平直、成形好。焊缝尺寸应符合图样要求。
3.焊缝无偏移、咬边、焊瘤、夹渣等缺陷。
4.焊后清除全部熔渣和飞溅金属。

图 3－27　焊接作业工件

二、工艺分析卡片（见表 3－3）

表 3－3　　**工艺分析卡片**

姓名		学号		班级		填写日期	
工件概况							
数量		材质		质量		外形尺寸	
工时定额		实际工时		材料定额		实际消耗材料	
1. 确定工序，画出工序路线图（附零件草图）							
2. 主要工序加工工艺分析							
备注							

第四单元

放　样

课题一　放样量具、工具及其使用

一、放样量具及使用

1. 放样量具

（1）钢直尺

钢直尺有公制和英制两种尺寸刻度。它的规格较多，冷作工常用钢直尺的长度为1 000 mm。

（2）钢卷尺

钢卷尺由带刻度的窄长钢片带制成，全尺可卷入盒内，携带方便。常用的钢卷尺规格有1 000 mm和2 000 mm两种。长度较长的有20 m和50 m的钢卷尺，通常称为盘尺。

（3）直角尺

直角尺由相互垂直的长、短两直尺制成，如图4－1所示，主要用作测量构件垂直度或划垂线用。

直角尺在使用期间，应常对其角度进行检查，以免在测量中或划线时出现误差。其检查方法如图4－2所示。

（4）内、外卡钳

内、外卡钳是辅助测量用具。内卡钳主要用于测量零件上的孔（见图4－3a）或管子的内径；外卡钳则用于测量零件的外部尺寸及板厚（见图4－3b）。

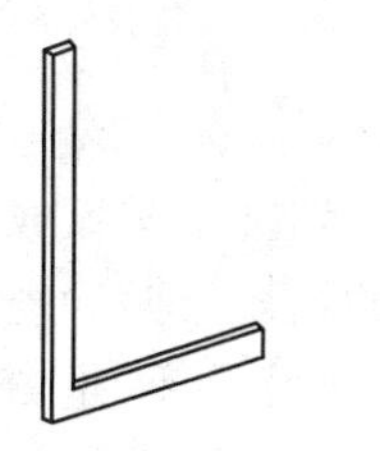

图4－1　直角尺

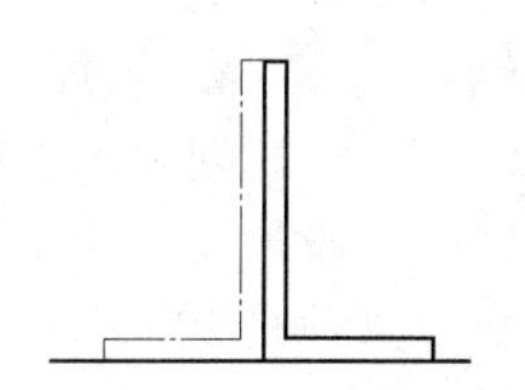

图4－2　直角尺的检查方法

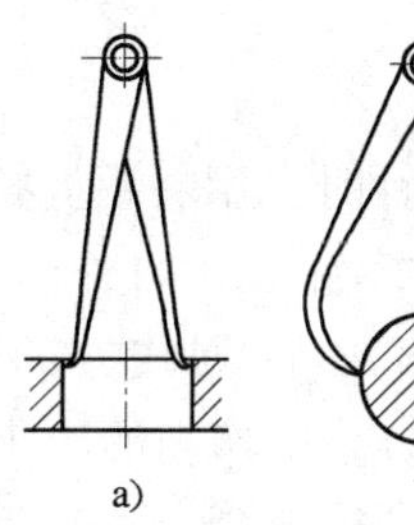

图4－3　内、外卡钳
a）内卡钳　b）外卡钳

2. 使用注意事项

在使用量具时，应注意以下几个问题。

（1）要保持量具规定的精度，否则会直接影响制品质量。除按规定定期检查量具精度外，在对质量要求较高的重要构件施工前，还要进行量具精度的检查。

（2）要依据产品的不同精度要求，选择相应精度等级的量具。对于尺寸较大而相对精度又较高的构件，还要求在同一产品的整个放样过程中使用同一量具，不得更换。

（3）要学会正确的测量方法，减小测量操作误差。

二、放样工具及使用

1. 石笔

石笔用于划线质量要求较低或较大构件的划线，石笔在使用前应将其头部磨成斜楔形，如图 4－4 所示，以保证划出的线尽可能准确。

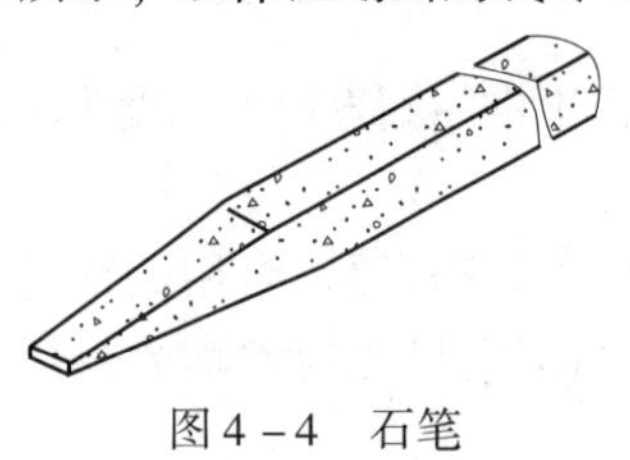

图 4－4　石笔

2. 粉线

粉线用于划较长的直线段，平时粉线绕于粉线盘上，如图 4－5 所示。使用时将粉线拉出，并通过粉袋被涂敷上白粉，然后对准线段的两端，再绷紧弹出所需要的直线段。注意拉弹时，应使粉线垂直于钢板表面拉起，当线长超过 2.5 m 时，不要在风中操作，以免产生较大的误差。

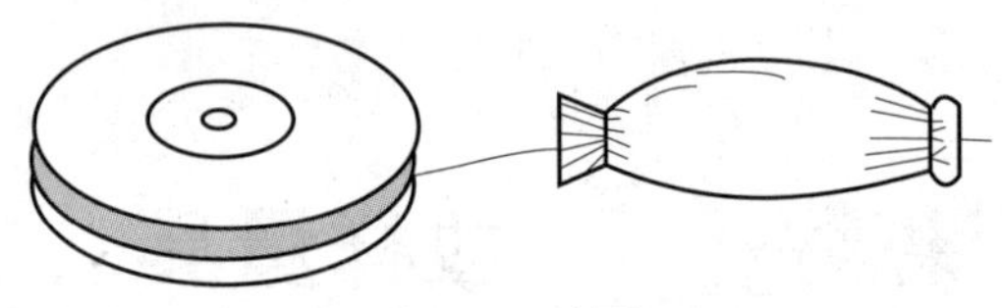

图 4－5　粉线

3. 划针

划针主要用于在钢板表面划出有凹痕的线条，通常用碳素工具钢锻制而成。为使所划线条清晰准确，划针尖必须磨得锋利，其角度为 15°～20°（见图 4－6a）。划针的尖部必须经过淬火，以提高其硬度。有的划针还在尖部焊上一段硬质合金，然后磨尖，以保持锋利。划针用钝后重磨时，要注意不使针尖退火变软。

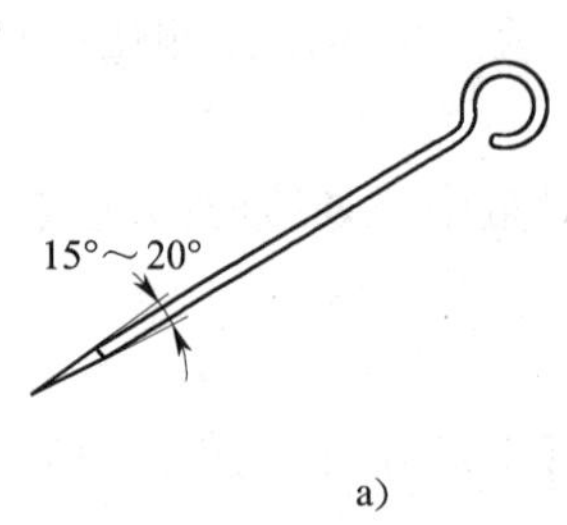

a)

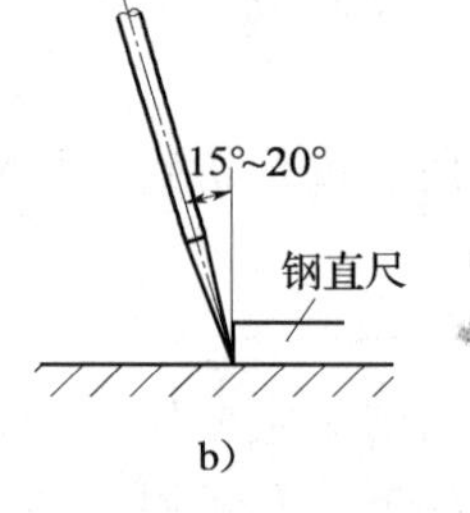

b)

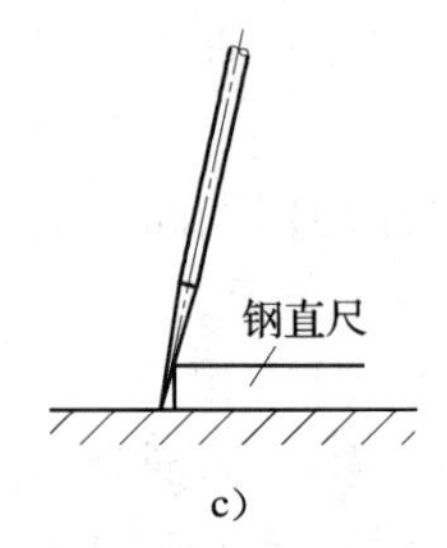

c)

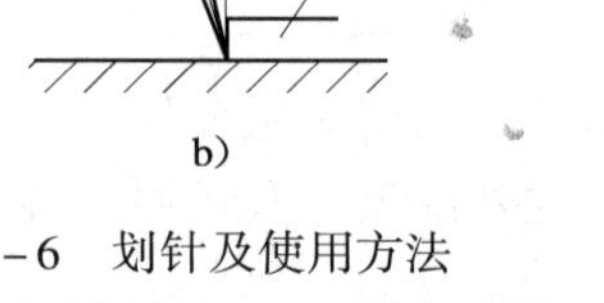

图 4－6　划针及使用方法

a）划针　b）使用正确　c）使用不正确

使用划针时，用右手握持，使针尖与钢直尺的底部接触，并向外侧倾斜 15°～20°（见图 4－6b），向划线方向倾斜 45°～75°（见图 4－6c）。用均匀的压力使针尖沿钢直尺移动划出所需线条。用划针划线要尽量做到一次完成，不要连续几次重复划，否则线条变粗，反而模糊不清。

4. 划规

划规用于在放样时划圆、圆弧或分量线段长度。冷作工常用的划规有两种规格：一种是 200 mm（8 in），另一种是 350 mm（14 in）。

如图 4－7a 所示为 200 mm 划规。这种划规开度调节方便，适用于量取变动的尺寸。为了避免工作中振动使量取的尺寸发生变化，可用锁紧螺钉将调整好的开度固定。

使用划规时，以其一个脚尖插在作为圆心的样冲眼内定心，并施加较大的压力（见图4－7b），另一脚尖则以较轻的压力在材料表面上划出圆弧，以保持中心不致偏移位置。

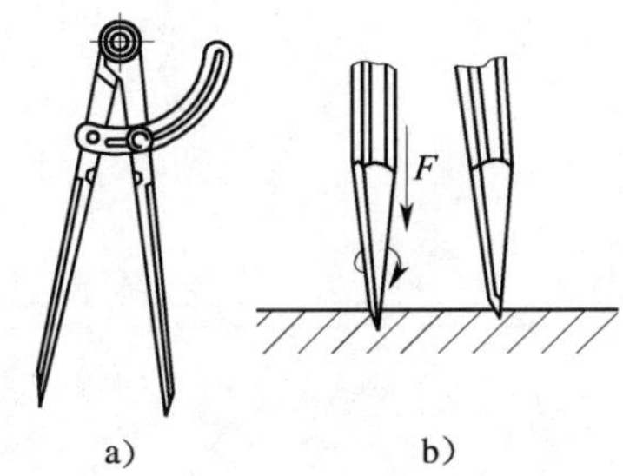

图4－7　划规及使用方法

a）200 mm划规　b）划规使用方法

5. 地规（长杆划规）

划大圆、大圆弧或分量长的直线段时，可采用地规。地规是用较光滑的钢管套上两个可移动调节的圆规脚，圆规脚位置调节后用紧固螺钉锁紧。使用地规时需两人配合，一人将一个圆规脚放入作为圆心的样冲眼内，略施压力按住，另一人把住另一个圆规脚，在材料的表面上划出圆弧，如图4－8所示。

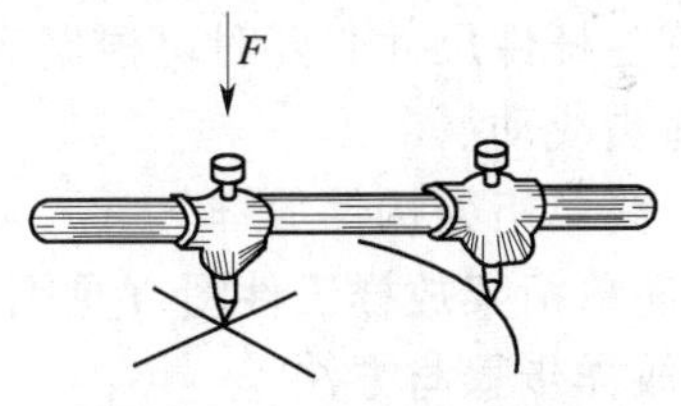

图4－8　地规的使用

6. 样冲

为了使钢板上所划的线段能保留下来，作为施工过程中的依据或检查的基准，在划线后可用样冲沿线打出样冲眼作为标记。在使用划规划线前，也要用样冲在圆心处打上样冲眼，以便定心。样冲一般用中碳钢或工具钢锻制而成，尖部磨成45°～60°的圆锥形，并经热处理淬硬，如图4－9a所示。使用时，先将样冲略倾斜使尖端对准欲打样冲眼的位置，然后将样冲竖直，手握小锤子轻击顶端，打出样冲眼，如图4－9b所示。

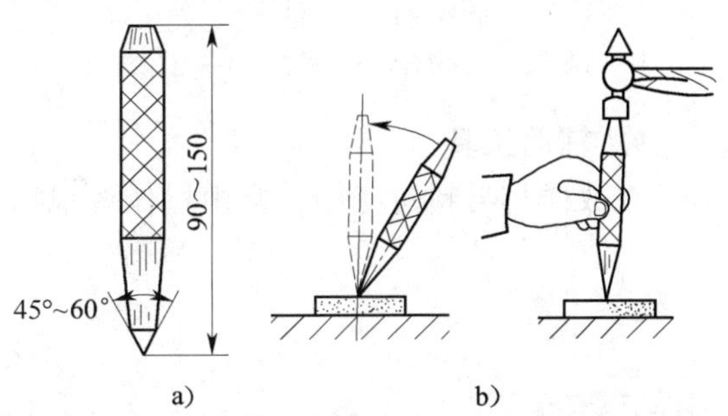

图4－9　样冲及使用方法

a）样冲　b）样冲使用方法

7. 勒子

勒子主要由勒刃和勒座组成。勒刃一般由高碳钢制成，使用前须经刃磨与淬火。勒子用于型钢号孔时划孔心线。勒子及使用方法如图4－10所示。

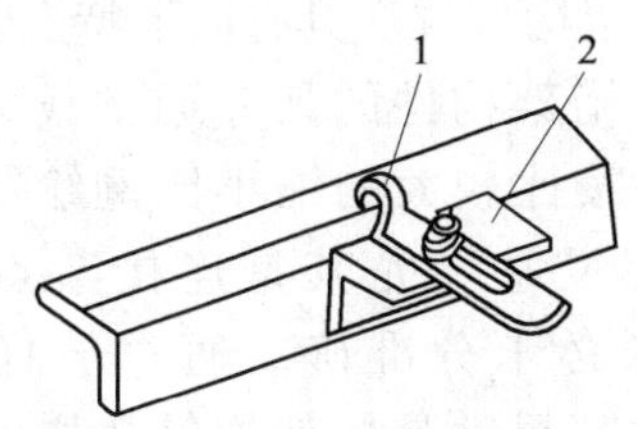

图4－10　勒子及使用方法

1—勒刃　2—勒座

8. 曲线尺

划线中，常常需要用平滑的曲线连接数个已知的定点，使用曲线尺可以提高工作效率。如图4－11所示为曲线尺，由弯曲尺1、滑杆2、横杆3及定位螺钉4组成。横杆和滑杆均有长形孔，各滑杆的端头与弯曲尺铰接，弯曲尺的曲率由滑杆在长形孔中移动调节。弯曲尺可用金属或富有弹性的纤维材料制成。使用时，调节滑杆，使弯曲尺与各已知点接触，然后旋紧定位螺钉，将其固定，再沿弯曲尺划出所需要的曲线。

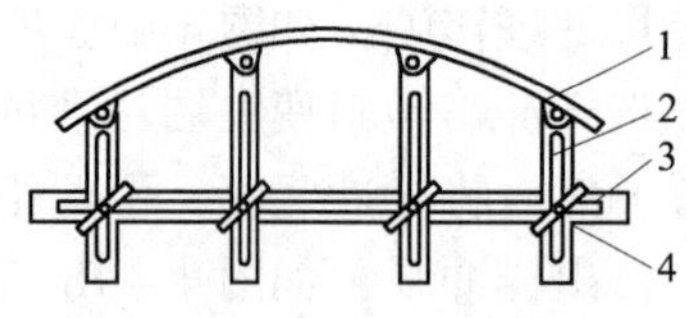

图 4－11　曲线尺

1—弯曲尺　2—滑杆　3—横杆　4—定位螺钉

9. 辅助工具

在放样与号料过程中，常由操作者根据实际需要制作一些辅助工具。如图 4－12 所示为常用号料辅助工具。

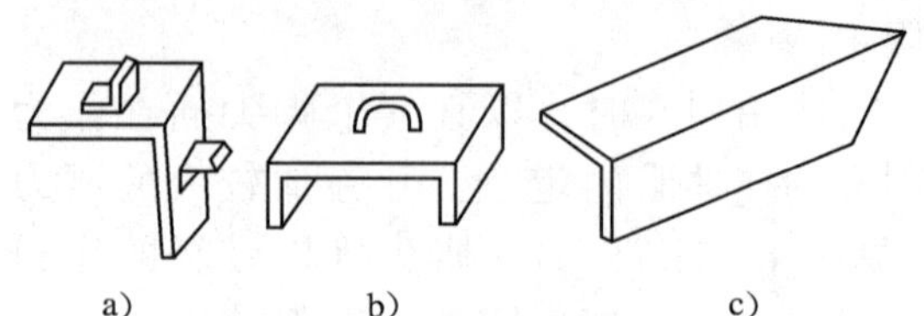

图 4－12　常用号料辅助工具

a）角钢过线板　b）槽钢过线板　c）角度样板

课题二　桁架构件放样

一、桁架构件放样工艺特点

1. 桁架构件放样的特点

桁架构件是指由各种型钢杆件构成的各类承重支架结构，如屋架、管道支架、输电塔架。桁架构件放样具有以下特点。

（1）桁架构件的尺寸通常较大，其图样往往是按比较大的缩小比例绘制的，因而其各部尺寸（尤其是连接节点各部位尺寸）未必十分准确。通过放样核对图样上的各部尺寸是桁架构件放样的重要任务。

（2）由于桁架构件的基本组成零件是型钢杆件，而且在桁架的制造过程中，这些杆件通常不再进行弯曲加工，所以桁架构件放样，一般不含有展开放样的内容。

（3）桁架构件的图样一般只给出桁架构件上各杆件轴线的位置关系和结构外形的主要尺寸，而各杆件的长度在图样上往往并不完全标注。因此，准确地求出桁架各杆件的长度是桁架构件放样的主要内容。

（4）桁架构件通常采用“地样装配法”进行装配。放样图必须按 1∶1 的比例绘制，而且要清楚地反映各杆件间的位置关系，同时做出装配所需的标记。

2. 桁架构件的工艺性处理

（1）了解工件的用途及一般技术要求，以便确定放样划线精度及结构的可变动性。如有些工件因图样上未给出中间连杆长度，需要在放样中确定。

（2）了解工件的外形尺寸、重量、材质、加工数量等概况，并根据实际加工能力（如矫正设备、起重设备）、施工场地等，选定施工方案。

（3）弄清楚各杆件之间的位置关系和尺寸要求，并确定可变动与不可变动的杆件。如有些杆件尺寸必要时可根据实际放样情况做适当改动。

二、简单桁架构件放样

1. 简单桁架放样工件图（见图 4－13）

2. 放样步骤与方法

（1）准备工作

放样准备工作主要包括准备放样平台和放样量具、工具（见课题一介绍）。

放样平台通常由厚度 12 mm 以上的低碳钢钢板拼制而成。钢板接缝应打平、磨光，板面要平整，板下面须用枕木或型钢垫起，且调平整。放样时，为使线型清晰，常在板面上涂带胶白粉。

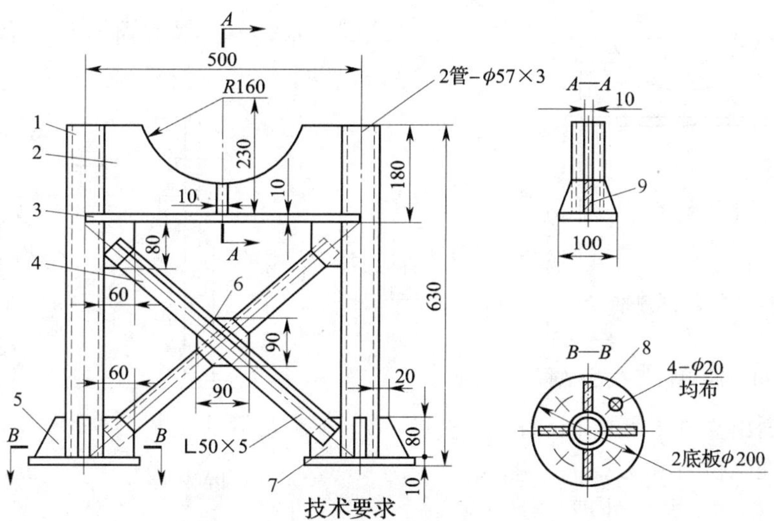

技术要求

角钢在连接板口的搭接长度不得小于40。

图 4－13　简单桁架放样工件图

1—立柱　2—支承板　3—托板　4—斜杆　5—底脚肋板　6—斜杆中间连接板

7—斜杆连接板　8—底脚板　9—支承板肋板

(2) 识读简单桁架图样

识读工件图样，读懂各表达方法、连接方式、尺寸关系等。

1) 概括了解

图中表示的构件为简单桁架，属于桁架类构件。

2) 看懂零件结构形状

①分析视图。为表达清楚简单桁架结构，采用了主视图及向视图进行表示。

②分析结构形状。该简单桁架的主体部分是由两根竖直放置的钢管（件1）构成的立柱，用于承受主要载荷；简单桁架的上半部分（件2、件3）对管道起支承和固定作用；简单桁架的下半部分由连接板及角钢将两立柱连接，可以保证支承稳固；简单桁架的最底端由底脚板（件8）及底脚肋板（件5）组成。

3) 分析尺寸

视图中的尺寸以立柱中心线作为基准，定形尺寸为 500 mm 和 630 mm，定位尺寸为 180 mm。

(3) 放样工艺分析

1) 放样。该构件是由钢管、角钢、钢板组成的桁架，放样时要保证桁架有理想的受力状态。钢管以轴线为准，角钢以重心线为准，在桁架各节点处汇交。因为该构件采用地样装配法装配，所以在放样时不需要卡型、验型及定位样板。

2) 确定未定杆件的尺寸。确定杆件的尺寸时，要注意保证杆件与连接板的连接长度，以保证足够的连接强度。若连接长度过短，可在结构处理时增大连接板的尺寸。

(4) 结构放样

1) 确定放样划线基准。根据本工件要保证的几个主要尺寸要求，选择支架底平面轮廓线和任一主管件的轴线作为主视图的两个放样基准，比较合适。

2) 划出简单桁架的基本线型。如图4－14所示，构架结构以各杆件轴线位置为依据，进行设计时的力学计算和分析。各杆轴线的位置，对桁架的受力状态、承载能力影响很大。因此，桁架结构中各杆件的轴线，即是结构的基本线型，应该首先划出。为保证桁架有理想的受力状态，在桁架的各节点处，杆件轴线应相交（图样上有特殊要求者除外）。

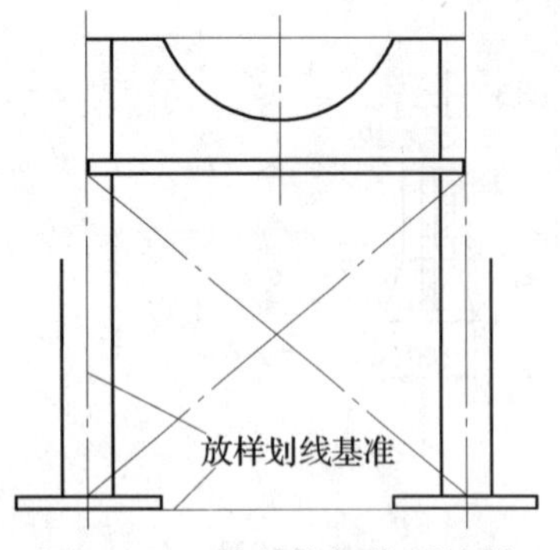

图 4－14　简单桁架线型放样

其次，应划出立柱、底脚板、托板这些不可变动件的准确位置和必要的轮廓线。

3）进行结构的工艺性处理

①在基本线型图上划出连接板和未定杆件，如图 4－15 所示，这时，应注意图样上所划出的杆件轴线是型钢的重心线，而不是型钢宽度的中心线。为提高工效，当杆件较长时，可以仅划出节点部位杆件线型图，而杆件的中间部分省去不划。

②图样划好后，在图样上确定中间杆尺寸，并量取、记录。确定中间杆长度时，要保证杆件与连接板搭接焊缝长度足以满足强度要求。当图样上出现杆件重叠或杆件在连接板上搭接过短时，应修正图样所给尺寸，如图 4－16 所示。修正结构尺寸时，应注意结构主体杆件及各轴线尺寸不得改动。

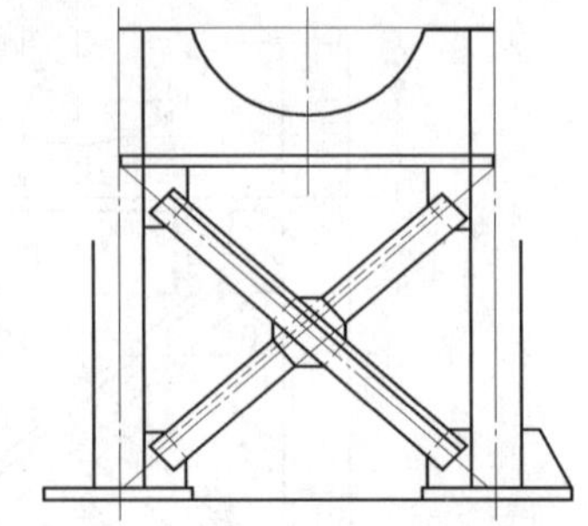

图 4－15　简单桁架结构放样

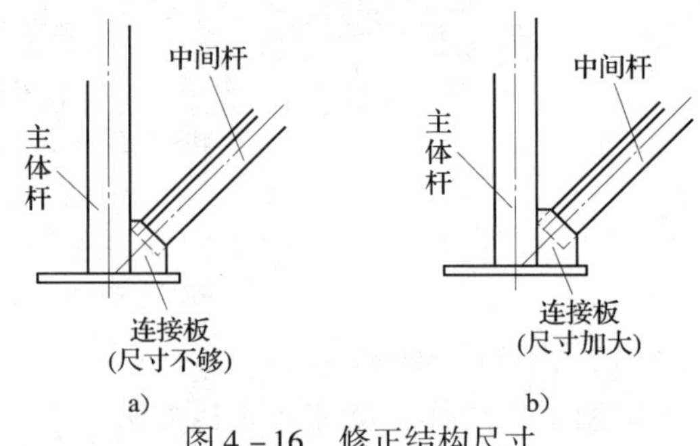

图 4－16　修正结构尺寸

a）改动前连接板尺寸不够　b）改动后加大连接板尺寸

（5）制作号料样板、获取必要的资料

1）按结构放样确定各杆件的长度，制作相应的样杆。

2）用覆盖过样法制作各连接板的样板，如图 4－17 所示。

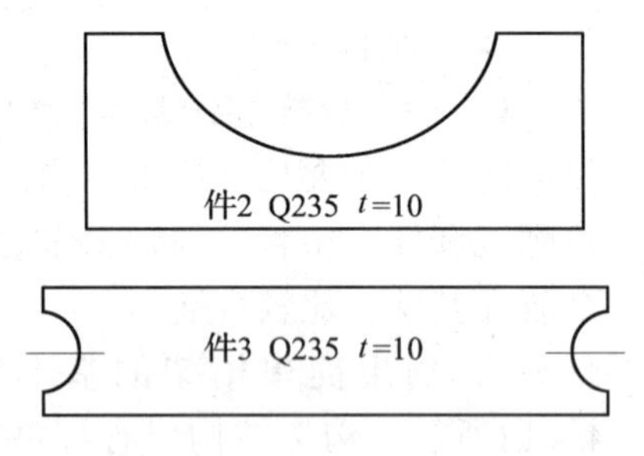

图 4－17　简单桁架各样板

桁架类结构的组装一般采用地样装配法和仿形装配法相结合，装配中不需要其他样板。

样板、样杆上应注明杆件的件号（或名称）、数量、材质、规格及其他必要的说明（如表示上、下、左、右的方位及焊缝长度等）。

（6）注意事项

结构的工艺性处理，一定要在不违背原设计的前提下进行。

三、煤气管道支架放样

1．煤气管道支架放样工件图（见图 4－18）

2．放样步骤与方法

（1）识读煤气管道支架图样

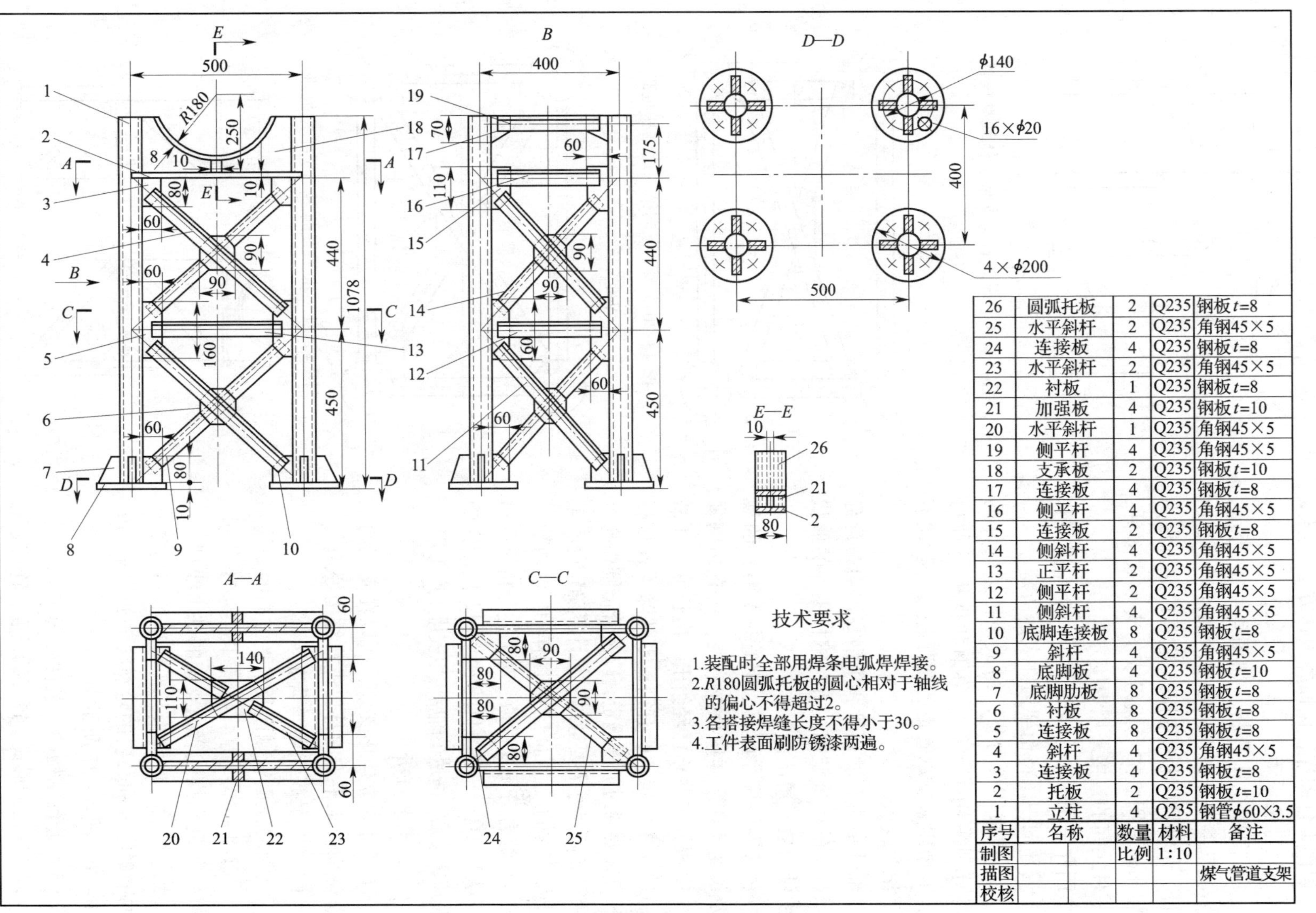

序号	名称	数量	材料	备注
26	圆弧托板	2	Q235	钢板 t=8
25	水平斜杆	2	Q235	角钢45×5
24	连接板	4	Q235	钢板 t=8
23	水平斜杆	2	Q235	角钢45×5
22	衬板	1	Q235	钢板 t=8
21	加强板	4	Q235	钢板 t=10
20	水平斜杆	1	Q235	角钢45×5
19	侧平杆	4	Q235	角钢45×5
18	支承板	2	Q235	钢板 t=10
17	连接板	4	Q235	钢板 t=8
16	侧平杆	4	Q235	角钢45×5
15	连接板	2	Q235	钢板 t=8
14	侧斜杆	4	Q235	角钢45×5
13	正平杆	2	Q235	角钢45×5
12	侧平杆	2	Q235	角钢45×5
11	侧斜杆	4	Q235	角钢45×5
10	底脚连接板	8	Q235	钢板 t=8
9	斜杆	4	Q235	角钢45×5
8	底脚板	4	Q235	钢板 t=10
7	底脚肋板	8	Q235	钢板 t=8
6	衬板	8	Q235	钢板 t=8
5	连接板	8	Q235	钢板 t=8
4	斜杆	4	Q235	角钢45×5
3	连接板	4	Q235	钢板 t=8
2	托板	2	Q235	钢板 t=10
1	立柱	4	Q235	钢管 ϕ60×3.5
制图		比例	1:10	
描图				煤气管道支架
校核				

图 4－18　煤气管道支架放样工件图

识读工件图样，读懂各表达方法、连接方式、尺寸关系等。

1）图样总体分析。如图 4 - 18 所示，该桁架是一个用来支承管道的部件，主要由钢管、角钢和钢板等制成。它是以底脚板为安装基础采用叠加形式组成的支承式部件，各零件之间的连接采用焊接方式。

图样采用了一个主视图、一个左视图和四个局部剖视图将桁架构件表达清楚。

2）组成零件分析。组成该桁架构件的零件分别采用了钢管、角钢和钢板三种材料，其中用来支承管道的圆弧托板需要在下料后滚弯成形。

部件中所有的钢管和角钢零件均为符合国家标准的标准型钢，所有钢板零件的形状均由结构放样解决。

就各零件尺寸而言，钢管（4 根）的规格及长度已在图样中标注清楚；所有角钢零件（22 根）的规格已经给出，但长度尺寸需要通过放样确定；所有钢板零件除了连接板的尺寸需要通过放样确定，以及管道圆弧托板的展开长度尺寸需要通过工艺计算确定外，其余钢板零件的尺寸都已经在图样中标注清楚。

3）综合分析并确认。对上述分析过程进行确认，综合分析各零件的形状、尺寸、连接方式及位置关系，清楚正确后可以安排生产工艺。

（2）工艺分析

本工件为立体形支架，所以在支架的正面、侧面及水平方向都要进行结构处理。

（3）确定放样划线基准

支架的正面、侧面及水平方向的划线基准，如图 4 - 19、图 4 - 20、图 4 - 21 所示。

（4）划出煤气管道支架的基本线型

划出主管、底脚板、托板这些不可变动件的准确位置和必要的轮廓线，如图 4 - 19、图 4 - 20、图 4 - 21 所示。

（5）进行结构的工艺性处理

确定连接的形式、连杆的长度、连接板的尺寸等，如图 4 - 20、图 4 - 21、图 4 - 22 所示。

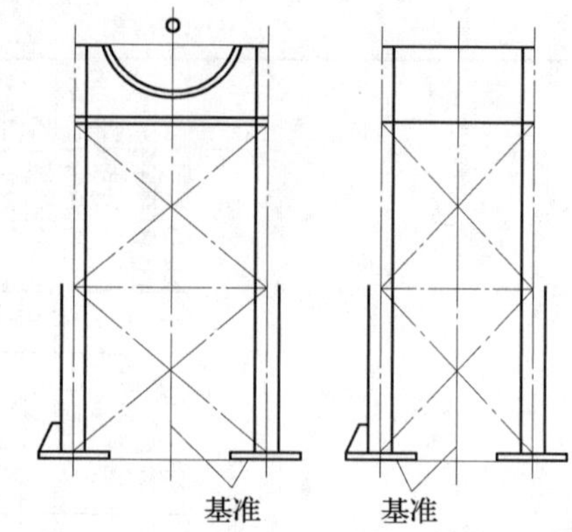

图 4 - 19　煤气管道支架主体线型放样

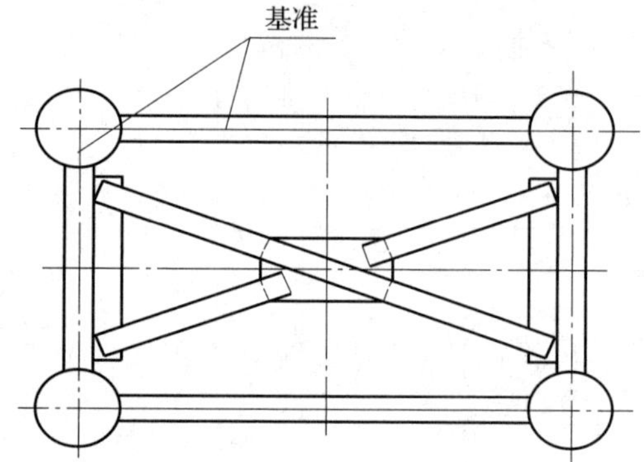

图 4 - 20　水平方向第一层结构处理

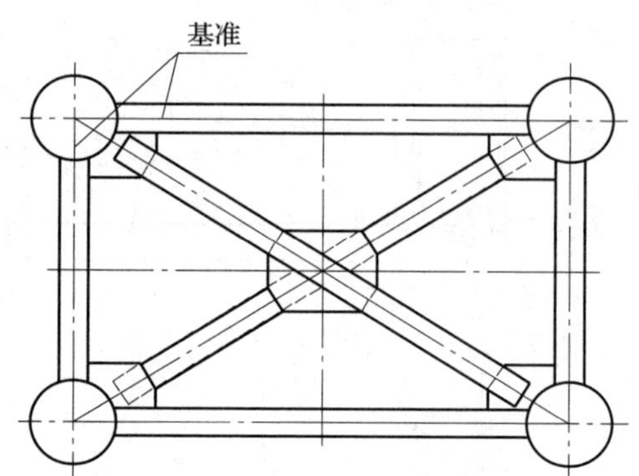

图 4 - 21　水平方向第二层结构处理

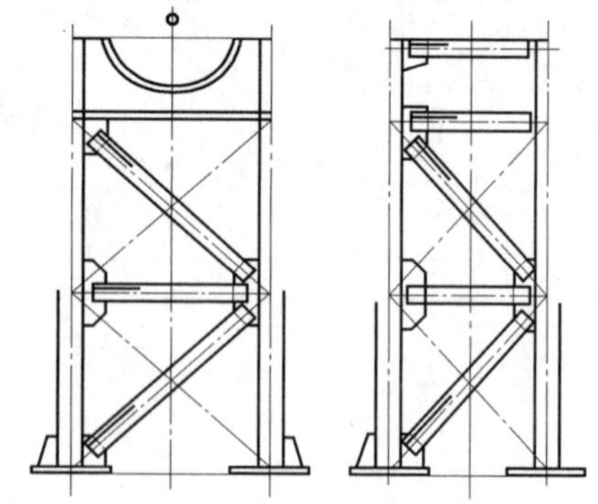
图 4 - 22　煤气管道支架主体结构放样

3. 制作所有样板

样板制作方法与简单桁架构件放样的相同。制作的所有样板如图 4－23 所示。

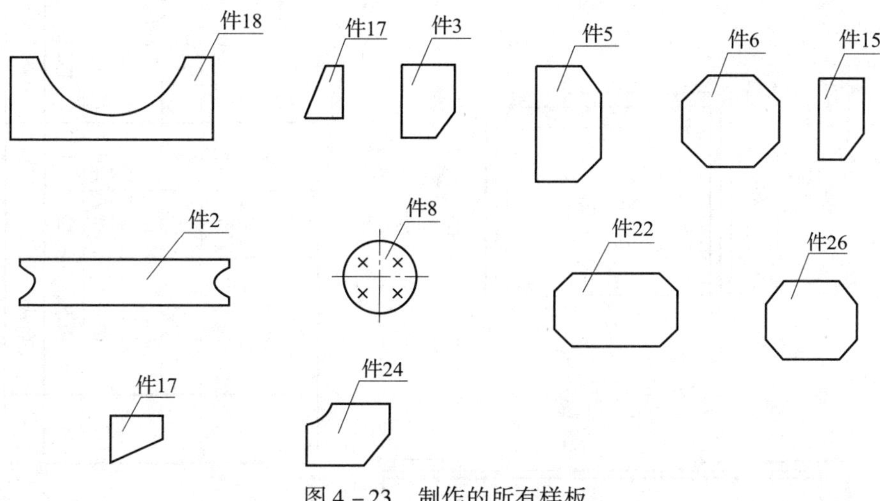

图 4－23 制作的所有样板

课题三 板架构件放样

一、板架构件放样工艺特点

1. 板架构件放样特点

板架结构是以板材为主制造的一些结构。板架结构几乎不存在展开放样内容，只需进行线型放样和结构放样两个程序即可。板架构件放样具有以下特点。

（1）板架结构主要以板材为主，所以外形尺寸尤为重要。

（2）板架结构图样只给出板架结构外形的主要尺寸、板料的厚度及各板件之间的位置关系，因此要处理好外形尺寸与板厚之间的关系。

（3）板架结构图样中有时不给出连接结构，结构处理是板架构件放样的主要内容。

（4）板架结构主要采用划线定位进行装配，放样时要标记好板件之间的位置线。

2. 板架结构的工艺性处理

板架结构放样的内容主要有以下几个方面。

（1）如果图样没有给出板件之间的连接方式，要做好组成板架结构各板件之间的接口处理。

（2）制作形状复杂板件的号料样板。

（3）记录各板件的尺寸规格及必要的数据。

（4）根据加工能力、施工场地等，选定施工方案。

二、支承框架放样

1. 支承框架放样工件图（见图 4－24）

2. 放样步骤与方法

（1）识读支承框架图样

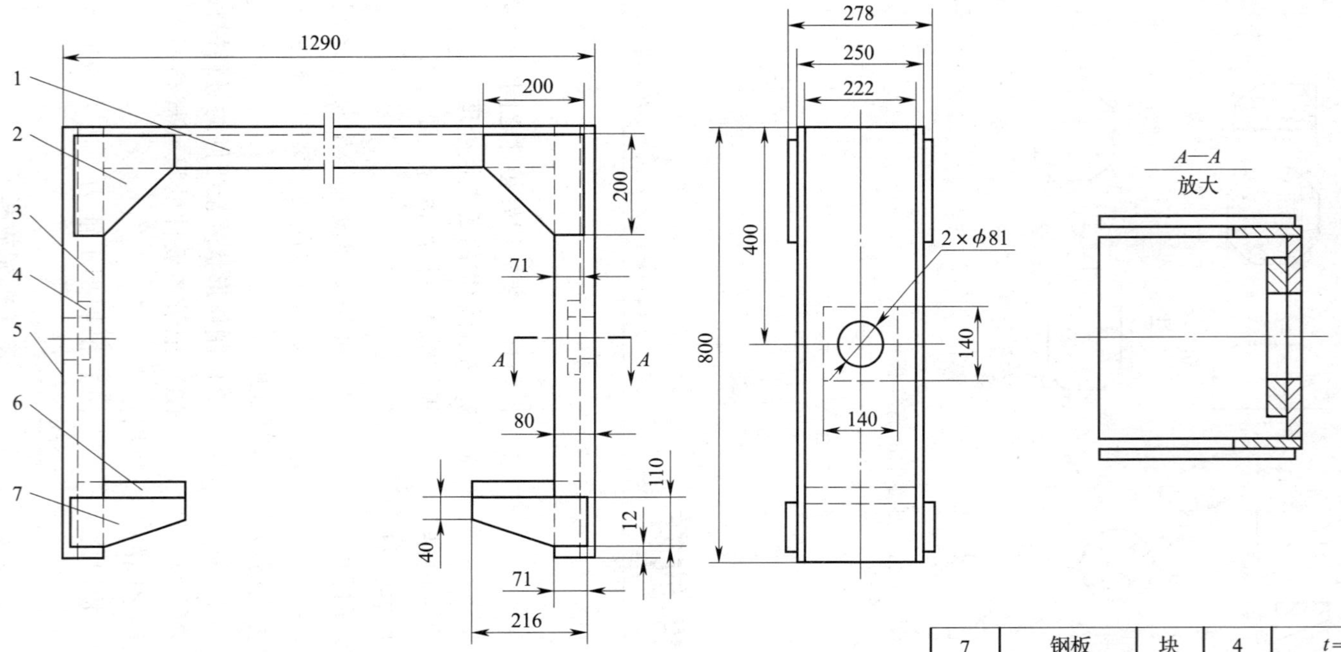

7	钢板	块	4	t=14
6	钢板	块	2	t=18
5	钢板	块	2	t=14
4	钢板	块	2	t=20
3	钢板	块	4	t=14
2	钢板	块	4	t=14
1	槽钢	根	1	[25b
序号	名称	单位	数量	备注
名称	支承框架			
材料	Q235		工时	16h

技术要求

1. 图中各部分尺寸极限偏差均为±1。
2. 各部分连接方式均为焊接，采用连续焊缝。

图 4－24　支承框架放样工件图

1）概括了解

图中表示的构件为支承框架，属于板架类构件。

2）看懂零件结构形状

①分析视图。为表达清楚支承框架结构，采用了主视图、左视图及局部剖视图进行表示。

②分析结构形状。该支承框架的主要部分由不同厚度的钢板拼装而成。左右两侧立柱由钢板 3 和 5 拼装成槽形结构与水平槽钢 1 相连，组成框架形主体结构；在框架两立柱中间开有孔，在孔的内侧焊接钢板 4 以加固强度；两立柱的底部由钢板 6 和 7 组成肋板加强结构。

3）分析尺寸

视图中的尺寸以支承框架的上平面作为基准，定形尺寸为 1 290 mm 和 800 mm，定位尺寸为 400 mm 和 12 mm。

（2）工艺分析

该结构是由钢板拼装而成的框架结构。两立柱有同轴孔，所以保证两孔的同轴度是关键。

（3）确定放样划线基准

主视图应选支承框架的上平面及右端面作为划线基准，而左视图应选中心线及上平面作为划线基准，如图 4－25 所示。

（4）划出支承框架主体部分的基本线型（见图 4－26）

（5）划出框架其他连接件的轮廓线形（见图 4－27）

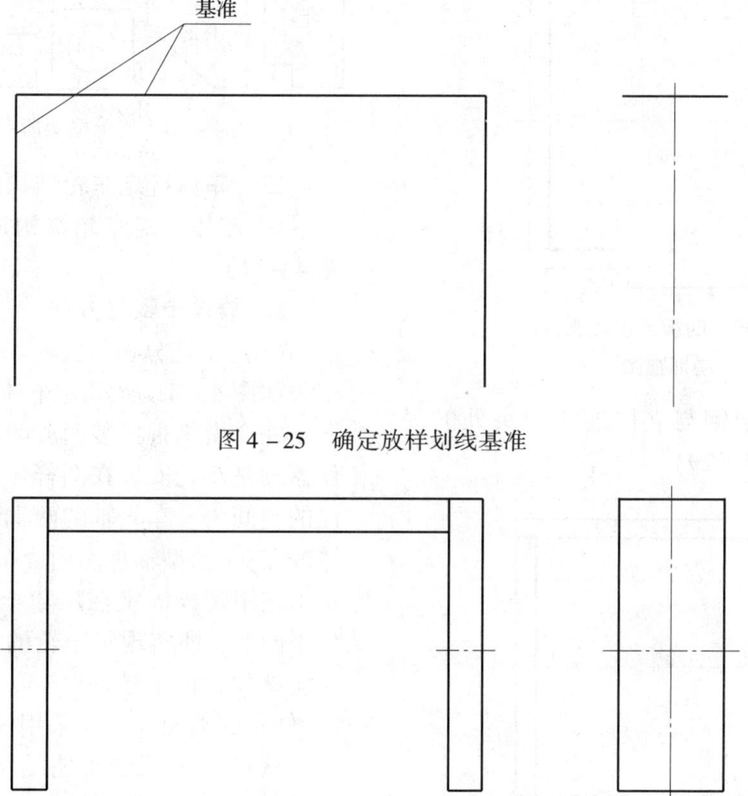

图 4－25　确定放样划线基准

图 4－26　框架主体基本线型

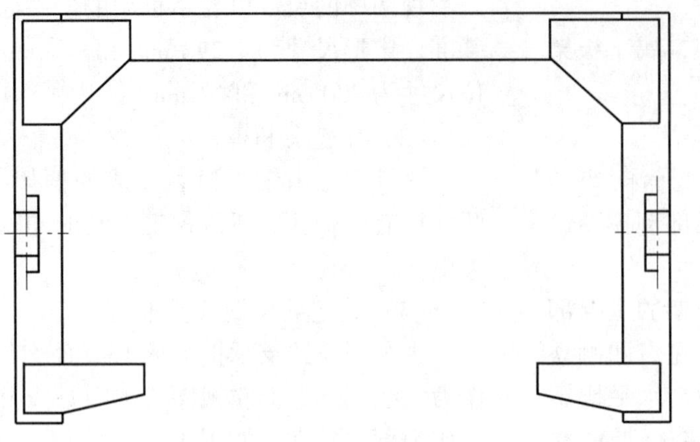
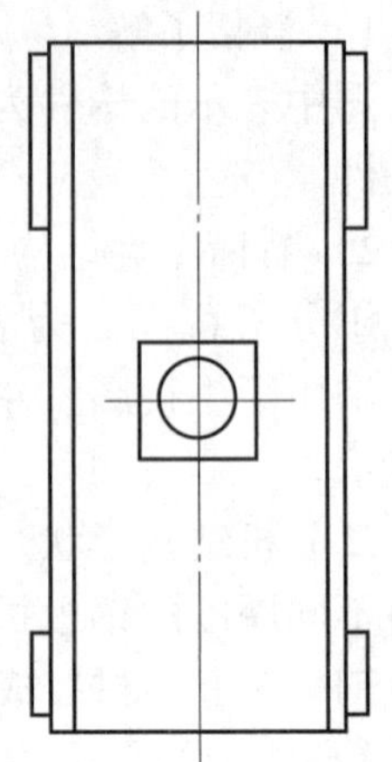
图 4－27　划出各连接件的轮廓线形

（6）划出立柱底部与肋板连接接头处的局部视图（见图 4－28）

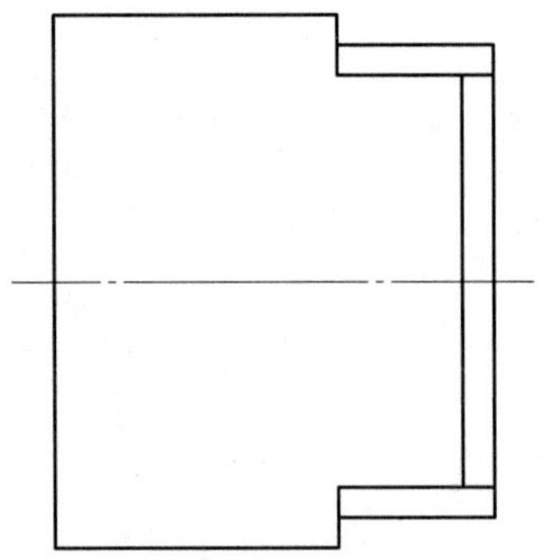
图 4－28　肋板连接接头处的局部视图

（7）划出槽钢与立柱连接接头处的局部视图（见图 4－29）

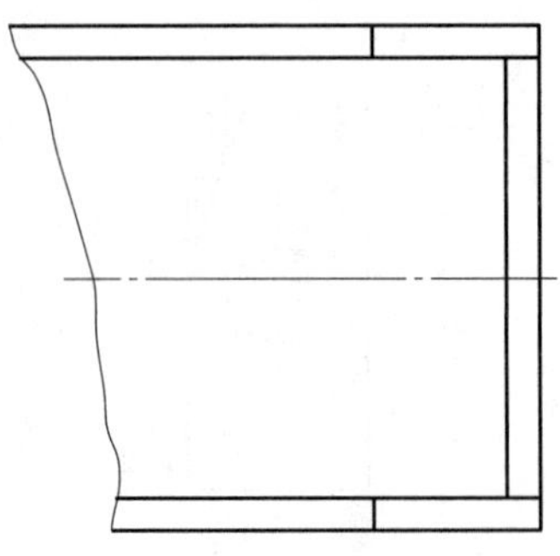
图 4－29　槽钢接头处局部视图

3. 制作支承框架所有号料样板（见图 4－30）

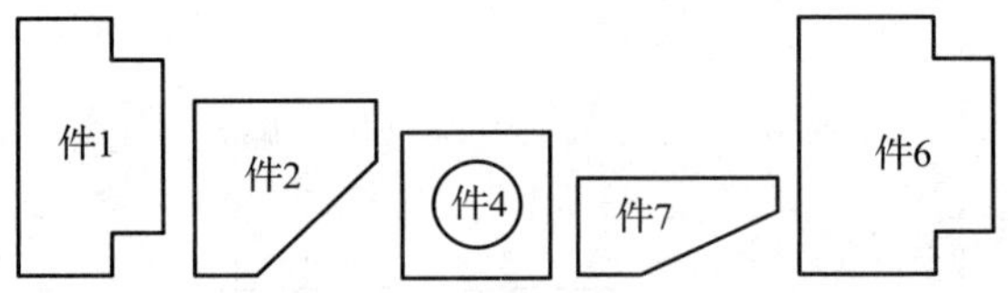

图 4－30　支承框架所有号料样板

三、车体行走车轮结构放样

1. 车体行走车轮结构放样工件图（见图 4－31）

2. 放样步骤与方法

（1）工艺分析

如图 4－31 所示为车体行走车轮结构，属于完全由钢板拼装而成的板架结构。其工作原理是车轮安装在图样中尺寸 150 mm 标注的空间内，车轮轴的两端装有轴承，轴承镶嵌在 90°角型轴承座内，车轮两端 90°角型轴承座用螺栓固定在尺寸 150 mm 两侧的钢板平面上，即实现了车轮的固定。车体行走车轮结构的件 1 端面（360 mm 缺口）及件 2、件 4 的端面与机体采用焊接方法相连。

从该车体行走车轮结构的工作原理可以得出，保证该机架加工质量的关键包括：一是确保 150 mm 尺寸的准确性；二是保证安装 90°角型轴承座两个平面的平面度和垂直度，通常要求两平面直角偏差，折合

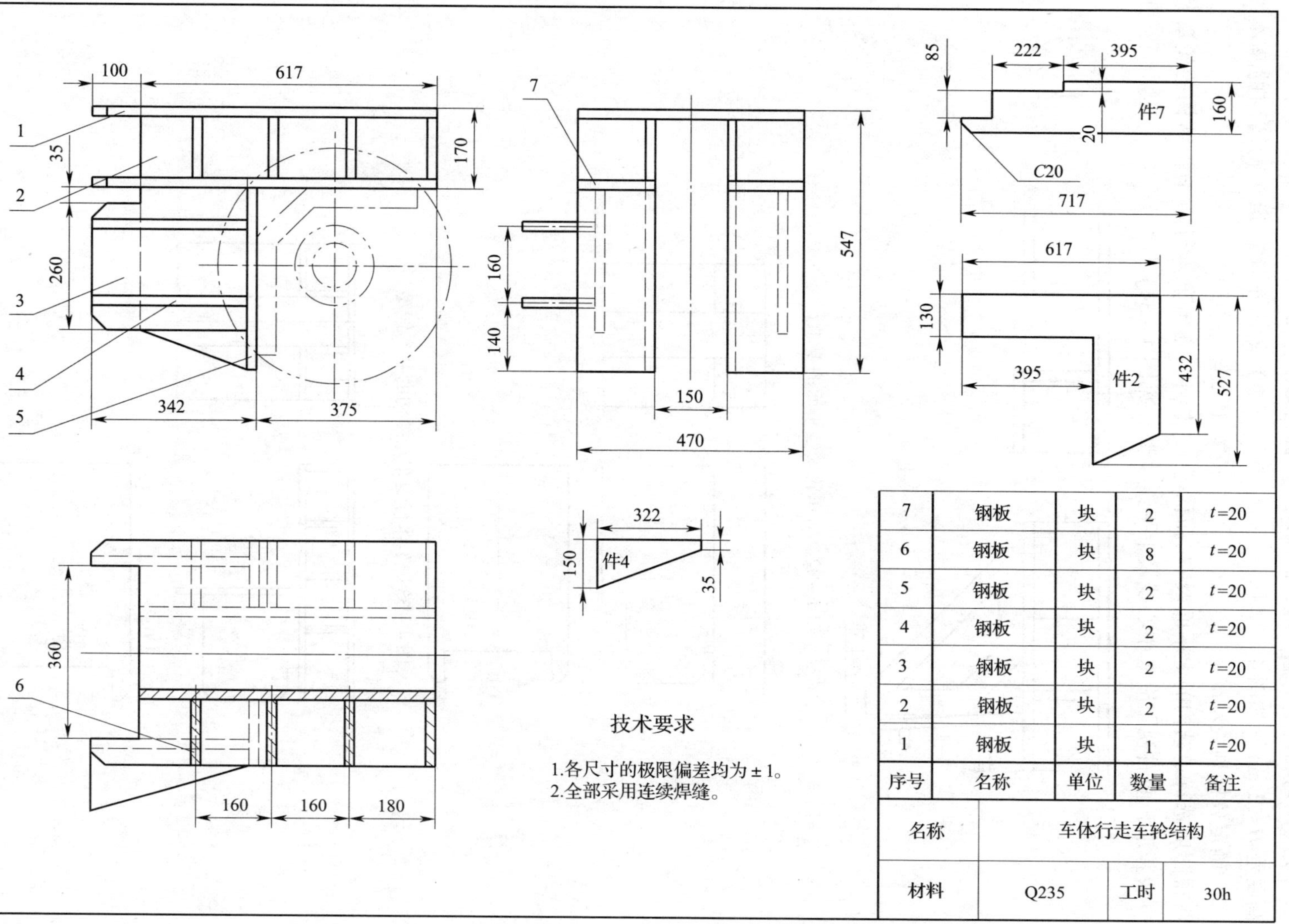

技术要求

1.各尺寸的极限偏差均为±1。
2.全部采用连续焊缝。

序号	名称	单位	数量	备注
7	钢板	块	2	t=20
6	钢板	块	8	t=20
5	钢板	块	2	t=20
4	钢板	块	2	t=20
3	钢板	块	2	t=20
2	钢板	块	2	t=20
1	钢板	块	1	t=20

名称	车体行走车轮结构		
材料	Q235	工时	30h

图4-31　车体行走车轮结构放样工件图

成最外端间隙不大于 1.5 mm，同时为保证行走结构受力均匀和行走平稳，应控制两端钢板高度差 $H \leqslant 2$ mm，如图 4－32 所示。

（2）确定放样划线基准

主视图应选行走结构的上平面及右端面作为划线基准，而右视图应选中心线及上平面作为划线基准，俯视图应选中心线和右端面为划线基准。

（3）划出车体行走车轮结构的基本线型（见图 4－33）

（4）划出车体行走车轮结构的轮廓线型（见图 4－34）

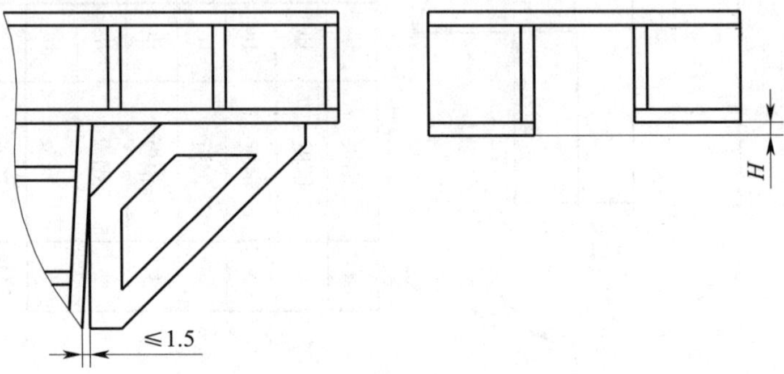

图 4－32　对车轮安装平面的要求

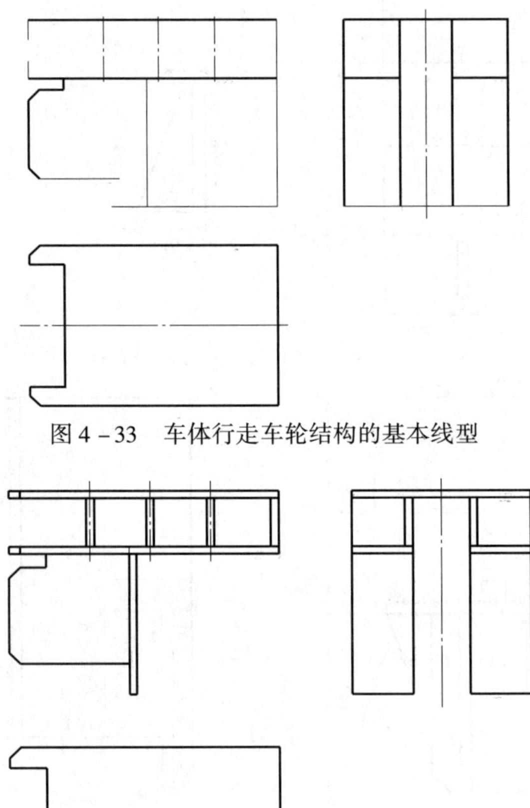

图 4－33　车体行走车轮结构的基本线型

图 4－34　车体行走车轮结构的轮廓线型

3. 制作号料样板、获取必要的资料

（1）从放样图中可直接得到件 1、件 3 的号料样板，如图 4 – 35 所示。

（2）由施工图样中所给尺寸，利用直接划样法可得到件 2、件 4、件 7 的号料样板，如图 4 – 36 所示。

（3）件 5、件 6 的形状均为长方形，不必绘制号料样板，可直接在钢板上号料，其尺寸规格应直接从放样图中量取获得。

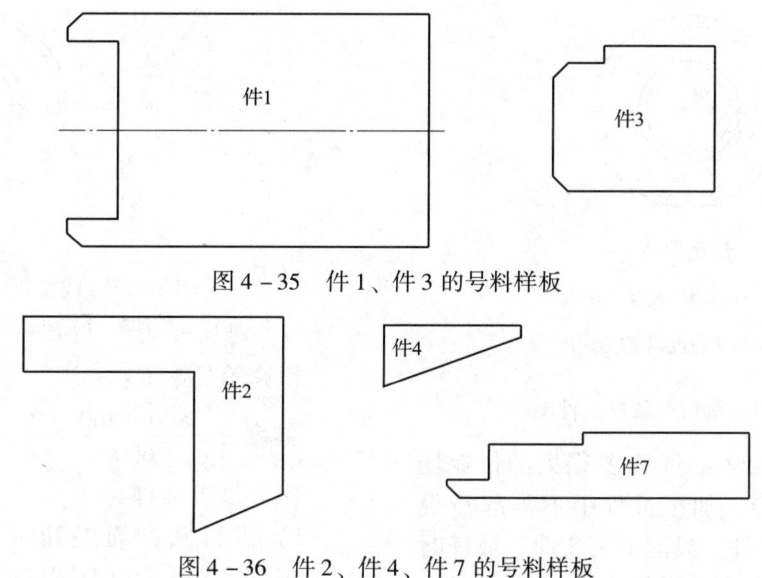

图 4 – 35　件 1、件 3 的号料样板

图 4 – 36　件 2、件 4、件 7 的号料样板

课题四　容器构件放样

一、容器构件放样工艺特点

1. 容器构件放样的特点

容器一般为密闭结构，主要由筒体、封头和支架组成。容器构件的放样具有以下特点。

（1）容器构件主要以板材为主，结构放样主要解决各零件之间的连接方式。

（2）容器构件的放样，不仅要进行结构处理，还要进行展开放样。

2. 容器构件的工艺性处理

（1）如果钢板需要拼接，应注意接口的错位量及拼接方式。

（2）根据构件的结构尺寸，选择恰当的装配方法。

（3）根据构件的结构特点，确定装配时所用的卡具。

（4）确定装配方式后，要充分考虑装配胎架的制作。

二、简单容器构件放样

1. 圆锥筒放样工件图（见图 4 – 37）

2. 放样步骤与方法

（1）识读圆锥筒工件图样

1）本工件虽然为简单容器构件，但尺寸精度要求较高。

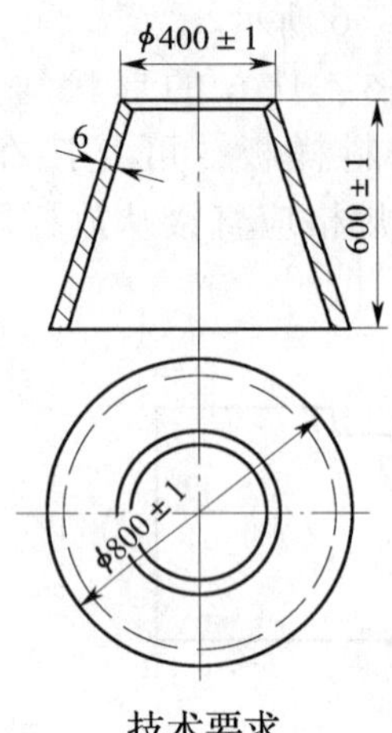

技术要求

1.用卡形样板测量圆度，间隙应小于1。
2.上下两口平行度偏差应小于1。

图 4－37　圆锥筒放样工件图

2）本工件较小，不需要很大的作业场地；工件质量轻，加工过程中不需起重设备；工件仅为一件，只能手工弯曲；放样时要留取工件锥度，以便制作弯曲胎具时参考；工件材质为普通碳素结构钢 Q235A，工艺性能好。

3）图样上工件各部分投影关系及尺寸要求清楚无误。

（2）线型放样

1）确定放样划线基准。主视图以中心线和圆锥筒底面轮廓线为放样划线基准；俯视图以两中心线为放样划线基准，如图 4－38a 所示。

2）划出工件基本线型。因为工件为对称形状，所以可以工件对称轴为界，仅划出一半的基本线型，如图 4－38b 所示。

（3）结构放样

1）确定圆锥筒分两半进行弯曲，然后装配成一体。两部分连接位置定在中心线处；因工件较薄，连接焊缝不必开坡口。

2）确定弯曲加工胎具数据，胎具长度可取为 700 mm。

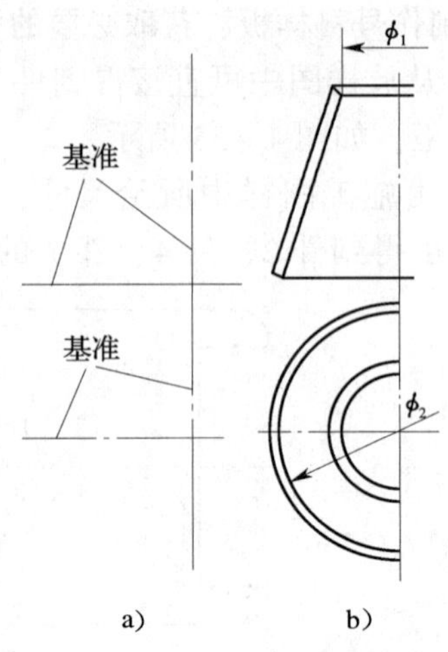

图 4－38　线型放样
a）划基准线　b）划基本线型

粗算胎具锥度：

$$锥度\ C=\frac{800-400}{600}=\frac{2}{3}\ （C=2:3）$$

（4）展开放样

1）进行圆锥筒展开时，上口展开长度，底口展开长度以及圆锥筒高度，都以板厚中心层为基准计算（本工件中心层即为弯曲中性层），处理后的放样图如图 4－39 所示。

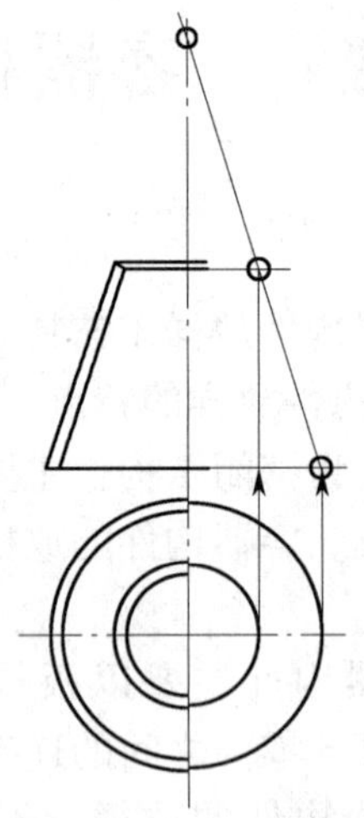

图 4－39　圆锥筒展开板厚处理后的放样图

2）利用板厚处理得到的圆锥筒单线投影图，划出圆锥筒展开图，如图 4－40 所示。

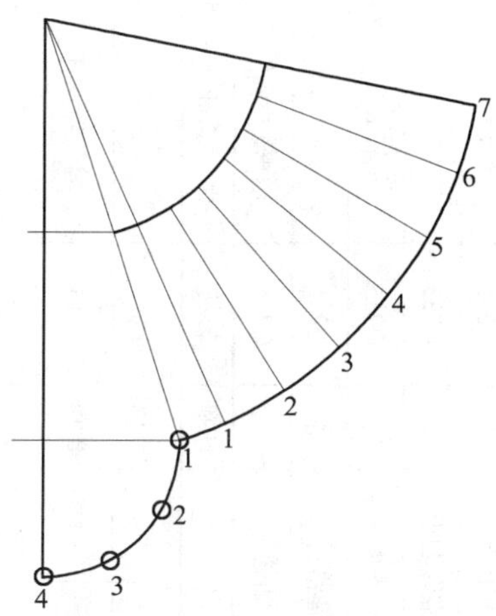

图 4－40　圆锥筒展开图

（5）制作样板

1）制作圆锥筒弯曲加工样板两个，如图 4－41 所示。其中，上口（圆锥筒小口）卡形样板直径为 ϕ_1，底口（圆锥筒大口）卡形样板直径为 ϕ_2，均由放样图（见图 4－38）量取。样板上要注明名称及相关尺寸。

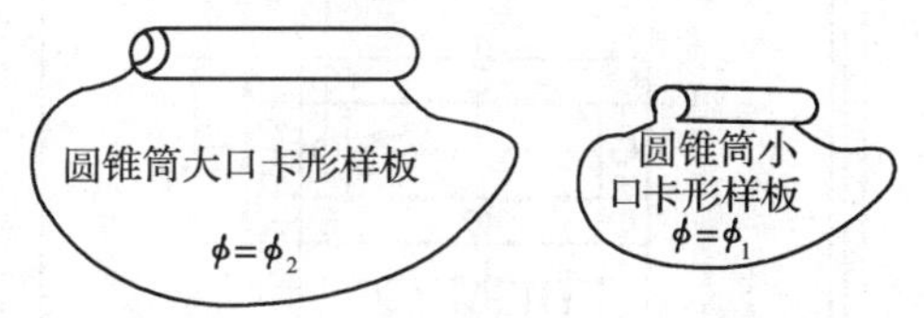

图 4－41　圆锥筒弯曲加工样板

2）制作圆锥筒号料样板，如图 4－42 所示。

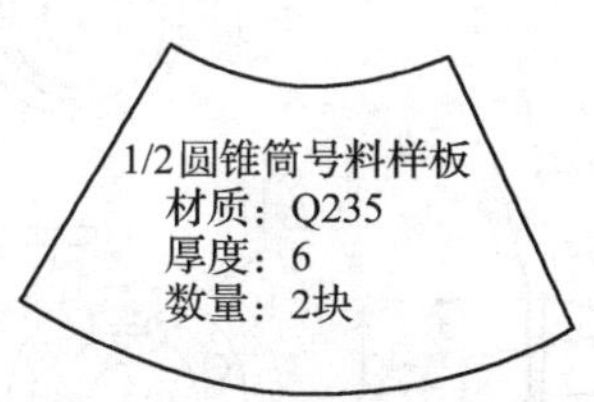

图 4－42　圆锥筒号料样板

三、筒形旋风除尘器筒体放样

1. 筒形旋风除尘器筒体放样工件图（见图 4－43）

2. 放样步骤与方法

（1）准备工作

准备工作可参照桁架结构放样的准备工作去做。

（2）识读、分析工件图样

通过识读、分析工件图样，可以明确以下问题。

1）本工件为除尘器设备，总体精度要求不高。但工件上有三个部位与其他结构有连接关系，除了圆锥管支承法兰 3 在安装工地装配焊接外，其余两部位（排出管法兰 13、进口法兰 12）均为厂内装配、焊接。为保证三个部位与相邻结构连接的准确性，制作中应达到较高的位置和尺寸精度。

2）虽属小型工件（外形尺寸：高为 1 378 mm，宽约 350 mm），但其结构比较复杂，需要较大的放样场地；工件质量轻，各部件制作时不需要起重设备；工件数量仅为一件，只能手工完成各部分零件成形，需要制作手工冷弯胎具；工件上各部分零件均为 Q235A 钢，工艺性好。

3）了解各部分零件投影关系和尺寸要求，这里存在两个问题：排出管的高度尺寸漏注；螺旋盖伸出圆筒的外伸量未给定。这些问题均需在放样中予以解决。

（3）线型放样（见图 4－44）

为了校核、确定工件各部分零件尺寸，需划出工件整体图样。由于工件主体为形状容易确定的圆筒形体，而且展开放样要分零件去做，因此工件整体图样可只划主视图，省去俯视图。

1）确定放样划线基准。根据图样给出的尺寸条件，选定工件轴线和排出管法兰顶面的轮廓线作为主视图放样的划线基准。

2）划出工件基本线型。这里排出管法兰（件 13）的位置、尺寸必须符合设计要求，应先划出；圆锥管（件 2）的尺寸已由设计给定，也应先划出；而圆管（件 1）、排出管（件 5）、螺旋盖（件 6）以及进口方管等尚待确定的零件，则不宜先行划出。

（4）结构放样

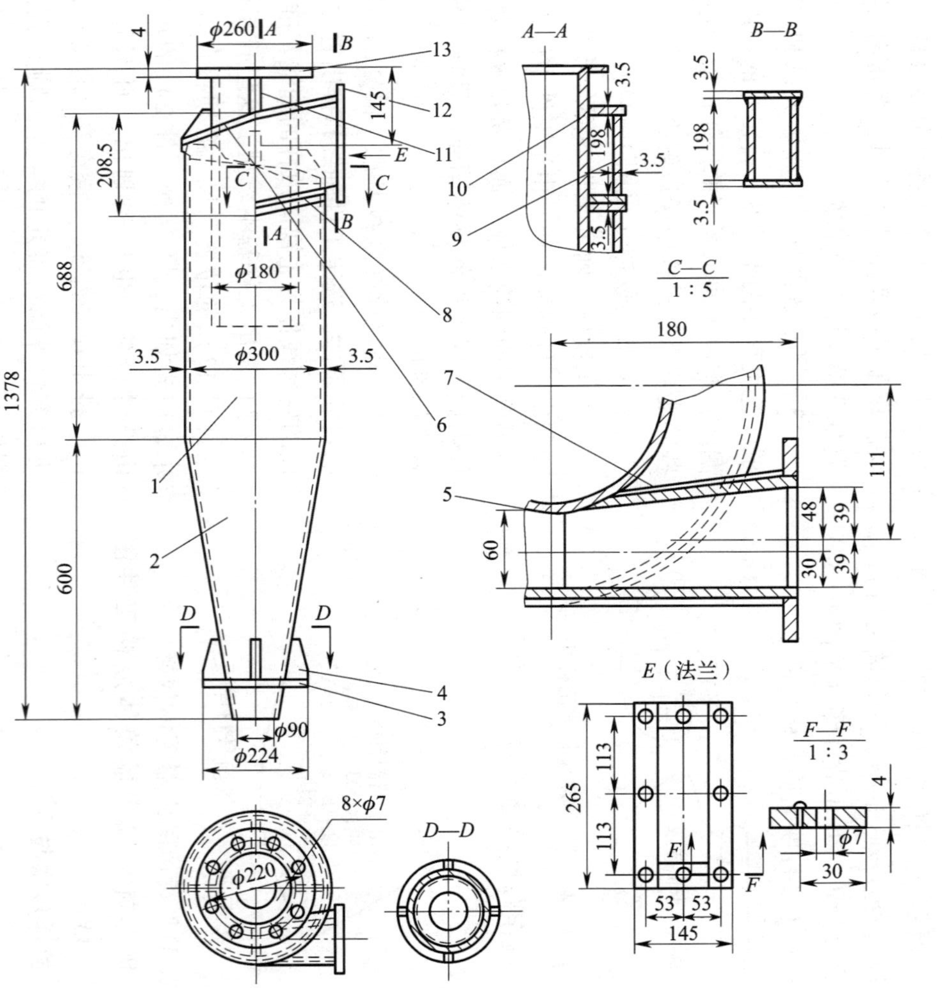

技术要求

1.组装时全部采用焊条电弧焊焊接。

2.圆锥管支撑法兰3和圆锥管肋板4可在除尘器与集灰斗组装时再进行焊接。

3.筒体轴线与排出管及圆锥管下口间的偏心不得超过2。

4.筒体内表面刷红丹防锈漆一遍，外表面刷红丹防锈漆一遍、灰色漆两遍。

序号	名称	件数	材料	备注
13	排出管法兰	1	Q235	钢板 t=4
12	进口法兰	1	Q235	−30×4
11	连接板	4	Q235	钢板 t=5
10	顶壁	1	Q235	钢板 t=3.5
9	前壁	1	Q235	钢板 t=3.5
8	底壁	1	Q235	钢板 t=3.5
7	后壁	1	Q235	钢板 t=3.5
6	螺旋盖	1	Q235	钢板 t=3.5
5	排出管	1	Q235	钢板 t=3.5
4	圆锥管肋板	4	Q235	钢板 t=5
3	圆锥管支承法兰	1	Q235	钢板 t=4
2	圆锥管	1	Q235	钢板 t=3.5
1	圆管	1	Q235	钢板 t=3.5

制图				
描图		比例	1:15	除尘器筒体
审核		件数	1	

图 4－43　筒形旋风除尘器筒体放样工件图

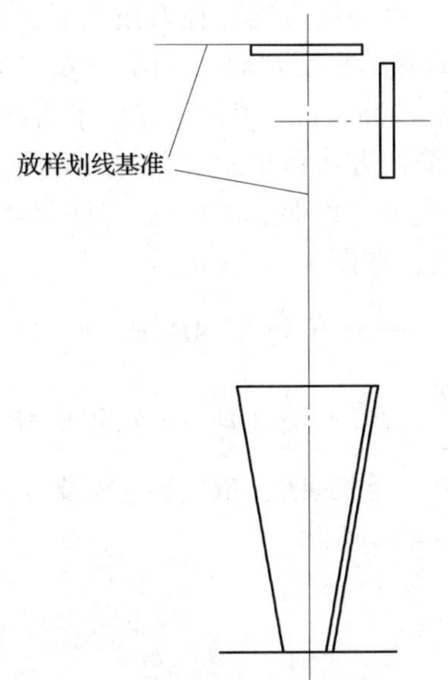

图 4-44　除尘器筒体线型放样

1）在图样上划出排出管，如图 4-45 所示，排出管外径为 180 mm；排出管的高度尺寸可由图样上划出的长度按比例计算得到。

2）确定圆管、排出管、螺旋盖、进口方管之间的连接形式。按图样给出的形式，在图样上先按给定的尺寸划出螺旋盖（确定螺旋盖伸出圆管外 3 mm），接着划出圆管，再划进口方管，最后划连接板（件 11）。需要注意的是：为了保证除尘器进口管道良好的流通性，进口方管顶壁（件 10）应与螺旋盖相切连接。

若放样中发现按图样尺寸两者不能很好相切，应对螺旋盖的高度尺寸（208.5 mm）或顶壁与进口法兰的连接位置做适当调整，但不可改动法兰的位置。

3）因各零件板料厚度较小（多为 3.5 mm），故各焊缝一律不开坡口。

4）制作各法兰号料样板，如图 4-46 所示。因为这些法兰尺寸均不大，并且都是单件，故决定各法兰均改为整体结构，由板料剋切加工而成，这样有利于保证法兰的质量和连接精度。

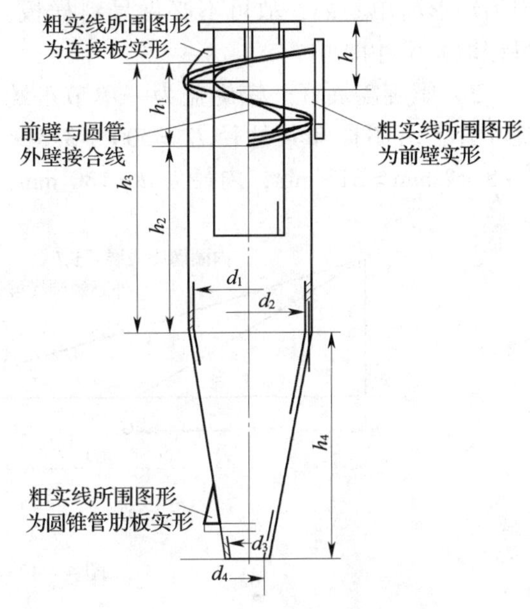

图 4-45　除尘器筒体结构放样

5）制作连接板（件 11）的号料样板（图略）。连接板的高度尺寸应以中心线上连接板尺寸为准。

6）留取制作弯曲胎具所需数据：圆管弯曲胎长度可取为 700 mm；圆锥管弯曲胎长度可取为 620 mm，胎具锥度约为

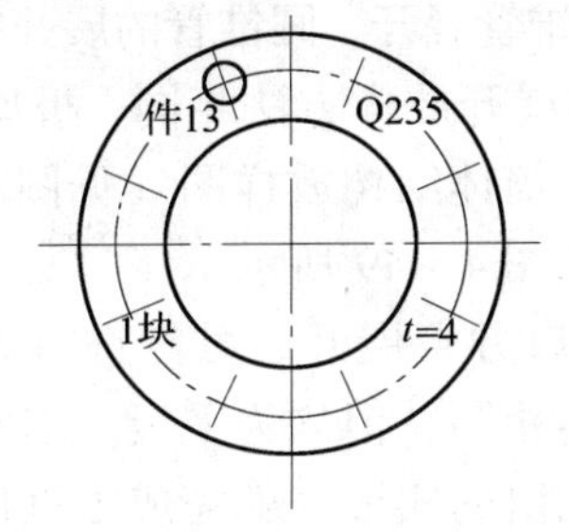

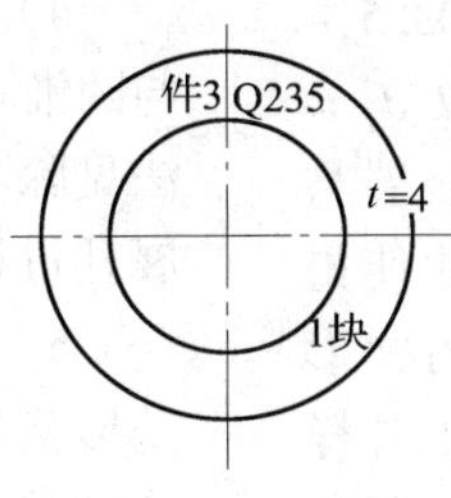

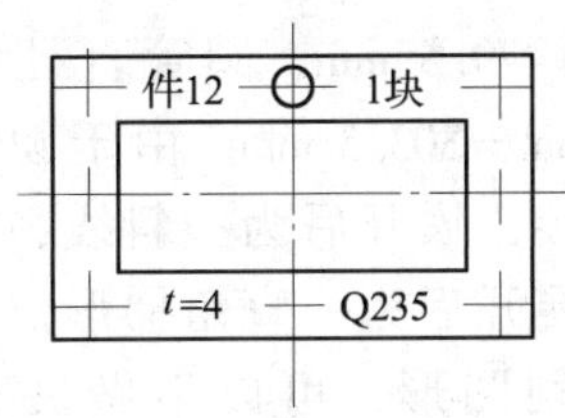

图 4-46　各法兰号料样板

7∶20。

（5）展开放样

展开放样要分零件进行，除尘器主体可分为排出管、螺旋盖、圆管、圆锥管及进口方管五部分。

1）排出管展开。排出管展开后为一矩形，矩形高度在图样上量取，矩形宽度（即排出管展开长度）应为（180－3.5）π mm。因为矩形简单易划，故可不必做号料样板，只记取其尺寸即可。

2）螺旋盖展开。螺旋盖为一单节正螺旋叶片，由图样知其外径 $D=300+3.5\times2+3\times2$ mm＝313 mm；内径为 $d=180$ mm；螺旋叶片沿高度方向存在弯扭变形，板厚处理时应取单节高度 $h=h_1$，计算得 $h_1=208.5-3.5$ mm＝205 mm。根据上述已求得的条件，用以下简便方法作出螺旋盖的展开图。

用直角三角形法求出内、外螺旋线的实长 l 及 L，如图 4－47a 所示。

再作一直角梯形 $ABCE$，使 $AB=\frac{L}{2}$，$CE=\frac{l}{2}$，$BC=\frac{1}{2}(D-d)$，且 $AB//CE$，$BC\perp AB$。延长 AE、BC 两线相交于 O 点，如图 4－47b 所示。

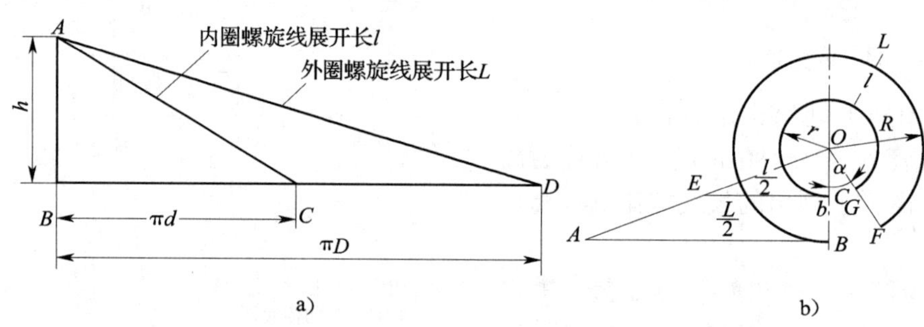

图 4－47　螺旋盖的展开

最后以 O 点为圆心，OB、OC 为半径划同心圆弧，取 $\overset{\frown}{BF}=L$，连接 FO 交内圆弧于 G，即得所求展开图。

螺旋盖的展开号料样板可用直接划样法制作。

3）圆管展开。由图样（见图 4－45）可见，经板厚处理，圆管尺寸应为：最高点高度 $h_0=688-3.5$ mm＝684.5 mm，最低点高度 $h_2=h_3-h_1=684-(208.5-3.5)$ mm＝479.5 mm，圆管直径应取 $d_2=300+3.5$ mm＝303.5 mm。由于圆管上端与螺旋盖相接，展开后为一斜线，因此使得整个圆管展开后为一直角梯形。直角梯形为简单易划图形，可以不做展开号料样板，仅划出圆管展开号料草图即可。圆管展开号料草图如图 4－48 所示。

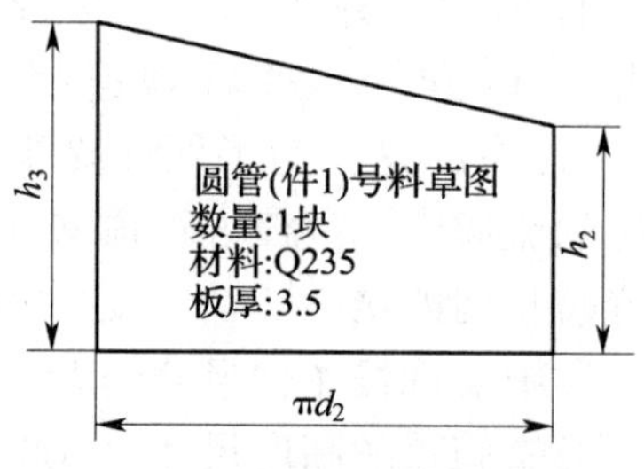

图 4－48　圆管展开号料草图

4）圆锥管展开。圆锥管的展开放样方法与圆锥筒的展开放样方法相同。板厚处理方法见除尘器筒体结构放样图（见图 4－45），展开过程如图 4－49 所示。

5）进口方管展开。虽然进口方管的四壁形状各不相同，但均为平板。因此，只要分别求出四壁的实形，就完成了进口方管的展开。

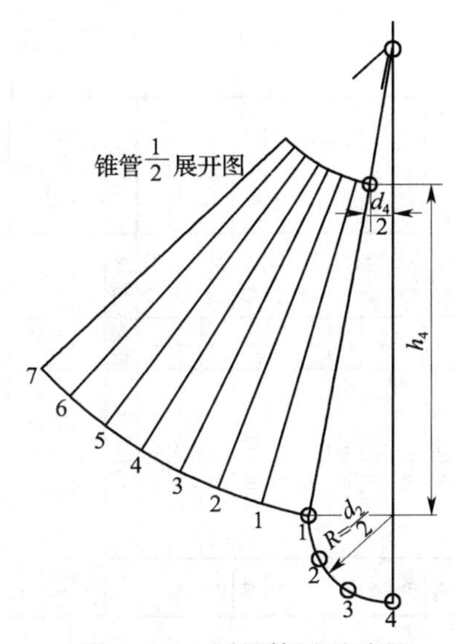

图4－49　圆锥管展开过程

方管前壁处于正平面位置，结构放样图上已有其实形。只要按图样上的前壁实形作出展开号料样板即可。

方管顶、底、后三壁的展开，则需另划局部图才能完成，具体方法如图4－50所示。

（6）检验

根据图样，仔细复核尺寸，检验放样过程及各类样板、数据、草图。

3．制作工件模型

利用黄板纸或薄铁皮制作各零件、部件，根据放样图做出工件模型。

四、储液筒体放样

1．储液筒体放样工件图（见图4－51）

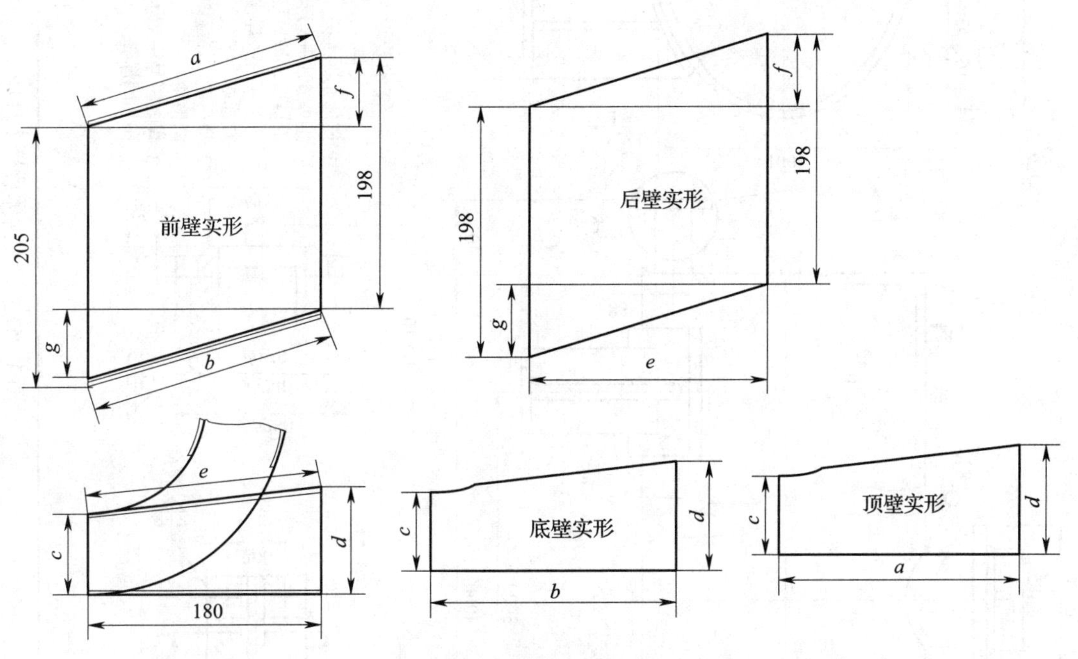

图4－50　利用局部图样展开方管

2．放样步骤与方法

（1）工艺分析

该构件为储液筒体，属于低压容器，主要由筒体、椭圆封板、进料口、出料口和支架组成。筒体的成形及装配是该容器结构制作的主要工艺。

该构件与储气罐基本相同，也应采取先部件装配、焊接，再整体总装的装配方法。

部件划分如下：件2和件3组成部件A；件5和件6组成部件B；件7、件8、件9、件10、件11组成部件C；件1、件4组成部件D。

放样过程中要进行结构处理、进料管的展开，同时制作各号料样板及筒体（大、小圆弧）的成形样板、进料口与筒体的定位样板。

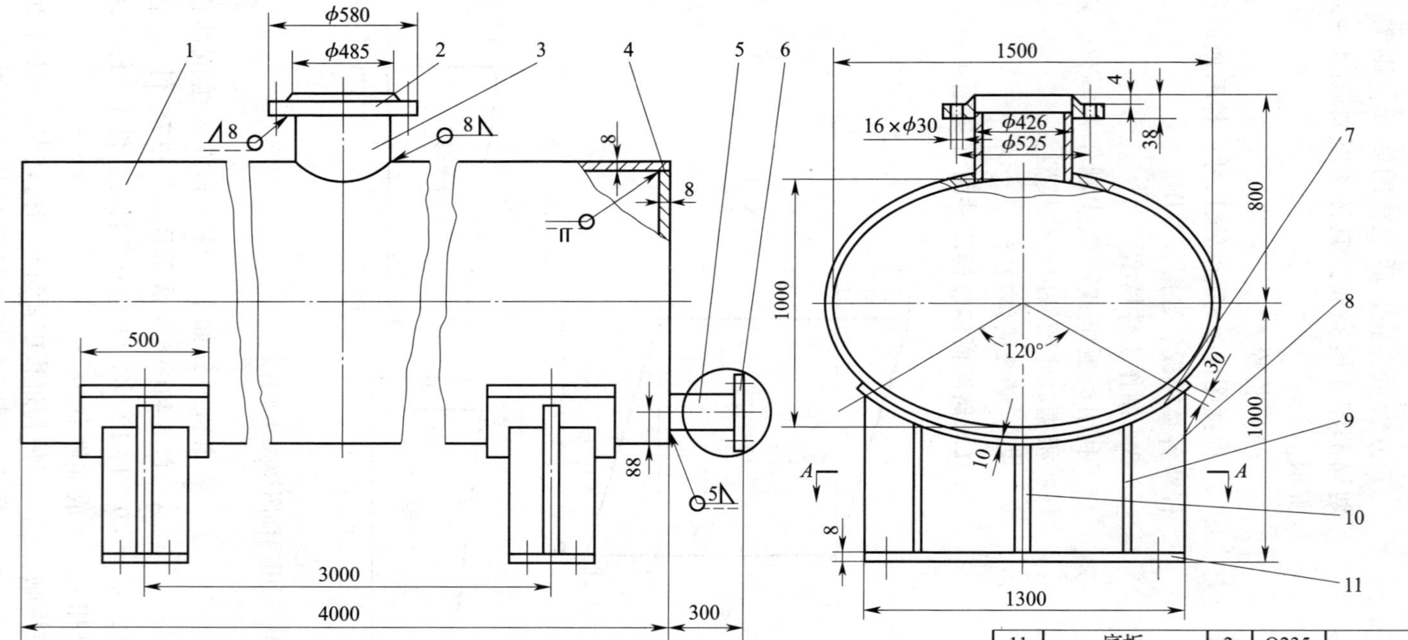

1 : 10

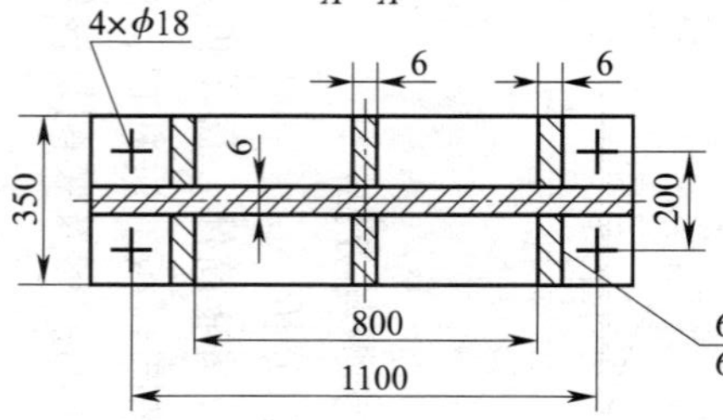

A—A

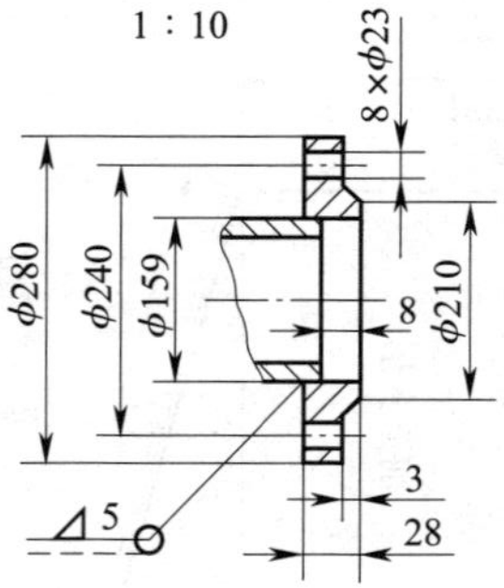

技术要求

1. 筒体允许拼接，拼接焊缝应开V形单面坡口，坡口尺寸可参照有关焊接参数选取。
2. 焊后应对焊缝做渗漏检验。
3. 焊缝符号中N为40条相同焊缝。

序号	名称	件数	材料	备注
11	底板	2	Q235	
10	肋板	4	Q235	
9	肋板	8	Q235	
8	立板	2	Q235	
7	衬板	2	Q235	
6	法兰	1	Q235	
5	钢管	1	Q235	
4	椭圆封板	2	Q235	
3	钢管	1	Q235	
2	法兰	1	Q235	
1	筒体	1	Q235	
制图				
校对				储液筒体
审核				

图 4－51　储液筒体放样工件图

（2）确定放样划线基准

以筒体的轴线及出料口所在平封头端面为划线基准，如图 4－52 所示。

（3）划出卧式储罐的基本线型

用四心法划出椭圆。按图样尺寸划出筒体、支座、进料口、出料口的基本线型，如图 4－53 所示。

（4）进行结构的工艺性处理

1）进料口与法兰、进料口与筒体，如图 4－54 所示。

2）出料口与椭圆封板、出料口与法兰，如图 4－55 所示。

（5）划出卧式储罐的轮廓线型

按图样给定的尺寸划出卧式储罐的轮廓线型，如图 4－56 所示。

（6）制作号料样板、获取必要的资料

1）通过放样制作各零件的号料样板。各零件的号料样板如图 4－57 所示。

图 4－52　确定放样划线基准

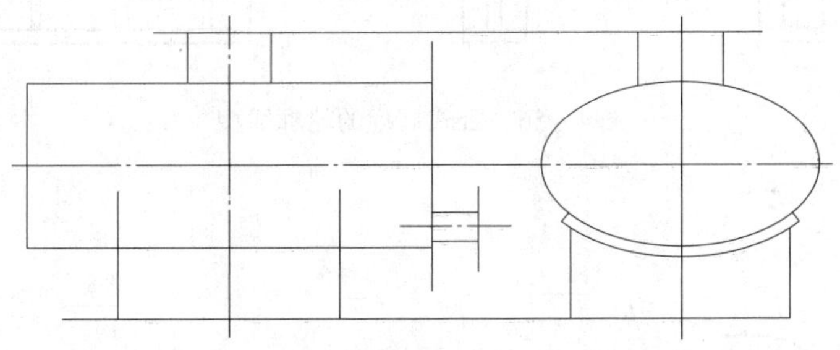

图 4－53　卧式储罐的基本线型

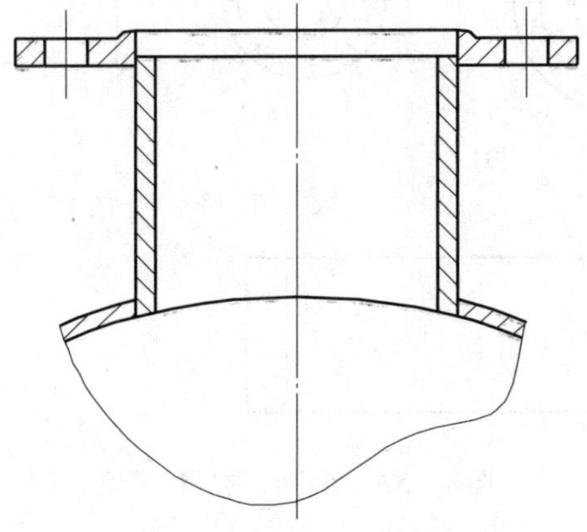

图 4－54　进料口与法兰、进料口与筒体的结构工艺性处理

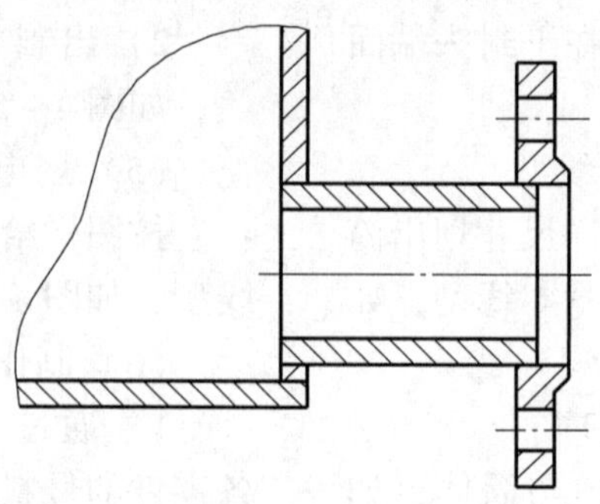

图 4－55　出料口与椭圆封板、出料口与法兰的结构工艺性处理

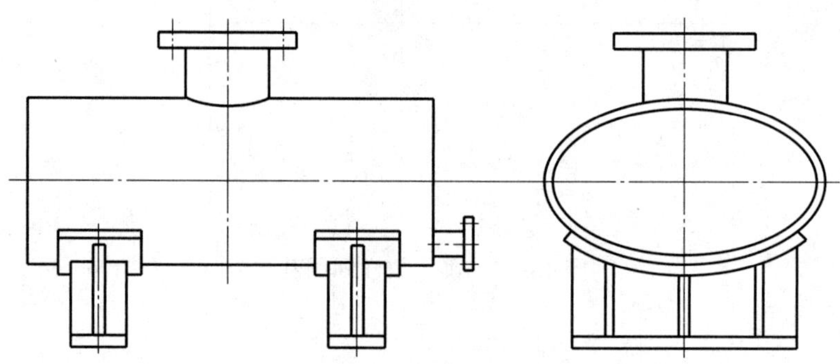

图 4－56　卧式储罐的轮廓线型

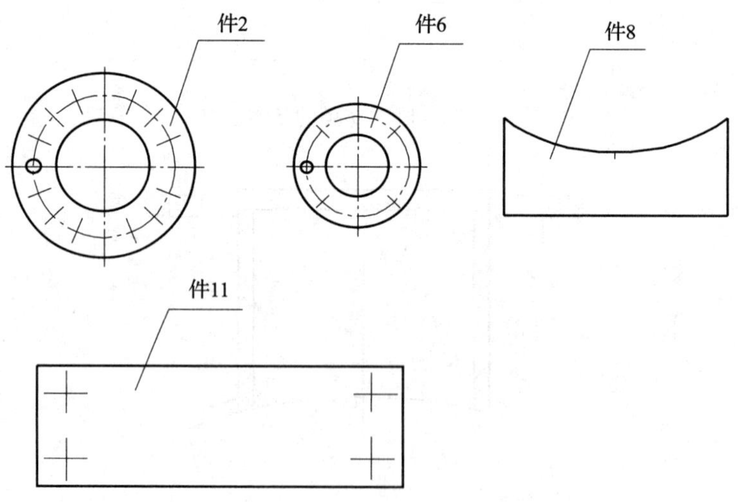

图 4－57　各零件的号料样板

2）制作弯曲件的成形样板。筒体大圆弧、小圆弧的成形样板如图 4－58 所示。

3）制作装配时的定位样板。进料口与筒体的定位样板如图 4－59 所示。

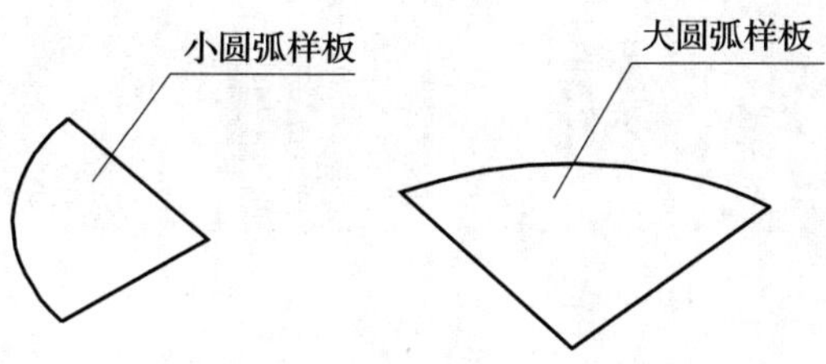

图 4－58　筒体大圆弧、小圆弧的成形样板

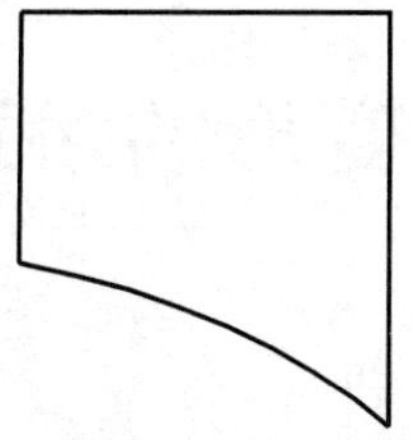

图 4－59　进料口与筒体的定位样板

第五单元

矫　　正

课题一　窄钢板条变形的矫正

一、矫正工艺特点分析

窄钢板条矫正工件图，如图 5－1 所示，矫正工艺特点分析如下。

1. 窄钢板条变形的特点

在钢结构制造中，经常用窄钢板条（俗称扁钢）制作一些零件。这些窄钢板条，通常是由大幅钢板经斜口剪板机剪切加工而成。斜口剪出的窄钢板条，往往同时存在双向弯曲和扭曲变形。

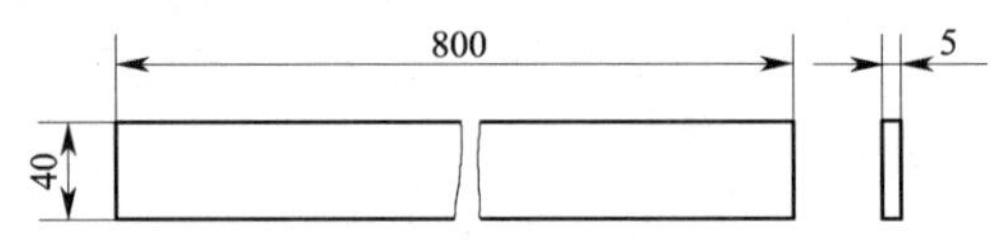

图 5－1　窄钢板条矫正工件图

2. 矫正工序

矫正窄钢板条变形，通常选择手工矫正。这时，确定正确的矫正工序十分重要。不适当的矫正工序，会使矫正工作事倍功半。例如，若先矫正弯曲变形，后矫正扭曲变形，则不仅弯曲变形矫正的效果不好判别，而且在矫正扭曲变形的过程中，往往又会产生新的弯曲变形。

正确的矫正工序是：矫正扭曲变形→矫正立面弯曲（钢板条宽度平面内的弯曲）→矫正平面弯曲（钢板条厚度平面内的弯曲）。

当然，窄钢板条上的几种变形是相互牵连、相互影响的。因此，几种变形的矫正也难免时有交替，以求高质量和高效率，但这种交替是在基本矫正工序的基础上进行的。

二、矫正步骤与方法

1. 矫正工具和设备

（1）大锤

矫正工作常用的大锤锤头质量有 3 kg、4 kg、5 kg、6 kg、8 kg。

（2）锤子

如图 5－2 所示，矫正中常用的锤子锤头可分为圆头、直头和方头，其中以圆头最为常用。

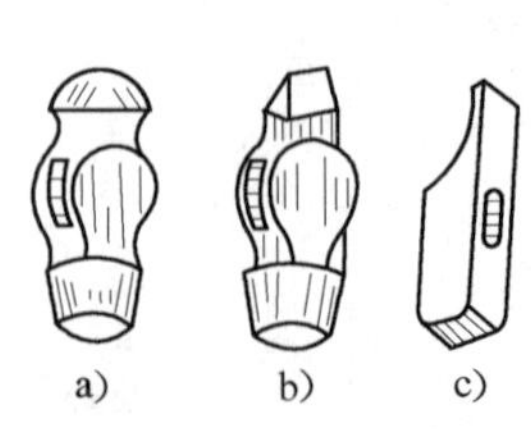

图 5－2　锤子的锤头

a）圆头　b）直头　c）方头

(3) 平锤

如图5－3所示，平锤的工作锤面为一平面，四周边缘略呈弧形。平锤在矫正工作中用于修整工件表面。将平锤立于工件被击打的部位上，再用大锤击打平锤，使大锤的锤击力通过平锤的工作面传递到工件上，避免工件被大锤直接击打而击伤。

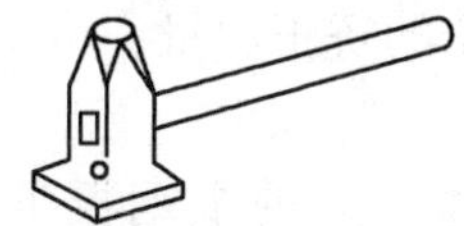

图5－3 平锤

(4) 扳手

如图5－4所示，扳手用来矫正窄钢板条的扭曲变形，一般由矫正操作者自制。扳手中间开口的宽度要与钢板条的厚度相适应，以钢板能插入即可；开口的深度可与钢板条的宽度相等或稍深些。

图5－4 扳手

(5) 平台

平台是矫正变形的基本设备，形状为长方形，规格有1 000 mm×1 500 mm和2 000 mm×3 000 mm等。平台可用铸铁或铸钢铸成，也可以用厚度30 mm以上的钢板焊接而成。

为了便于紧固工件，平台上需要加工出一定数量的方形或圆形的通孔（见图5－5a），也可以加工出一定数量的T形槽道（见图5－5b）。钢板平台主要用于结构装配。

2. 扭曲变形的矫正

矫正窄钢板条的扭曲变形，可采用扳扭法或锤击法。

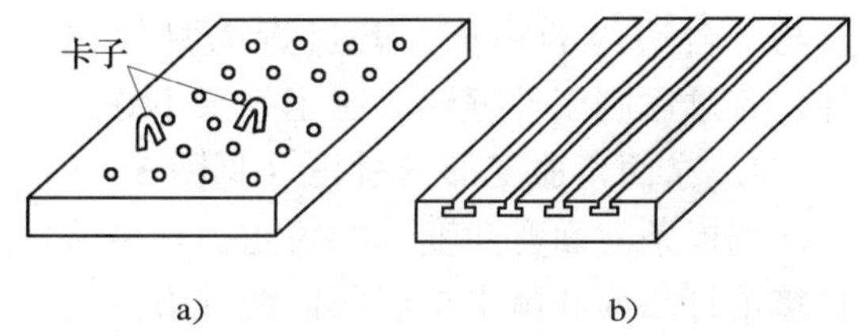

图5－5 平台

a）带孔平台 b）T形槽平台

(1) 扳扭法

扳扭法是在钢板条扭曲处的两端施加反向转矩，使钢板条新的扭曲与原扭曲变形相互抵消而使变形被矫正。扳扭时，先将钢板条扭曲处一端卡在平台上，另一端套在扳手上，并用力做反向扭转直到消除扭曲变形为止，如图5－6所示。若扭曲变形严重，可移动钢板条分段进行扳扭。

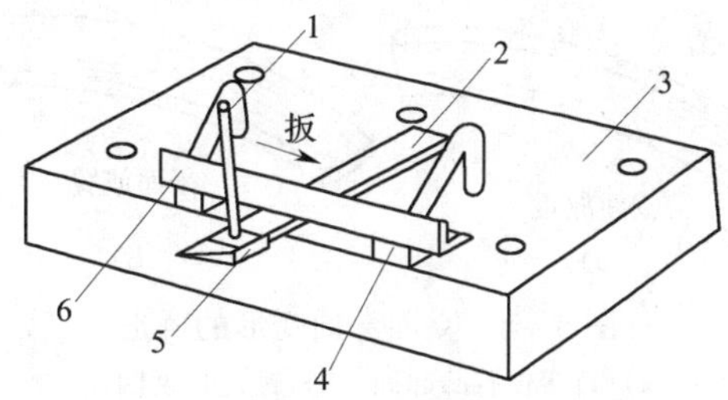

图5－6 窄钢板条扭曲变形的扳扭矫正

1—羊角卡 2—工件 3—平台

4—垫铁 5—扳手 6—压铁

(2) 锤击法

窄钢板条扭曲变形的锤击法矫正，是靠锤击力使钢板条发生反向扭曲以矫正其变形。如图5－7所示，将扭曲的窄钢板条放在平台边缘上，以平台边缘与钢板条的接触点为支点，将扭曲处伸出平台边缘外，沿扭曲的反向进行锤击。锤击时，要控制好落锤

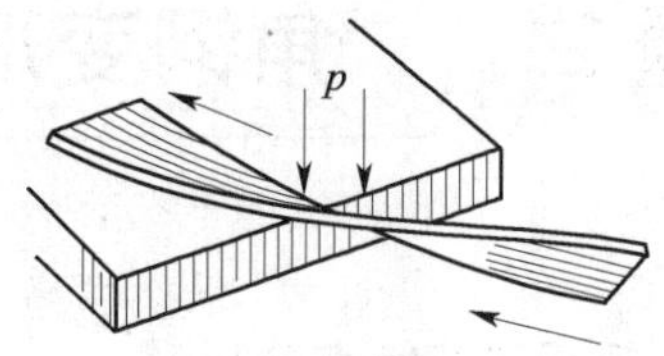

图5－7 锤击法矫正窄钢板条的扭曲变形

点与平台边缘的距离，若过近则易损伤工件，若过远则工件振颤，矫正效果不好。

3. 立面弯曲变形的矫正（见图5－8）

钢板条立面弯曲变形的矫正，可以采用直接击打凸面和锤击扩展凹面两种方法。

如图5－8a所示，厚度较大的钢板条的立面弯曲变形，可用大锤直接击打凸起面的方法进行矫正，注意要使钢板条在平台上摆正，落锤要避免偏斜，以防止钢板条歪倒。

如图5－8b所示，厚度较小的钢板条的立面弯曲变形，可采取锤击扩展凹侧平面的方法矫正锤击时，靠凹侧边缘的锤击点要密，向钢板内逐渐稀少。锤击一面后，翻转钢板条，再锤击另一面，直至调直。

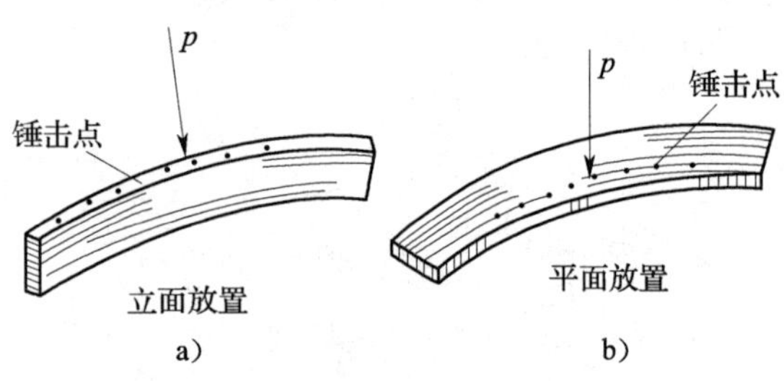

图5－8　立面弯曲变形的矫正

a）直接击打凸起面　b）锤击扩展凹面

4. 平面弯曲变形的矫正（见图5－9）

矫正窄钢板条平面弯曲变形时，将工件放在平台上，垫上平锤（或用木锤），用大锤沿窄钢板条凸起面纵向中心线进行击打，即可将工件矫正。但需注意，锤击时落锤点不要偏在钢板条边缘，以免引起立面弯曲。

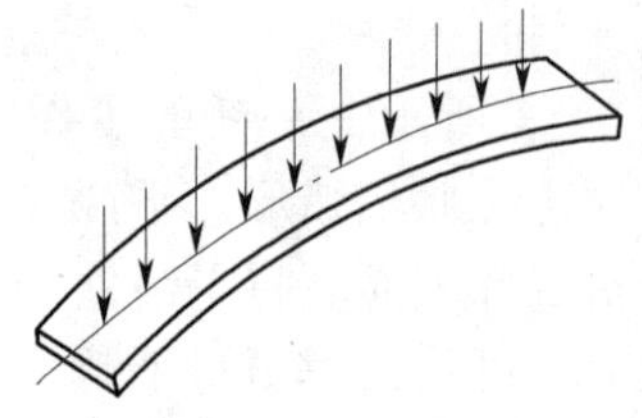

图5－9　平面弯曲变形的矫正

5. 窄钢板条矫正后的质量检验

窄钢板条的矫正质量，可采取以下两种方法检验。

（1）将矫正后的窄钢板条放在平台或比较平的钢板上，用手按住四角看是否平稳，同时查看整个平面是否都贴靠平台。若钢板条能以整个平面平稳地贴靠在平台上，说明其扭曲变形及平面弯曲变形均已矫正。然后再以同样的方法检验立面。

（2）目测检验钢板条两侧边线是否为直线段并且相互平行。若两侧边线均为直线段并且互相平行，说明钢板条的变形已完全矫正。

经检验后，若发现不合格，应进行修整，直至完全合格。

三、注意事项

1. 窄钢板条是经剪切加工而成，边缘锋利而多毛刺，矫正操作中要注意防止割伤手脚。

2. 矫正质量检验以目测为主，为准确掌握检验标准和熟练地进行检验操作，要加强矫正质量检验的练习。

课题二　角钢变形的矫正

一、矫正工艺特点分析

角钢矫正工件图如图5－10所示，矫正工艺特点分析如下。

角钢变形一般多因吊运和堆放不当所

致。角钢变形主要为弯曲变形，有时也会存在扭曲、角度不规则和局部凹凸现象，小型角钢较易产生多种变形。

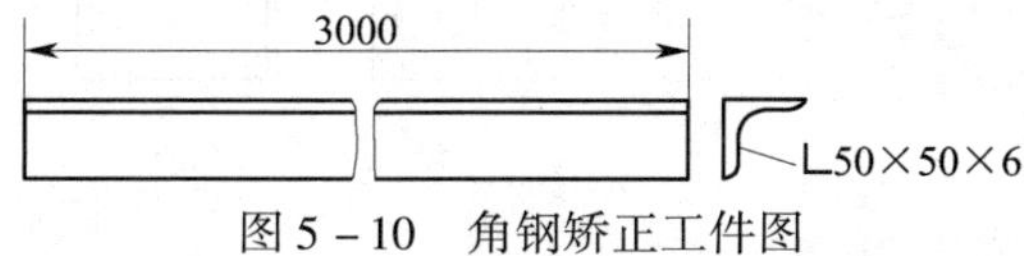

图 5－10　角钢矫正工件图

角钢变形通常采用手工矫正。当角钢同时存在几种变形时，其矫正工序是：矫正局部变形→矫正扭曲变形→矫正角度变形→矫正弯曲变形。矫正作业中，上述工序也可以根据实际情况交替进行。

二、矫正步骤与方法

1. 矫正准备工作

矫正角钢变形的工具和设备有大锤、平锤、扳手、V 形架、钢垫圈和平台等。

2. 角钢局部变形的矫正

角钢的局部变形，可根据实际情况在平台上或钢垫圈边缘进行矫正。

3. 角钢扭曲变形的矫正

角钢扭曲变形的矫正与钢板条扭曲变形的矫正方法相同。小型角钢的扭曲变形可采用扳扭法矫正，如图 5－11 所示；对较大规格的角钢，宜采用锤击法矫正其扭曲变形。

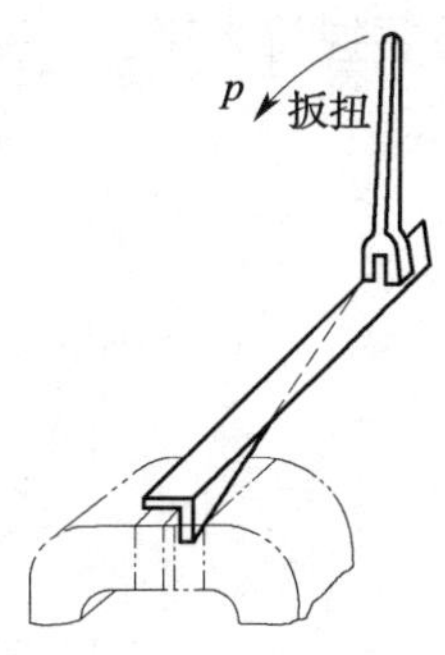

图 5－11　小型角钢扭曲变形的矫正

4. 角钢角度变形的矫正（见图 5－12）

当角钢有角度变形时，若角度大于 90°，矫正时应将角钢置于 V 形架内，用大锤击打外倾部分来矫正；或将角钢边斜立于平台上，用大锤击打，使其夹角变小，如图 5－12a 所示。

角钢角度变形小于 90°时，可将角钢仰放于平台上，然后在角钢的内侧垫上平锤再锤击，使其角度扩大，如图 5－12b 所示。

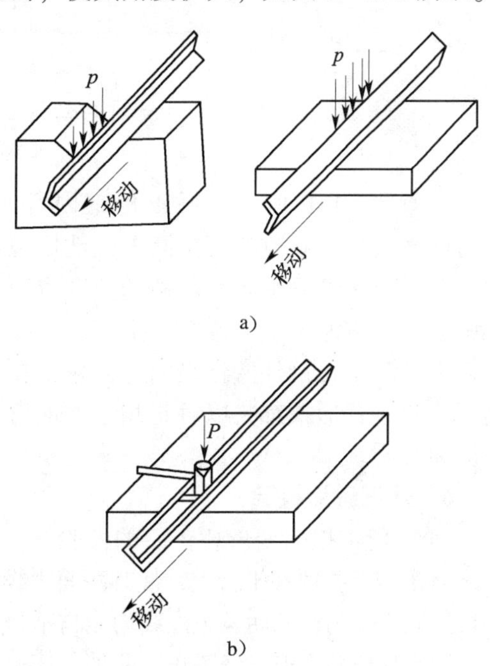

图 5－12　角钢角度变形的矫正

a）角度大于 90°的矫正　b）角度小于 90°的矫正

5. 角钢弯曲变形的矫正（见图 5－13）

矫正角钢弯曲变形时，应将角钢放在钢垫圈上，使其弯曲部位位于钢垫圈中间，凸起侧向上，施以锤击，使角钢发生反向弯曲，从而使变形得到矫正。

角钢弯曲变形分为外弯和内弯。矫正两种不同的弯曲变形时，角钢在钢垫圈上的放置形式和锤击方法有所不同。

如图 5－13a 所示，矫正角钢外弯时，将角钢背面朝下平放在钢垫圈上，为防止角钢受锤击时翻转，锤落在角钢上时，锤柄应与水平面成一定角度的倾斜，倾斜角 α 为 5°，这样才能保证锤击力中除垂直向下的矫正力外，还有向内拉（锤柄后手抬高时）或向外推（锤柄后手放低时）的分力，这个分力可以保证角钢在锤击时稳定不倾倒。

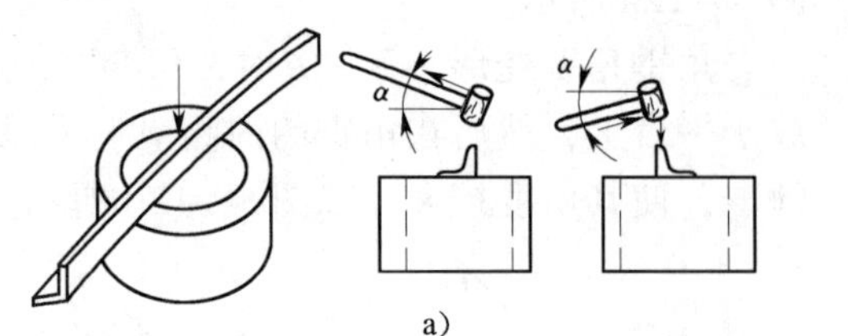

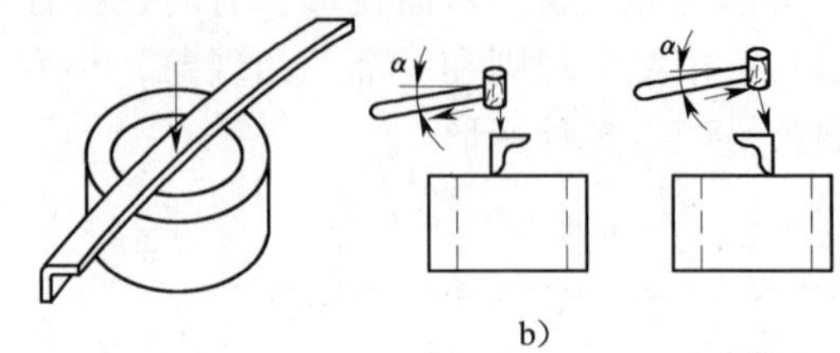

图 5－13 角钢弯曲变形的矫正

a）角钢外弯 b）角钢内弯

如图 5－13b 所示，矫正角钢内弯时，将角钢背面朝上立放在钢垫圈上，然后锤击矫正。为防止角钢翻转，落锤的角度也应略做调整（α 约为 5°）。

不论矫正角钢外弯还是内弯，角钢在钢垫圈上的放置形式都是以矫正角钢立面弯曲变形为实质。

6. 矫正质量检验

（1）角钢扭曲变形矫正后的检验

将角钢反扣放在平台上，使其两面边缘与平台接触。若角钢的两条边缘线均能与平台贴合，说明其扭曲变形已经矫正。此外，还可以通过目测角钢两边缘线是否平行来判定。若两边缘线平行，则说明角钢扭曲变形已矫正好。

（2）角钢角度变形矫正后的检验

角钢角度变形矫正后，可用直角尺或角度样板检验角钢两面间的夹角。

（3）角钢弯曲变形矫正后的检验

角钢弯曲变形矫正后，通常采用目测检验。检验时，将角钢被矫正的一面朝上放在钢垫圈上（或用手托起角钢的一端），再从角钢的另一面目测角钢棱线是否为一条直线段。若角钢棱线为一条直线段，说明角钢被矫正的面已不弯曲。角钢棱线的直线度也可采用拉线检查。

三、注意事项

1. 每个作业组要有一人负责作业指挥。

2. 打锤时要注意锤击位置准确，落锤倾角适当。

3. 使用平锤矫正角钢弯曲变形时，握平锤者不应和打锤者相对站立，以防意外伤害。

4. 经常检查锤头安装是否牢固，以防锤头脱落伤人。

5. 矫正作业时，扶持角钢的人要戴厚棉布手套，不要握持太紧，以减轻对手的振动并防止割伤。

课题三 角钢框焊接变形的矫正

一、矫正工艺特点分析

角钢框矫正工件图，如图 5－14 所示，角钢框变形的形式有：角钢框角度不垂直、角钢框的四边不在同一平面内。

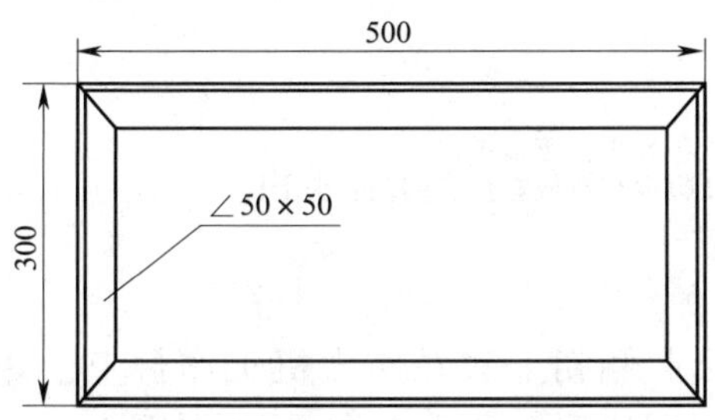

图 5－14　角钢框矫正工件图

二、矫正步骤与方法

1. 矫正准备工作

（1）工具、量具的准备

准备手锤、垫铁、钢直尺、直角尺。

（2）平台的准备

准备平台及羊角卡。

2. 角度变形的矫正

用直角尺测量角钢框各角的角度，找出小于 90°的两对角。将小于 90°的角向下，在平台上撞击，如图 5－15 所示，这样会使小于 90°的两对角的角度变大，直至测量角度合格。

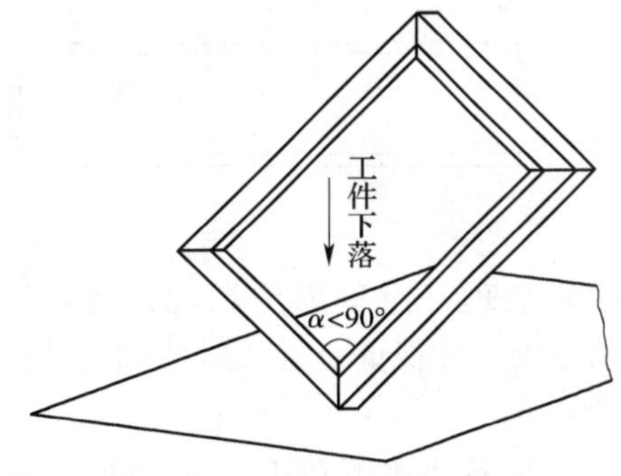

图 5－15　矫正角钢框的角度

3. 平面度不合格的矫正

（1）角钢平面不平整时，可在平台上锤击矫正，如图 5－16 所示。

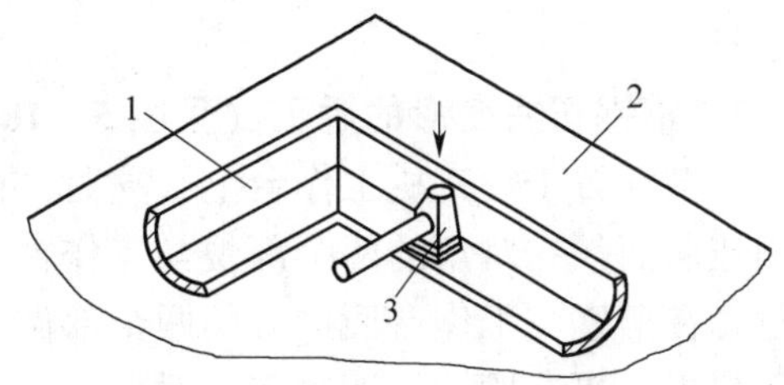

图 5－16　矫正角钢框的平面度

1—工件　2—平台面　3—平锤

（2）在角钢框的两对角用粉线拉紧，测量不平度的变形量。选择合适的垫铁，垫起较低的两对角，固定较高的一角，用锤子向下击打另一较高的角，直至矫平为止。

三、注意事项

1. 在矫正锤击过程中尽可能不要损坏角钢的表面及使角钢的角度发生变化。

2. 矫正时，要随时测量，避免矫正过量。

课题四　槽钢变形的机械矫正

一、矫正工艺特点分析

槽钢矫正工件图如图 5－17 所示，槽钢变形主要是扭曲和弯曲。由于槽钢断面尺寸大，刚度较高，因此矫正其变形需要较大的外力。一般采取机械矫正，只有尺寸较小的槽钢才用手工矫正变形。

矫正槽钢变形的基本工序是：矫正扭曲变形→矫正弯曲变形。

二、矫正步骤与方法

1. 矫正准备工作

（1）选择矫正机械，并做好设备检查和空车试运转，确认其工况良好方可使用。

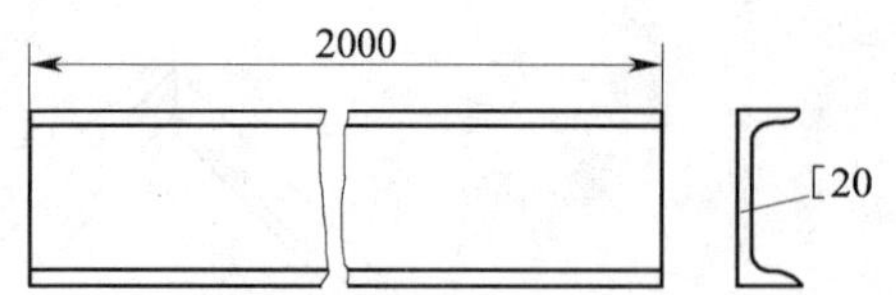

图 5－17　槽钢矫正工件图

（2）清理好设备周围场地，清除妨碍工作的杂物，并保证有足够的空间完成矫正工作。

（3）准备两块下垫板（由钢板制成）、一根方钢，还要准备大锤及几根撬杠作为辅助工具。

2. 槽钢扭曲变形的矫正（见图 5－18）

将槽钢置于矫正机工作台上，这时，槽钢因扭曲而仅在对角的两个部位与工作台面接触。在槽钢与工作台面接触的两个部位塞进下垫板，再在槽钢向上翘起的对角上，放置一根有足够刚度的方钢（或厚钢板条等），作为上垫板使用。然后操纵压力机滑块带动上模压下，使机械力通过上垫板作用在槽钢上，槽钢略显反向翘起。除去压力后，槽钢会有回弹，当回弹量与反翘量相抵消时，槽钢变形得以矫正。回弹量是确定反翘变形量的依据，其大小要根据操作者的实践经验和具体工作条件确定。若除去压力后槽钢仍有扭曲变形或反向扭曲，要以同样的方法再进行矫正。

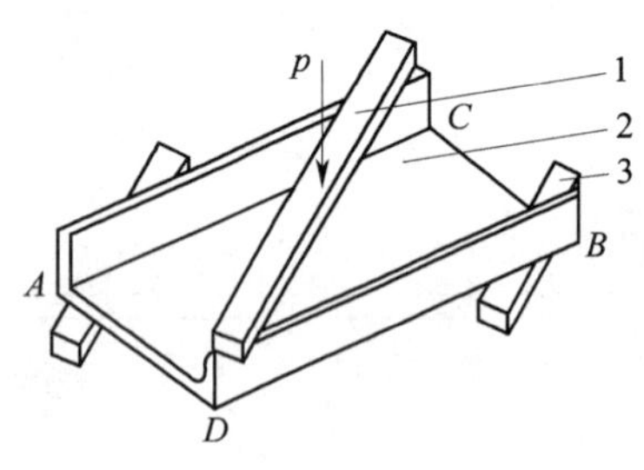

图 5－18　槽钢扭曲变形的矫正
1—上垫板　2—矫正件（槽钢）　3—下垫板

3. 槽钢立面弯曲变形的矫正（见图 5－19）

槽钢立面弯曲是指在其腹板平面内的弯曲。矫正槽钢立面弯曲变形时，将槽钢外凸起侧朝上放在压力机工作台上，并使凸起部位置于压力机的压力作用中心；在工作台与槽钢接触处放置垫板；在槽钢受压处的槽内，放置尺寸合适的垫铁。然后操纵压力机对槽钢施加压力，并使其略呈反方向弯曲。除去压力后，反向弯曲变形被槽钢回弹抵消，变形得以矫正。

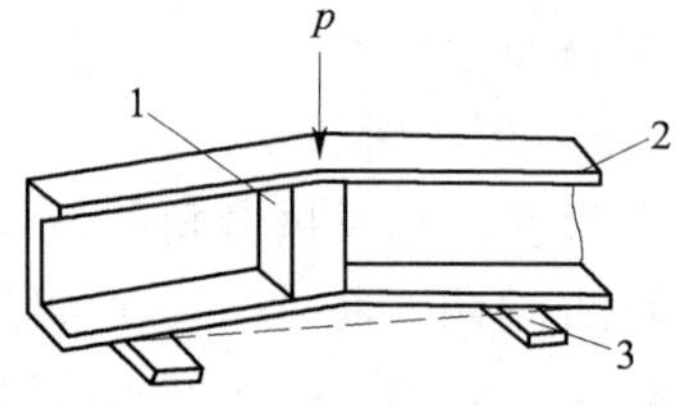

图 5－19　槽钢立面弯曲变形的矫正
1—垫铁　2—矫正件（槽钢）　3—垫板

4. 槽钢平面弯曲变形的矫正（见图 5－20）

槽钢平面弯曲是指槽钢翼板平面内的弯曲。矫正槽钢平面弯曲变形时，可将槽钢外

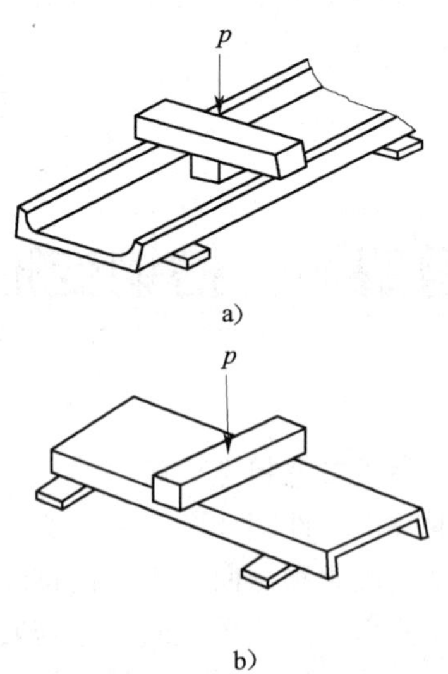

图 5－20　槽钢平面弯曲变形的矫正

凸起侧朝上平放在压力机工作台上，利用上、下垫板确定槽钢合适的受力点，以便在机械力的作用下形成弯矩作用于槽钢，使其变形得以矫正。槽钢平面弯曲变形的矫正也要考虑其回弹变形的影响。

5. 槽钢矫正质量的检验

(1) 扭曲变形矫正后的检验

将矫正后的槽钢平稳地放在平台或较平整的钢板上，用线绳（用粉线也可）贴着槽钢腹板平面，从两端对角拉紧，观察槽钢腹板与线绳间是否有间隙，若无间隙，说明扭曲变形已矫正。

(2) 弯曲变形矫正后的检验

取与槽钢长度相等的线绳，将其两端拉紧贴在槽钢腹板或翼板上，观察线绳与槽钢间是否有间隙，以检查槽钢腹板和翼板是否还有弯曲。若两者均无间隙，说明弯曲变形已经得到矫正。

检验槽钢矫正质量，也可采取前两个课题所述的目测检验法。

三、注意事项

1. 作业中机械的操作要规范，养成严格按操作规程作业的良好习惯。

2. 作业中严禁说笑、打闹，必须保证精力集中。非作业人员严禁靠近工作台，以防发生意外。

课题五 钢板的火焰矫正

一、矫正步骤与方法

钢板矫正工件如图 5－21 所示。

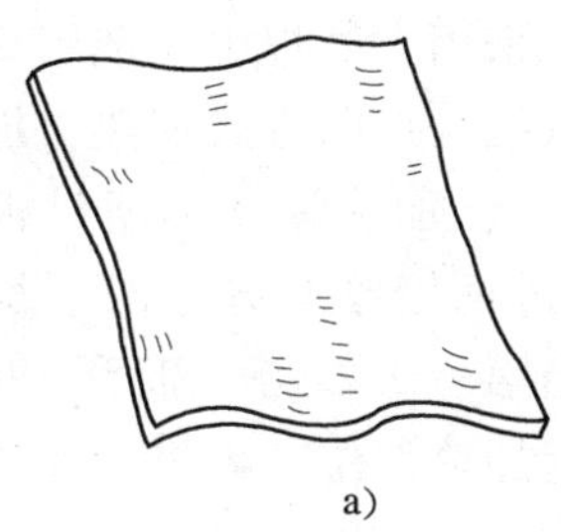

a)　　b)　　c)

图 5－21　钢板矫正工件

a) 四边波浪变形　b) 中间凸起变形　c) 厚钢板弯曲变形

1. 矫正准备工作

(1) 准备加热工具、设备

焊炬（H01－20）、氧气瓶、乙炔瓶、减压器等。

(2) 准备平台

平台 2 000 mm×3 000 mm。

(3) 准备工具

平尺、羊角铁、大锤、木锤、盛水器具等。

2. 钢板四边波浪变形的矫正

如图 5－22 所示，将钢板放在平台上，用羊角铁压紧三条边，使变形尽量集中在不被压紧的那条边上。

如图 5－23 所示，采用线状走向方式加热，先从凸起两侧的平整部位开始，然后向凸起处围拢，加热宽度取板厚的 0.5～2 倍；加热顺序如图 5－22 所示；加热长度取板宽的 1/3～1/2；加热线间距视变形大小而定，变形越大，间距越近，一般取 50～200 mm。

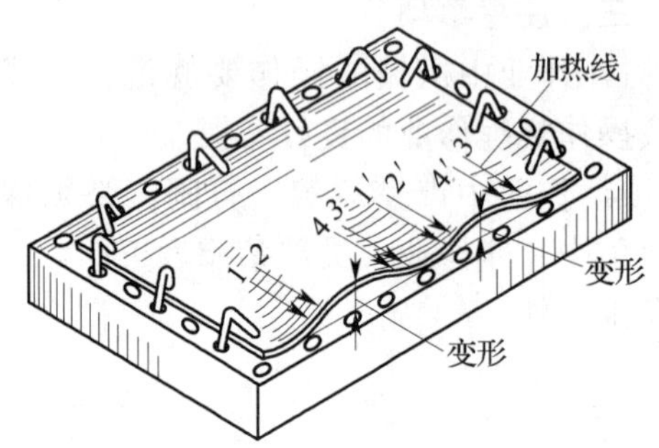

图 5－22　钢板四边波浪变形的矫正

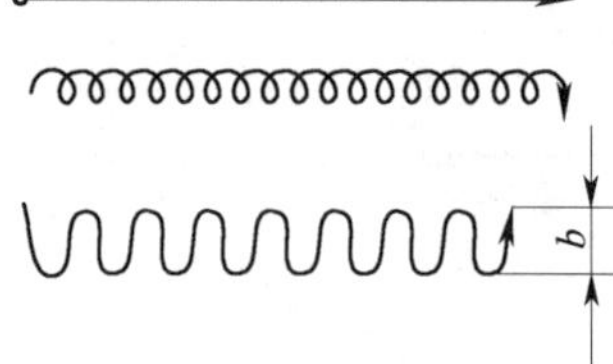

图 5－23　线状走向加热

为提高矫正速度，采用水、火矫正法，即在火焰加热的同时用水急冷，如图 5－24 所示。火焰用中性焰，加热温度在 600～800 ℃，水、火间距为 25～30 mm。如果第一次矫正后仍有不平，可以进行第二次矫正。

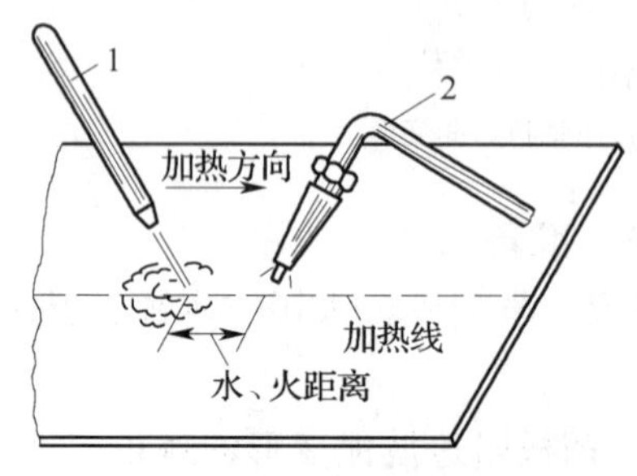

图 5－24　水、火矫正法

1—水管　2—焊炬

将钢板一边矫平后，松开羊角铁，再用同样的方法对另外几条边分别进行矫正，直至矫平。

在矫正过程中，为保证矫正质量，必要时可以用木锤击打变形部位，配合矫正。

3. 钢板中间凸起变形的矫正

如图 5－25 所示，将钢板四周压紧，从中间凸起两侧的平整部位开始，用中性焰以线状走向方式，并按图中所示加热线布置和顺序进行加热，逐步向凸起处围拢。若第一次矫正后仍有不平，再进行第二次矫正，直至矫平。具体方法同前所述。

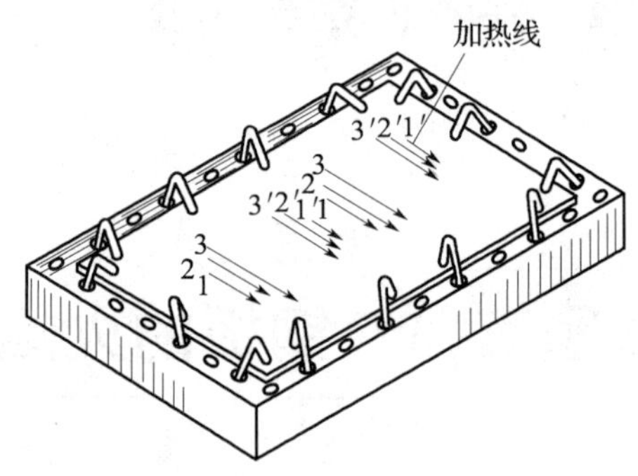

图 5－25　钢板中间凸起变形的矫正

4. 较厚钢板弯曲变形的矫正

如图 5－26 所示，用平尺找出钢板凸起的最高点，然后采用大号焊炬，选用氧化焰在最高点附近以线状走向方式加热，加热温度为 500～600 ℃，加热深度不超过板厚的 2/3，目的是通过钢板厚度方向的不均匀收缩进行矫平。当第一次未能全部矫平时，根据变形情况确定加热部位，再进行加热，直至矫平。矫正方法同前所述。

二、注意事项

1. 了解被矫正材料的性质，易淬火的工件不能采用火焰矫正。

2. 火焰矫正的最高温度不能超过 800 ℃，以免过热而使金属材料的力学性能变差。

3. 薄板变形的火焰矫正过程中需要锤击时，应采用木锤。

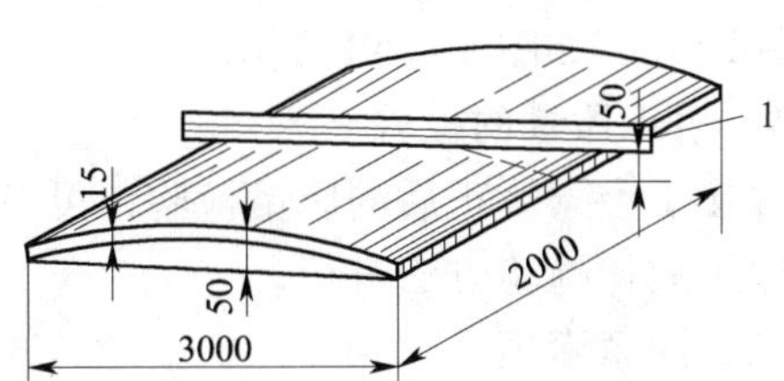

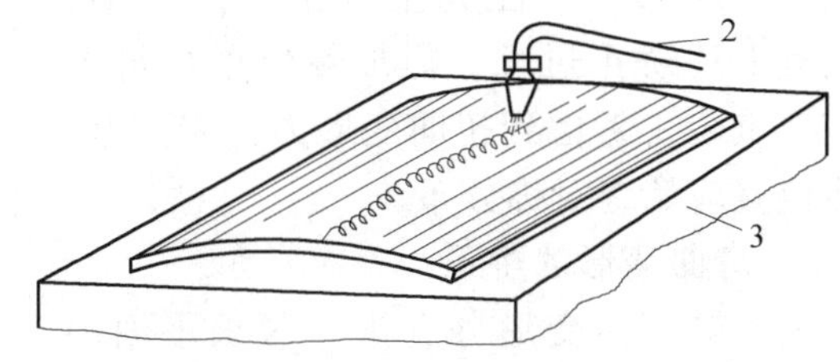

图 5－26　较厚钢板弯曲变形的矫正

1—平尺　2—焊炬　3—平台

课题六　焊接工字梁的火焰矫正

一、矫正步骤与方法

焊接工字梁矫正工件图如图 5－27 所示，矫正步骤与方法如下。

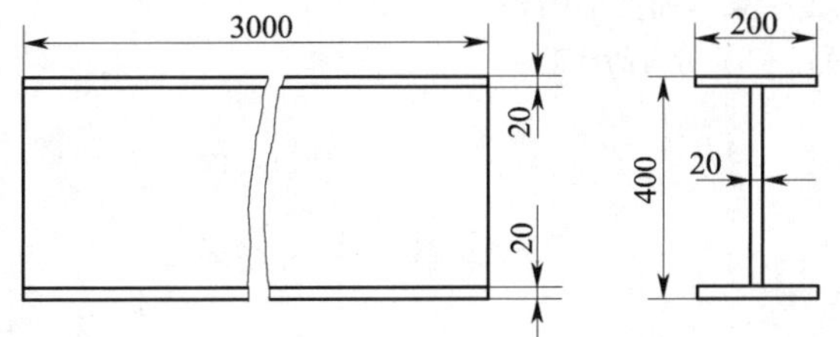

图 5－27　焊接工字梁矫正工件图

1. 矫正准备工作

(1) 准备加热工具、设备

焊炬（H01－20）、氧气瓶、乙炔瓶、减压器等。

(2) 准备平台

平台 2 000 mm×3 000 mm。

(3) 准备工具

拉紧螺栓、压紧螺栓、压板、活扳手、大锤等。

2. 扭曲变形的矫正

工字梁刚度高，除加热温度应稍高（750～800 ℃）外，矫正时还需辅以外力配合。如图 5－28 所示，先将工字梁放在平台上固定好，并用拉紧螺栓从梁的两端对角拉紧，再在梁中部上翼板上进行加热；若扭曲变形严重，可在中部腹板上同样加热。加热后，收紧螺栓拉杆以施加外力矫正扭曲变形。

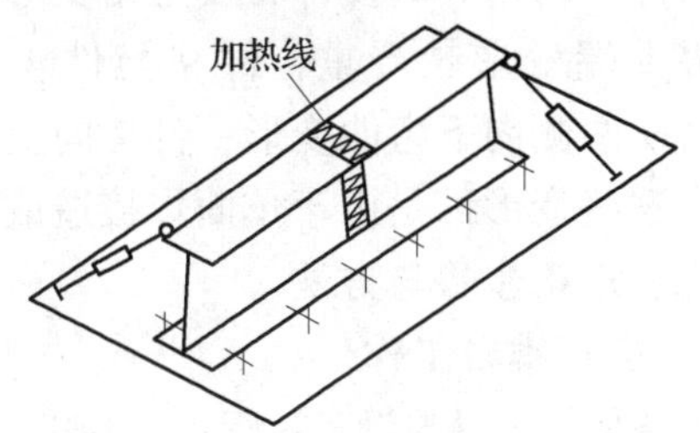

图 5－28　焊接工字梁扭曲变形的矫正

若一次加热不能完全矫正扭曲变形，可重复上述矫正过程，但加热位置尽量不与前次重合。考虑到扭曲变形为整体变形，加热位置应始终对称分布。

3. 弯曲变形的矫正

工字梁弯曲变形分立拱（腹板平面内的弯曲）和旁弯（翼板平面内的弯曲）两种。工字梁立拱和旁弯的矫正均可采用三角形加热方式。加热位置应在工件弯曲的外侧，并均匀分布。矫正立拱时以加热腹板为主，如图 5－29a 所示；矫正旁弯时只要加热翼板即可，如图 5－29b 所示。

4. 矫正质量的检验

焊接工字梁矫正后的质量检验，可参照槽钢矫正质量检验方法进行。

二、注意事项

1. 使用加热工具和设备时，应严格遵守安全操作规程。

2. 在不具备完善的实习条件时，可进行演示教学，也可以焊接 T 形梁代替工字梁。

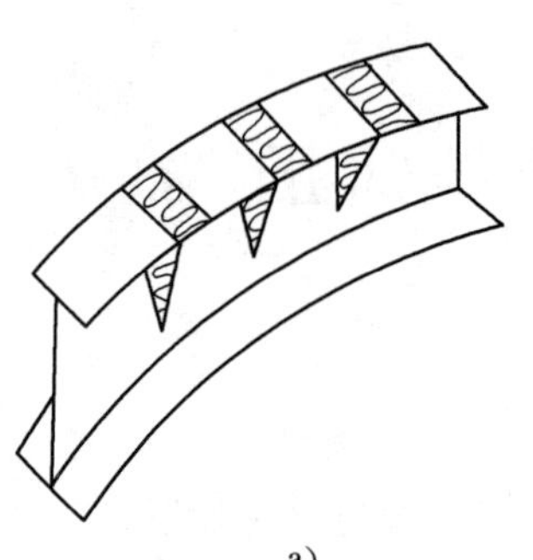

a）

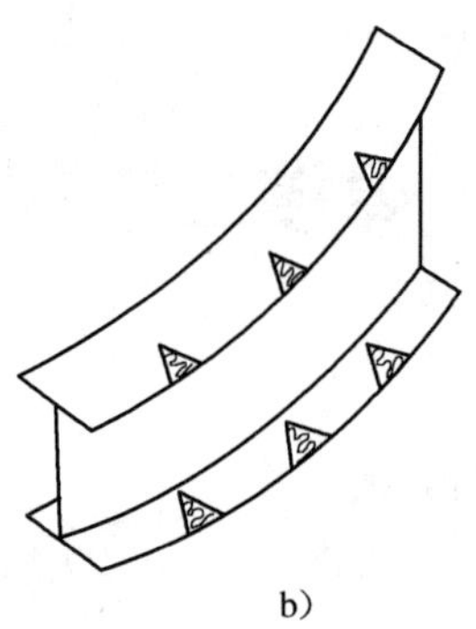

b）

图 5－29　焊接工字梁弯曲变形的矫正

a）立拱的矫正　b）旁弯的矫正

课题七　支架变形的矫正

一、矫正工艺特点分析

支架变形矫正工件图如图 5－30 所示，件 2 与件 3 的角焊缝使件 3 发生角变形，而且越靠上端变形越严重；件 9 与件 4 焊接后，件 9 两侧向下弯曲变形；件 7 向上弯曲变形。这些变形都是由于单面焊接造成的。

二、矫正步骤与方法

1. 矫正准备工作

准备加热工具与设备：焊炬（H01－20）、氧气瓶、乙炔瓶、减压器等。

2. 件 3 角变形的矫正

按照如图 5－31 所示的加热位置进行加热，加热深度不应超过件 3 厚度的 2/3；加热宽度根据角变形的程度凭经验确定。注意加热宽度不能过大，若加热宽度过大易造成矫正量过大，而出现与原变形方向相反的变形。

3. 件 9 变形的矫正

件 9 变形矫正与件 3 变形矫正的方法一样，加热位置如图 5－32 所示。

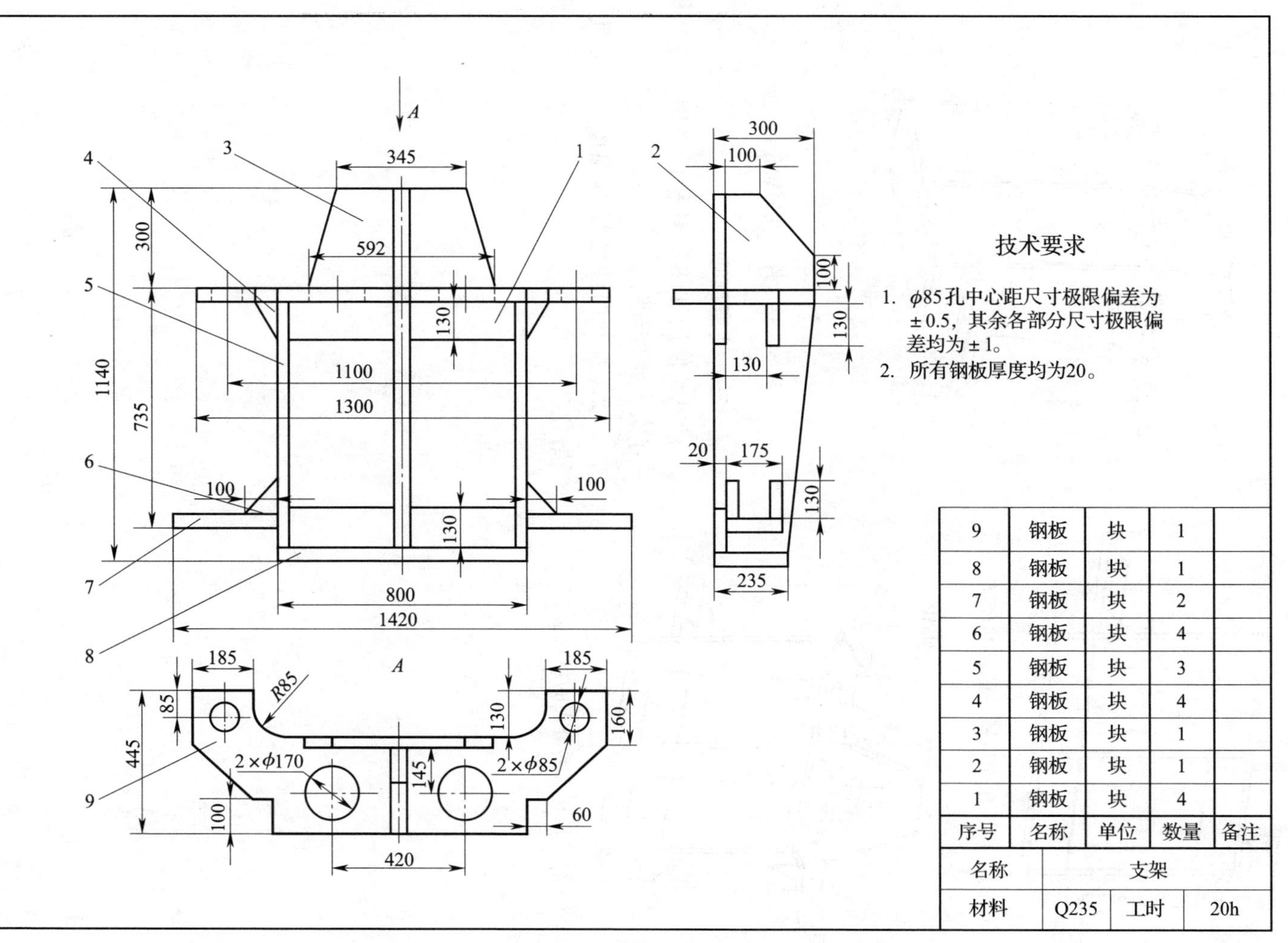

技术要求

1. ϕ85孔中心距尺寸极限偏差为±0.5，其余各部分尺寸极限偏差均为±1。
2. 所有钢板厚度均为20。

序号	名称	单位	数量	备注
9	钢板	块	1	
8	钢板	块	1	
7	钢板	块	2	
6	钢板	块	4	
5	钢板	块	3	
4	钢板	块	4	
3	钢板	块	1	
2	钢板	块	1	
1	钢板	块	4	

名称	支架		
材料	Q235	工时	20h

图5-30　支架变形矫正工件图

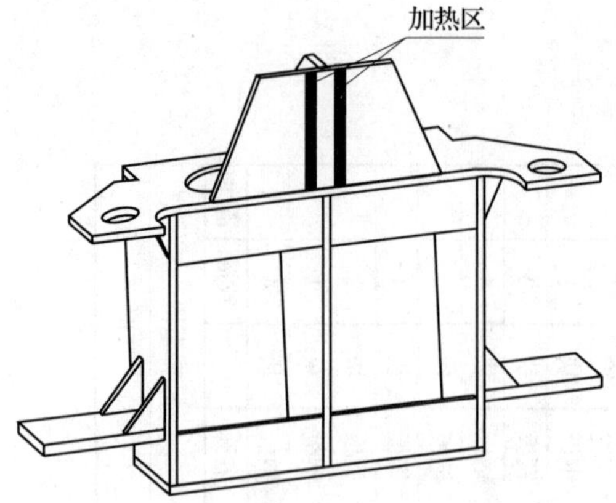

图 5－31　件 3 角变形矫正的加热位置

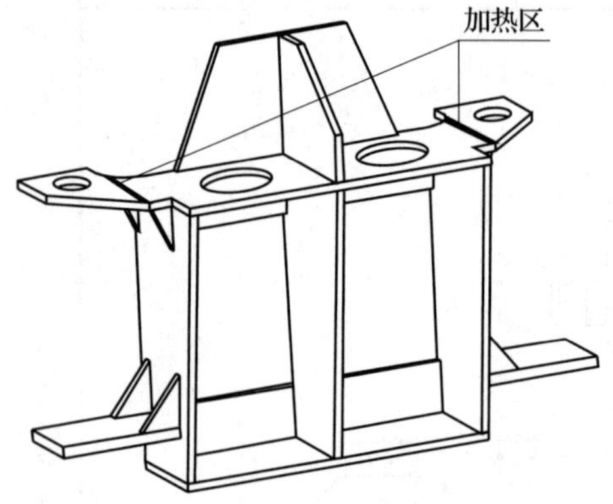

图 5－32　件 9 变形矫正的加热位置

4．件 7 变形的矫正

矫正方法与前面的矫正方法相同，加热位置如图 5－33 所示。

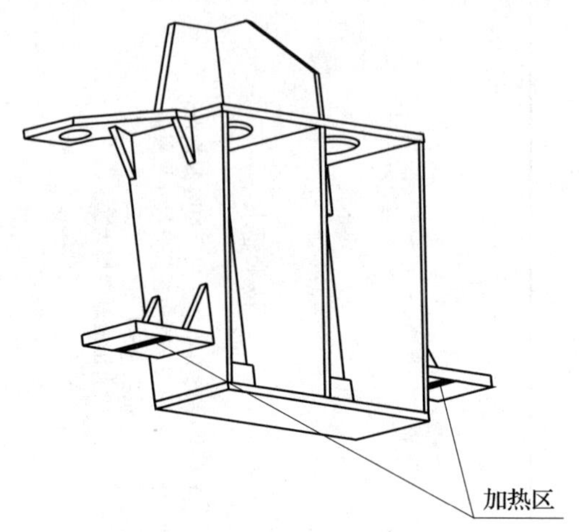

图 5－33　件 7 变形矫正的加热位置

三、注意事项

1．使用加热工具和设备时，应严格遵守安全操作规程。

2．加热时注意控制温度，不能使工件熔化。

第六单元

下　料

课题一　机械剪切

一、剪切工艺特点分析

剪切工件图如图 6－1 所示，剪切工艺特点分析如下。

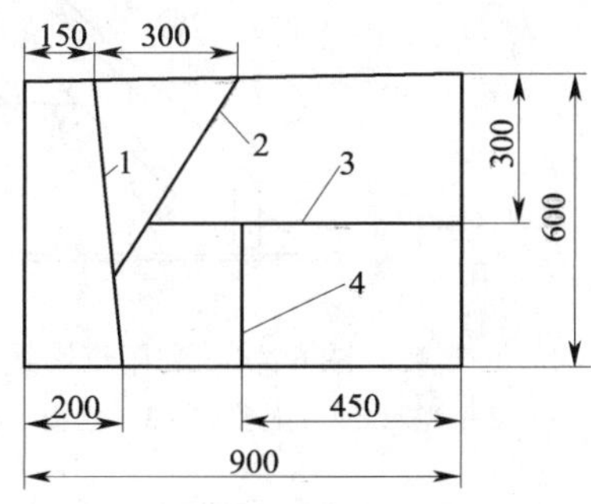

技术要求

1.各长度尺寸公差均为±1。
2.两边垂直度公差为0.5/100。
3.板料厚度 t=10。

图 6－1　剪切工件图

1. 剪切工件往往有多条剪切线，在龙门式斜口剪床上进行剪切时，其剪切顺序必须符合“每次剪切都能把板料分成两块”的原则。如图 6－1 所示，工件的剪切顺序可按剪切线序号进行剪切。

2. 因板料面积较大，剪切时不能一人单独操作，可安排三人配合作业。这时，应指定一人指挥，使动作协调一致。

3. 本工件确定采用龙门式斜口剪床（见图 6－2）剪切。

4. 在龙门式斜口剪床上剪切工件，有多种工件对线定位方法，可灵活运用。为掌握多种对线定位的方法，本工件的对线采取

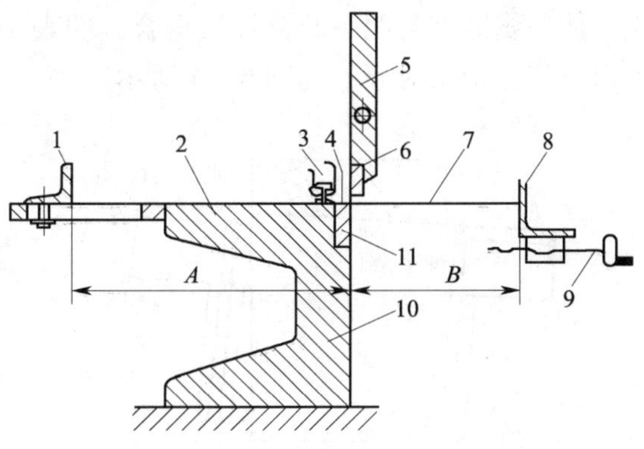

图 6－2　龙门式斜口剪床

1—前挡板　2—床面　3—压料板　4—栅板　5—剪床滑块　6—上剪刃　7—板料　8—后挡板　9—螺杆　10—床身　11—下剪刃

以下几种方法。

(1) 剪切线1以直接目测对正法或灯影对正法剪切。

(2) 剪切线2以角挡板对正法剪切。

(3) 剪切线3以后挡板对正法剪切。

(4) 剪切线4以前挡板对正法剪切。

二、剪切步骤与方法

1. 检查并调整剪刃间隙

根据剪切材料的性质、厚度，检查并调整剪刃的间隙。若剪床附有剪刃间隙调整数据表，应依据其调整剪刃间隙，否则可参照表6－1确定剪刃间隙。

表6－1　剪刃合理间隙的范围

材料	间隙（以板厚的%表示）	材料	间隙（以板厚的%表示）
纯铁	6～9	不锈钢	7～11
软钢（低碳钢）	6～9	铜（硬态、软态）	6～10
硬钢（中碳钢）	8～12	铝（硬态）	6～10
硅钢	7～11	铝（软态）	5～8

2. 确认设备工作状态并检查清理板料

检查调整好剪刃间隙后，开机空车运转，确认设备工作状态良好后，方可上料。上料前，应将板料表面清理干净，并检查剪切线是否清晰无误。

3. 剪切线1的剪切

将板料置于剪床床面上，推入剪口，目测剪切线两端，使其对正下剪刃刃口，如图6－3所示。然后，操作者双手撤离剪口至压料板之外，按下或用脚踩下开关，剪断板料。另外，也可利用灯影线进行对线，即在上、下剪刃的正上方，设置两个光源，利用灯光在板面上形成明、暗分界线，调整钢板，使划线恰好与明、暗分界线重合，即表示刃口与剪切线对齐，如图6－4所示。

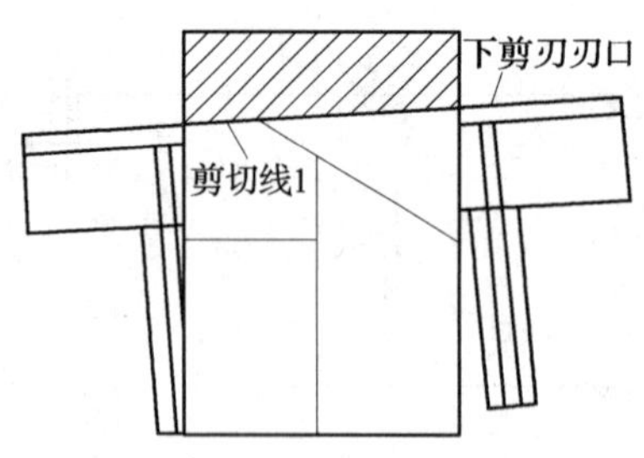

图6－3　直接目测对正剪切

4. 剪切线2的剪切

调整、固定好角定位挡板，并以挡板为定位基准，将板料在剪床上放好，沿剪切线2剪断板料如图6－5所示。

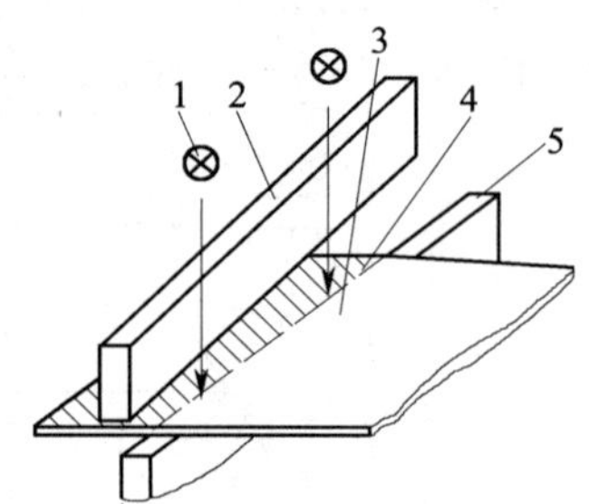

图6－4　利用灯影线对正剪切线

1—光源　2—上剪刃　3—钢板　4—灯影线　5—下剪刃

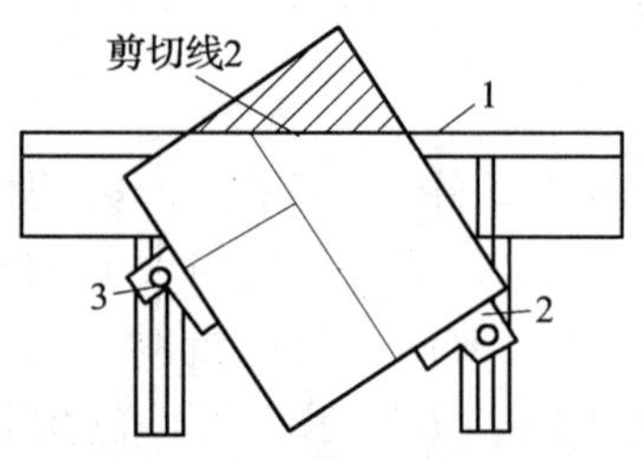

图6－5　角挡板定位剪切

1—下剪刃刃口　2、3—角挡板

5. 剪切线3的剪切

以后挡板定位进行剪切线3的剪切时，后挡板的位置可通过以下两种方法确定。

(1) 钢直尺直接测量

使上、下剪口至后挡板面的距离等于欲剪下部分板料的宽度尺寸。后挡板固定后要复检，以确保定位准确。

（2）样板定位法

把与欲剪材料等宽的样板置于下剪刃刃口与后挡板之间，以确定后挡板位置。后挡板位置确定后，即可以其定位，剪断剪切线3，如图6－6所示。

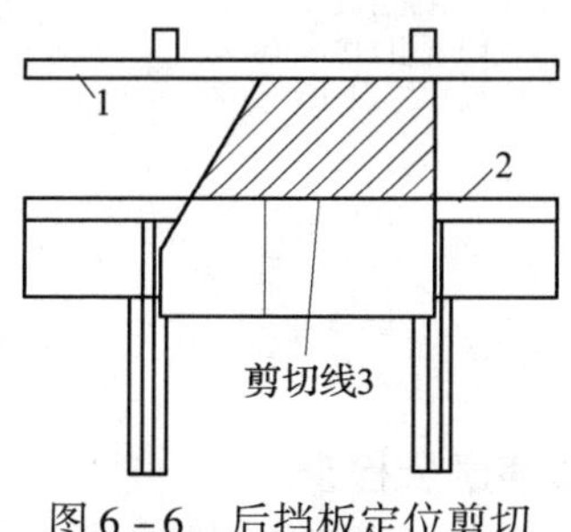

图6－6　后挡板定位剪切

1—后挡板　2—下剪刃刃口

6. 剪切线4的剪切

以前挡板定位剪切线4时，确定前挡板位置的方法与确定后挡板位置的方法相同。前挡板定位剪切如图6－7所示。

7. 质量检查

（1）测量工件各部分尺寸，应符合图样要求。

（2）检查板料剪断面质量。

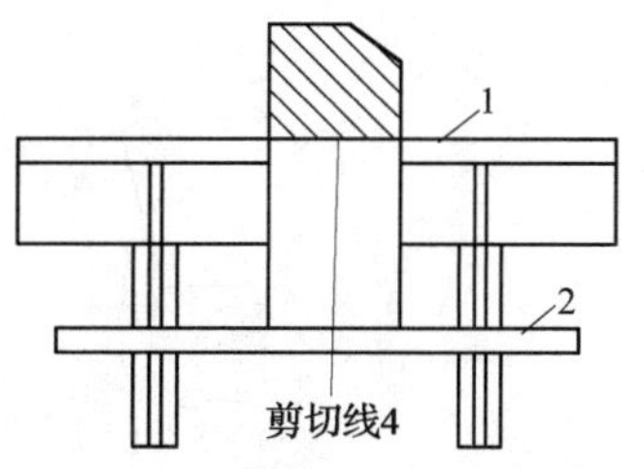

图6－7　前挡板定位剪切

1—下剪刃刃口　2—前挡板

三、注意事项

1. 开动剪床前，对剪床各部分要认真检查，并加注润滑油。启动开关后，应检查操纵装置及剪床运转状态是否良好，确认正常后，方可使用。

2. 剪切作业中，精力要集中。多人操作时，剪切开关要由专人操纵，严禁把手伸入剪口。

3. 不得剪切过硬或经淬火的材料。

4. 剪切前，应清理一切妨碍工作的杂物。剪床床面上不得摆放工具、量具及其他物品。

5. 工作后，工件要摆放整齐，并清理好工作现场。

课题二　剋子的修磨与淬火

如图6－8所示，上剋子多经锻制而成，材质一般为碳素工具钢。下剋子则可根据实际情况利用废剪刃片或用钢轨加工而成，如图6－9所示。

上剋子在使用前，应按如图6－8所示的标准几何形状和尺寸修磨好。在使用过程中，若上剋子刃部变钝、破损及顶部产生卷边时，都必须在砂轮机上修磨，使刃部及顶部符合使用要求。

一、修磨的步骤与方法

1. 剋子后面的修磨

如图6－10a所示，修磨时，双手握住剋子，在砂轮机正面上磨削。为使剋子后面磨得平整，磨削时应将剋子贴着砂轮面做上下、左右的平稳移动。

2. 剋子前面的修磨

剋子后面修磨好后，要正确磨削前面，以保证剋子有准确的楔角。磨削时，双手握

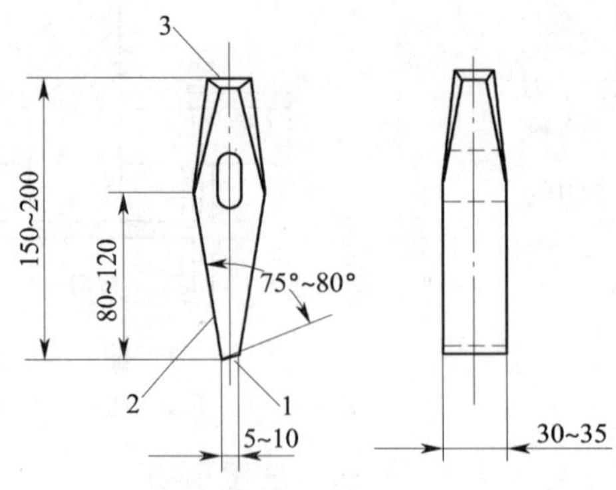

3
150~200
80~120
75°~80°
2
1
5~10
30~35
技术要求
1.用碳素工具钢锻制坯件。
2.坯件经修磨成形。
3.热处理硬度HRC50~56。
4.未注尺寸按自由锻处理。

图6－8　上錾子

1—前面　2—后面　3—顶部

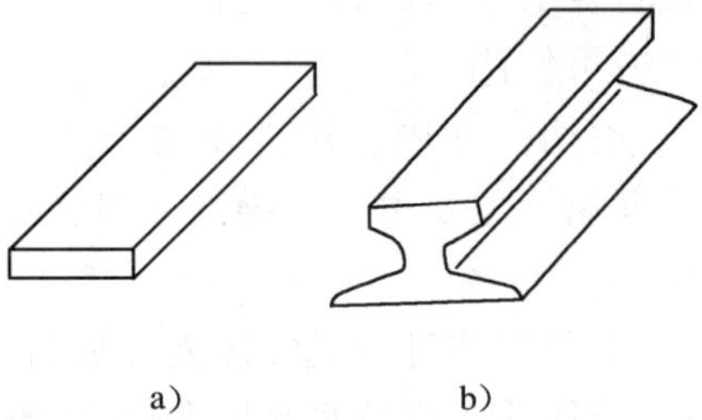

a)
b)

图6－9　下錾子

a) 废剪刃片　b) 钢轨制成的下錾子

75°~80°
a)
b)

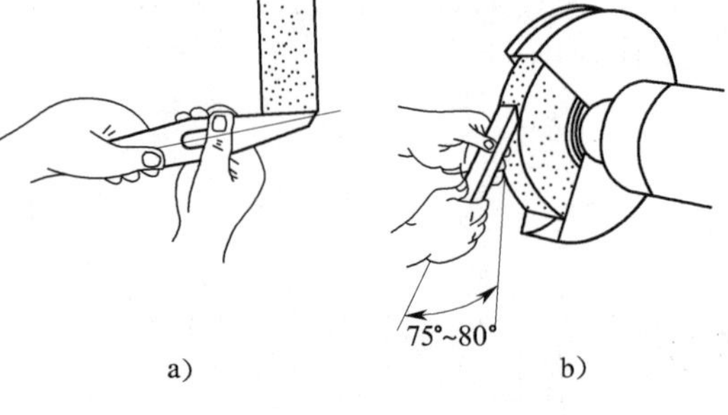

图6－10　修磨錾子后面及前面

a) 修磨錾子的后面　b) 修磨錾子的前面

住錾子置于砂轮正面，使錾子后面与砂轮磨削点的切线间夹角约为75°～80°，如图6－10b所示。同时，注意使錾子平稳地上下、左右略做移动，而且錾子对砂轮的压力不要过大。为避免錾子刃部在磨削中过热而退火，可经常将錾子浸入水中冷却。

3. 錾子整体形状的修磨

锻制而成的上錾子，整体形状未必很规则，应按照标准形状尺寸进行修磨。

4. 修磨质量检查

(1) 检查錾子后面的直线度、平面度时，把钢直尺立放在錾子后面上（见图6－11），并举至与眼睛平行的位置，对着光亮处观察，看钢直尺与錾子后面是否严实贴合，以此来判断錾子后面的平直程度。

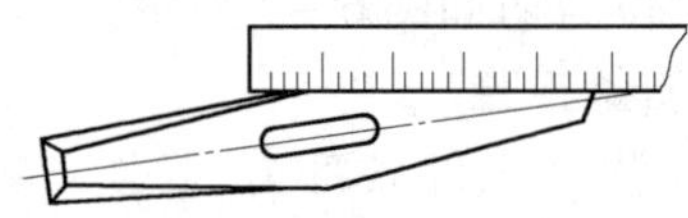

图6－11　检查錾子后面的直线度、平面度

(2) 目测刃口及前面是否平直，并检查有无粗糙磨削痕迹及退火现象。

(3) 用样板检查錾子楔角，如图6－12所示。

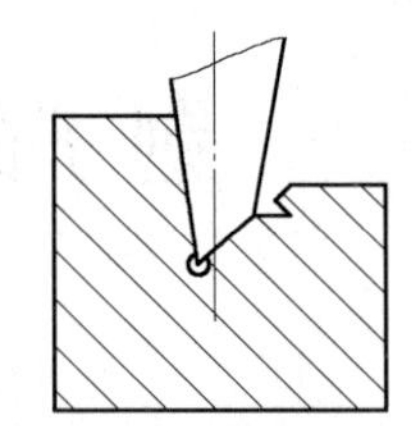

图6－12　用样板检查錾子楔角

二、錾子淬火

1. 淬火准备

(1) 准备焦炭炉、焦炭等。

(2) 准备水槽并装好冷却水。

(3) 准备火钳子等工具。

2. 淬火操作

錾子的淬火过程分为淬火和余热回火两个阶段。淬火时，将錾子竖直放在焦炭炉中，

其切削刃部稍埋入焦炭中。当剋子的切削刃部高20～30 mm处加热至770～800 ℃（樱红色）时，用火钳子将剋子从炉中取出，迅速垂直放入水中5～8 mm深，并沿水面缓缓移动，以加速冷却，提高淬火硬度，使淬硬部分与不淬硬部分无明显界线，以防断裂。

当剋子露出水面的部分刚呈黑色时，将其从水中取出，利用其上部余热回火（相当于低温回火）。这时要注意观察剋子刃部的颜色，一般刚出水时，其刃部的颜色为白色，刃口的温度逐渐上升后，颜色也随之改变，由白变黄，再由黄变蓝。当刃部呈现黄色时，将剋子全部放入水中冷却，这种回火温度称为“黄火”；当剋子刃部呈现蓝色时，全部放入水中冷却，这种回火温度称为“蓝火”。实践证明，冷作工使用的剋子一般采用介于“黄火”和“蓝火”之间的回火温度时，其硬度及韧性即符合要求。

3. 硬度检查

（1）使用一把六七成新的中齿平锉，沿着剋子的前面，稍加压力向前推进，如果感到有一定的阻力，并有铁屑锉下，则硬度不够；若感到很光滑，响声清脆，无铁屑锉下，则硬度合适。

（2）手握剋子的顶部，以剋子刃口在废钢板边缘砍下，若刃口无损，表明剋子硬度、韧性适宜；如有崩裂则太硬；若剋子刃口下凹变形，说明其硬度不足。

三、注意事项

1. 使用砂轮机前，应首先检查砂轮片有无裂纹，支架与砂轮的间隙（约为3 mm）是否合适。间隙若不合适要调整好，砂轮片有裂纹必须更换，以免在磨削过程中，造成砂轮片破碎或工件卡入而发生事故。

2. 砂轮机启动后，待其运转正常后再使用。磨削时，操作者应站在砂轮机的侧面，不能正对砂轮机站立。

3. 刃磨时，应戴好防护眼镜。

4. 剋子淬火应用清水，水温一般在15 ℃左右。

课题三　板料的剋切

一、剋切工艺特点分析

剋切工件图如图6－13所示，剋切工艺特点分析如下。

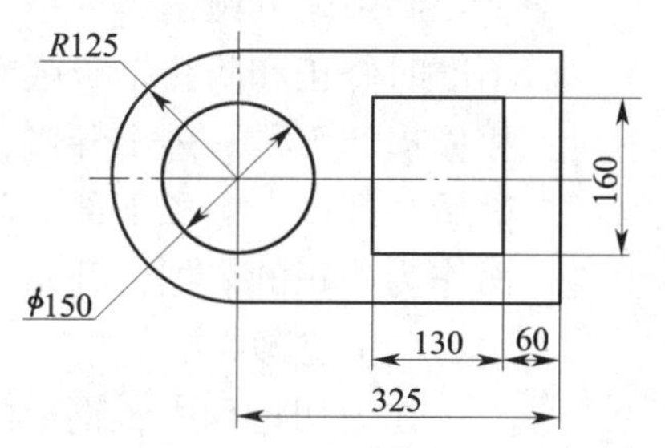

技术要求

1.直线度公差为±0.5。
2.内孔转角处不得破裂。
3.钢板厚度为4。

图6－13　剋切工件图

1. 剋切顺序

对于较复杂的剋切件，合理安排工艺步骤，对提高剋切质量影响极大，一般采取先外后内、先直后弧、先短后长的剋切顺序。

2. 剋切件放置

若剋切件尺寸较大或剋切件转动后不利于扶持，为保持工件平稳，可在上剋子旁边放置垫板支承，但要保证板料与下剋子上平面贴合。

3. 操作者的站位及姿势

剋切作业主要由掌剋者及打锤者配合完成，其站位及姿势如图 6－14 所示。掌剋者自然下蹲，左手将板料平扶在下剋子上，右手持上剋子，眼睛注意观察剋子刃使其对准剋切线；打锤者站在下剋刃一侧，两人互成 90°为宜。

图 6－14　剋切站位及姿势

二、剋切步骤与方法

1. 划线

板料准备好后，依据图样按 1∶1 的比例（或按样板）在板料上划线。为了便于起剋时准确对线，应先确定起剋点，再把起剋线划至板料边缘处，以便于下剋子刃口对正，如图 6－15 所示。

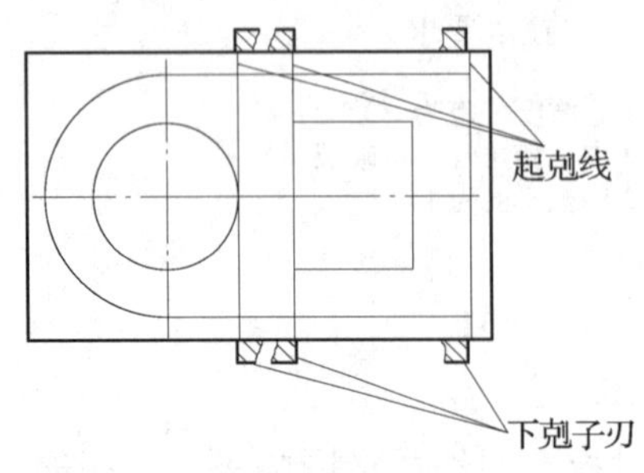

图 6－15　起剋线对正下剋子刃口

2. 确定剋切顺序

分析剋切工件图样，其剋切顺序如图 6－16 所示。

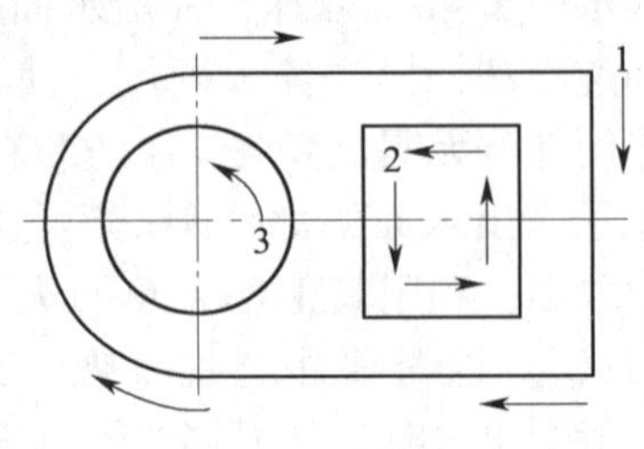

图 6－16　剋切顺序

3. 直线段的剋切

（1）起剋

把板料平放在下剋子上，余料部分探出剋刃，以过线找正，使剋切线与下剋子刃重合。上剋子刃对准剋切线置于板料上，要探出 1/3 剋子刃宽，并与下剋子刃相靠。同时，保持上剋子的前面与被切钢板垂直，刃口与钢板成 10°～15°的倾角，如图 6－17 所示。

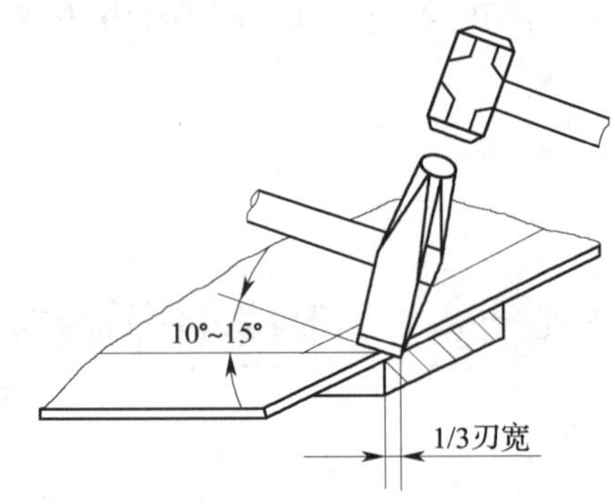

图 6－17　剋子位置及倾角

起剋时，锤击力要小一些，以便当起剋不准时修正和防止钢板剋断后上、下剋子刃相撞损坏刃具。剋出开口，并确认开口线准确后，即以上剋子下部分侧边靠在下剋子侧面作为找正的依据，开始直线逐段剋切。

（2）剋切

在剋切过程中，钢板的剋切线应始终与下剋子刃对齐，保持上剋子合适的倾角，并使上、下剋子刃靠紧。否则，不但不能剋断板料，还会产生折曲变形（俗称“压马腿”)，如图 6－18 所示。錾切时，为提高质量，要随时纠正錾切偏向，不断变换锤击力。这就要求操作者注意观察，密切配合，锤击者必须听从掌錾者的指挥。

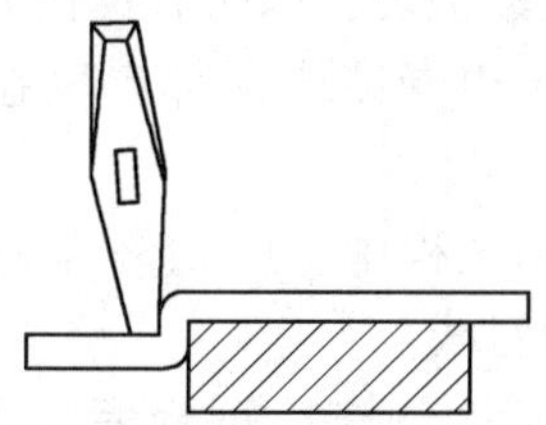

图 6－18　錾切中板料的折曲变形

4. 曲线部分的錾切

(1) 起錾

当錾切至工件的曲线部分时，应先切断已錾下直线段部分的余料，使之不妨碍曲线錾切时的找正。为了减少板料在錾切时的变形，应将工件的圆形部分放在下錾子上，且不断转动工件。为了防止錾下的余料抵触下錾子，影响工件转动，要始终利用下錾子的端部进行錾切，如图 6－19 所示。

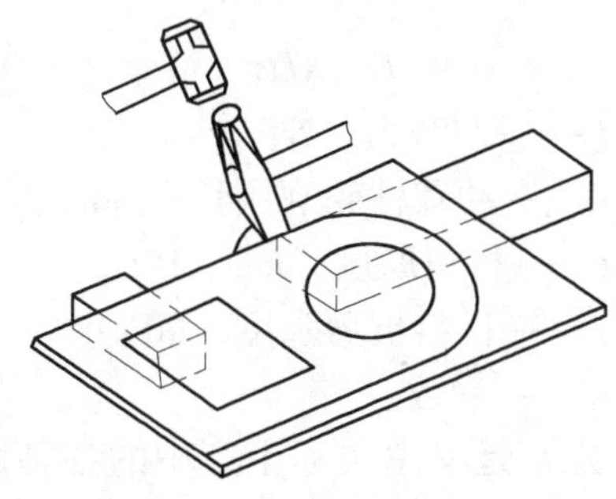

图 6－19　曲线部分的起錾

(2) 錾切

在板料上錾切曲线时，因上、下錾子刃均为直线段，每一次錾切也只能錾切出一段直线段。因此，錾切曲线的实质是沿曲线的切线位置，錾切出直线段，围绕曲线形成一个外切多边形，錾切出的直线段越短，就越接近曲线。这就要求每次的錾切量要尽量小一些，并频繁地转动板料；锤击要短促，力量要适当。

5. 内方孔的錾切

为使内方孔錾切的开口准确，可按如图 6－20 所示方法对线。起錾时，以上錾子刃的尖角与板料接触（倾角 10°～15°），轻轻地锤击开口处。此时，工件起錾处并未切透，待錾切出 2～3 倍刃宽的长度时，再把上錾子刃平放于起錾处沿根切透即可，如图 6－21 所示。开好口后的錾切方法与前述直线的錾切方法完全相同。

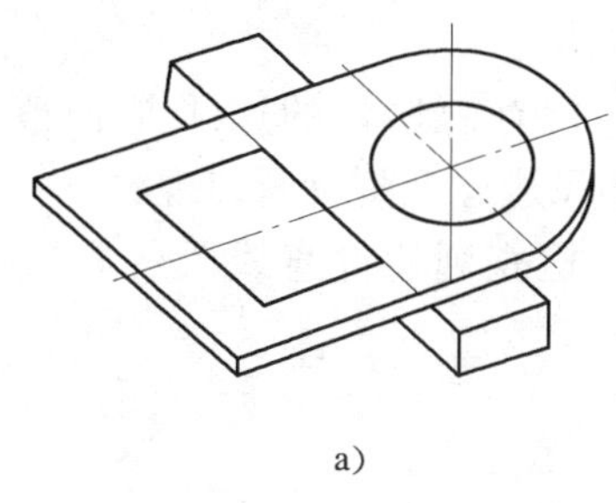

a)

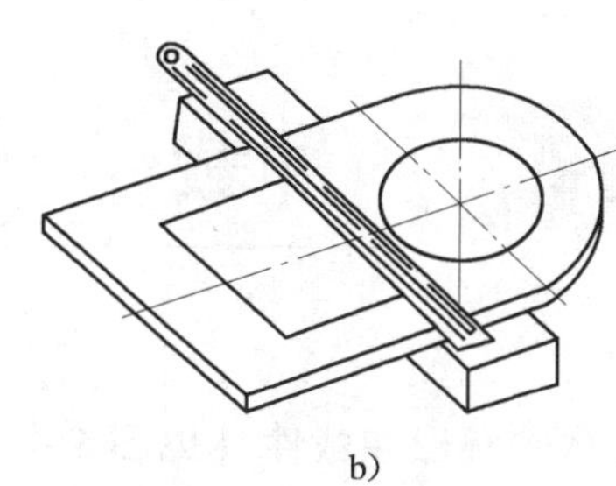

b)

图 6－20　内方孔起錾对线

a) 划线对正　b) 钢直尺过线对正

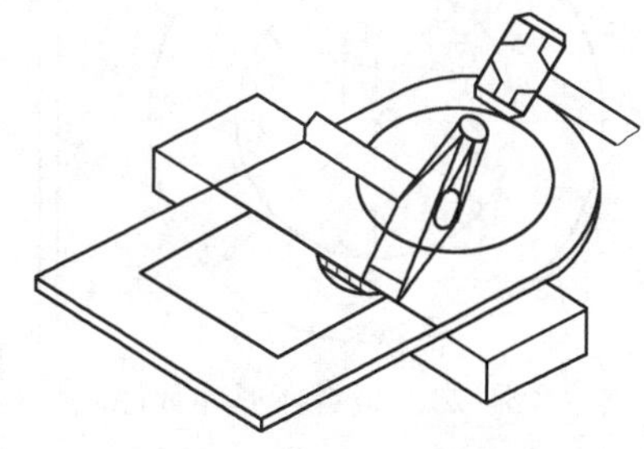

图 6－21　内方孔的錾切

6. 内圆孔的錾切

内圆孔的錾切首先应选好起錾点。为了便于起錾，一般应把起錾点选在便于扶持板料的位置，从起錾点作内圆的切线，使起錾点对正下錾子刃，如图 6－22 所示。内圆孔的錾切方法与前述曲线部分的錾切方法相同。

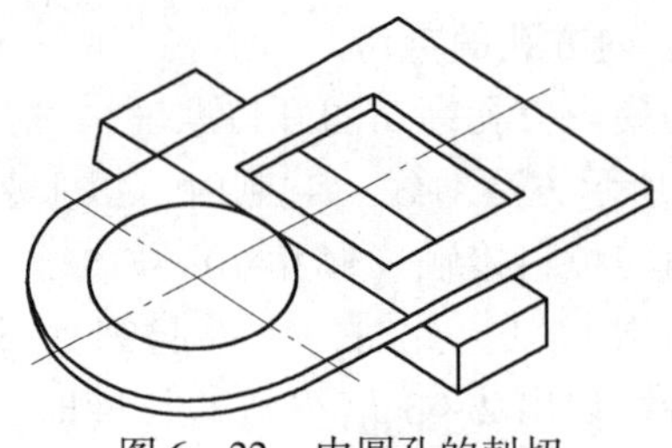

图 6－22　内圆孔的剋切

7. 剋切件的质量检查

(1) 检查剋切件各部位的尺寸是否符合图样要求。

(2) 检查剋切件的边缘是否整齐，有无较大的飞边、毛刺及撕裂现象。

(3) 检查剋切件直线段的直线度、曲线部分的圆度以及剋切件的平面度是否符合要求。

三、注意事项

1. 打锤前应检查锤柄的安装是否牢固，打锤者不能戴手套，以防脱锤伤人。

2. 剋子刃变钝或顶部产生卷边应及时修磨。

3. 剋切过程中，应始终保持板料放置平稳，准确对线。

4. 掌剋者与扶持钢板者要戴好手套，以防钢板毛刺划伤手。

5. 剋下的工件要摆放整齐，余料或废料应及时清理，做到文明生产。

课题四　冲裁

一、板料环形冲裁件（见图 6－23）

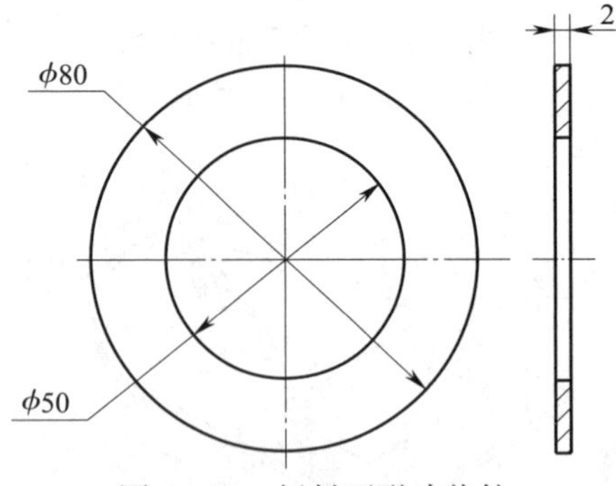

图 6－23　板料环形冲裁件

二、冲裁力的计算

冲裁力大小是选择冲压设备的一个重要依据。

影响冲裁力的主要因素是材料的力学性能、厚度、冲裁件轮廓周长及冲裁间隙、刃口锋利程度与表面粗糙度等。综合考虑上述影响因素，平刃冲裁模的冲裁力可按下式计算。

$$F = KLt\tau$$

式中　F——冲裁力，N；

L——冲裁件轮廓周长，mm；

t——材料厚度，mm；

τ——材料抗剪强度，MPa；

K——系数。

系数 K 是考虑实际生产中的各种因素，而给出的一个修正系数。由于冲模刃口的磨损、模具间隙的不均匀、材料力学性能和厚度的波动等，可能使实际所需的冲裁力比理论上计算的结果大。一般 $K = 1.3$。

该构件为圆环形，外圆的周长大于内圆的周长。所以，按外圆计算冲裁力即可。由手册查得该材料的抗剪强度为 450 MPa。

$$F = KLt\tau = 1.3 \times 3.14 \times 80 \times 2 \times 450 \text{ N} = 293\ 904 \text{ N} \approx 294 \text{ kN}$$

所以，选择公称力大于 300（kN）的冲床即可。

三、冲裁模具的安装与调整

生产本工件的冲裁模具有两套，一套为冲孔模具，另一套为落料模具，这两套模具都是无导向简单冲裁模，所以它们的安装与调整方法应按照无导向简单冲裁模的方法进行。

四、冲裁的步骤与方法

1. 操作准备

（1）材料的准备

按照图样准备一块 $t=2$ mm，100 mm × 100 mm 的板料。

（2）冲裁设备的准备

准备一台公称力大于 300（kN）的冲床，保证冲床能正常使用。

2. 清理板料表面

将板料表面清理干净，保证无油污、锈蚀等附着物。

3. 板料冲裁

（1）启动冲床，确认冲床运转正常。

（2）将板料放在凹模上，并进行准确定位（凹模上应有定位装置）。

（3）踩下脚踏开关，冲床滑块下降，将 ϕ80 mm 的外圆冲出，完成落料操作。

（4）更换模具。从冲床上取下落料模具，换上冲孔模具。

（5）再一次将板料放在凹模上并定位。

（6）踩下脚踏开关，冲床滑块下降，将 ϕ50 mm 的内孔冲出。

五、注意事项

1. 安装冲模前，必须将工作台面与模板底面擦拭干净，不能有任何污物和金属废屑。

2. 冲模安装固定时，应采用专用的紧固件（如螺栓、螺母和压块等），这些专用件不能代用。

3. 在安装冲模时，所有凸模中心线都应与凹模平面保持相互垂直不得歪斜，否则间隙不均匀会使模具刃口啃坏。

4. 冲压时严禁几片重叠在一起冲裁。

5. 在冲裁工作开始前，操作者应检查冲床和整理工作现场，检查冲模内是否干净，检查冲模紧固情况，检查材料厚度及表面清洁情况，检查冲床的润滑情况。上述工作准备好后，方可开机冲裁。

6. 工作时应精力集中，谨慎操作。首件必须经过检查合格后再继续冲裁，冲裁过程中，还应随时进行抽检。

课题五　气割

一、气割设备及工具的安装

手工气割所用设备及工具如图 6－24 所示。

1. 安装氧气减压器

（1）氧气瓶

氧气瓶的结构如图 6－25 所示。

氧气瓶是用来盛装氧气的高压容器，工作压力为 15 MPa。瓶体上部装有瓶阀，通

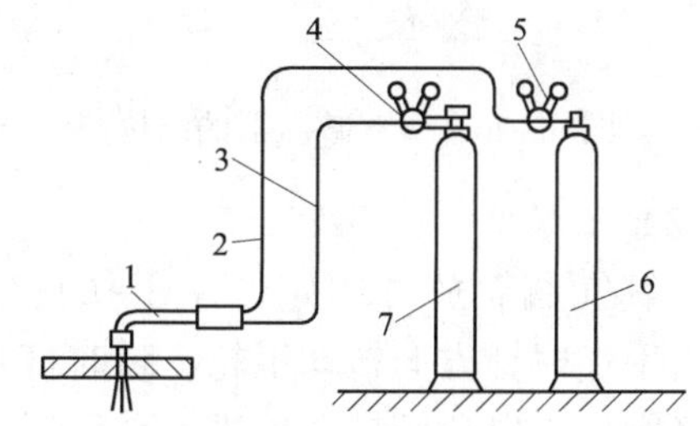

图 6－24　手工气割所用设备及工具

1—割炬　2—氧气胶管　3—乙炔胶管　4—乙炔减压器　5—氧气减压器　6—氧气瓶　7—乙炔瓶

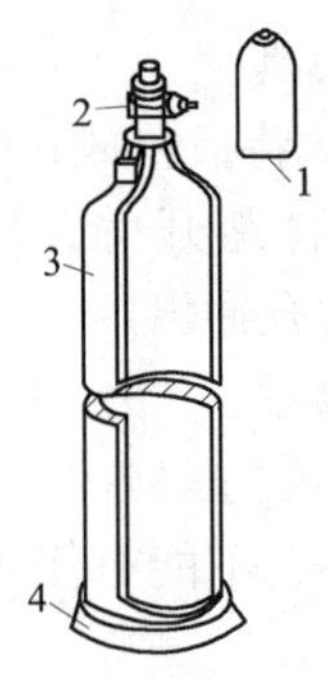

图 6－25　氧气瓶的结构

1—瓶帽　2—瓶阀　3—瓶体　4—瓶座

过旋转手轮可以开关瓶阀并能控制氧气的进出量。瓶帽旋在瓶头上，以保护瓶阀。瓶体表面为天蓝色，并有黑漆标明“氧气”字样。

（2）氧气减压器

氧气减压器的结构如图 6－26 所示，其紧固螺母用于旋紧在氧气瓶阀嘴上，把减压器同氧气瓶连接在一起，高压表指示瓶内的氧气压力，低压表指示输出氧气的工作压力。拧动调压螺杆，可以调节低压表的出口压力，安全阀起保护减压器的作用。

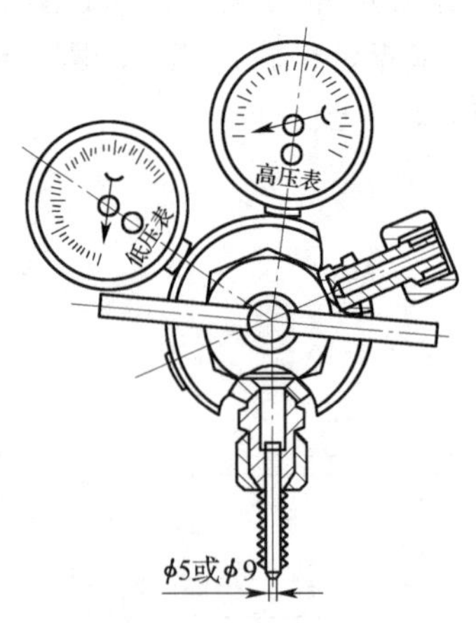

图 6－26　氧气减压器的结构

（3）安装

将氧气瓶立放并固定，左手扶持氧气瓶，右手逆时针方向转动手轮，瞬时打开瓶阀吹净阀口，以免阀口杂屑进入减压器。此时，人要避开阀口，以免氧气流伤人。接着把氧气减压器的紧固螺母拧在氧气瓶出气阀口上，并用扳手拧紧。然后，旋松减压器的调压螺杆，左手扶住减压器，右手缓慢拧动氧气瓶手轮，通过高压表观察瓶内气体的压力，这时若发现某连接处或瓶阀有漏气现象，应立即关闭阀门修理。

2. 安装乙炔减压器

（1）乙炔瓶

乙炔瓶的表面为白色，并用红漆写有“乙炔”和“不可近火”的字样。乙炔瓶的结构如图 6－27 所示，瓶帽盖在瓶阀上，起保护瓶阀的作用。乙炔瓶阀需用专门的方孔套扳手启闭。

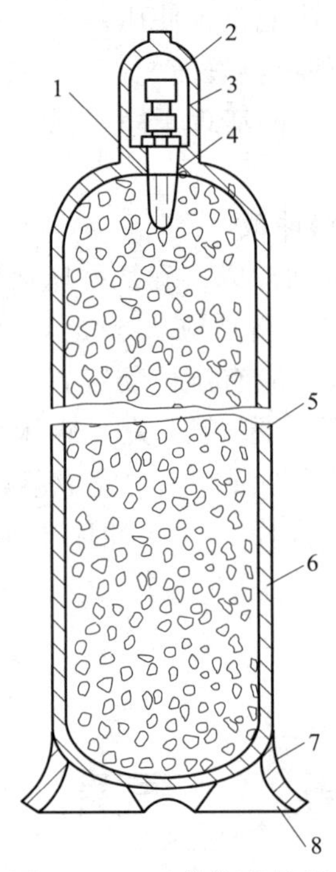

图 6－27　乙炔瓶的结构

1—瓶口　2—瓶帽　3—瓶阀　4—石棉

5—瓶体　6—多孔性填料　7—瓶座　8—瓶底

（2）乙炔减压器

如图 6－28 所示为乙炔减压器，其夹环可以套在乙炔瓶阀上，并以紧固螺栓将减压器与瓶阀连接，调压螺杆可以控制乙炔气的流量，输出的乙炔气经回火保险器流出供使用，回火保险器能阻断回燃气体进入乙炔减压器，从而起安全保护作用。

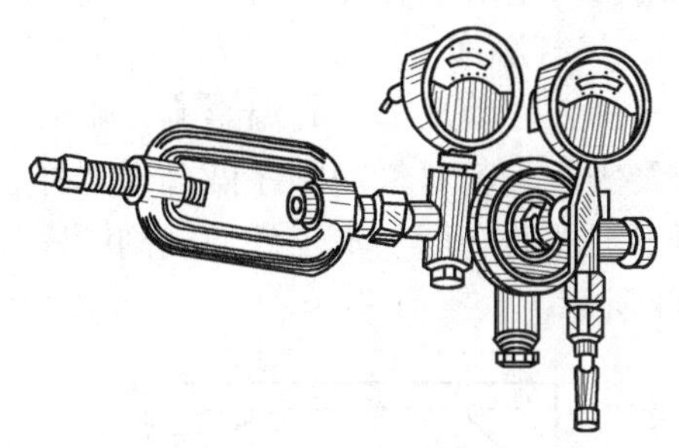

图 6-28　乙炔减压器

（3）安装

将乙炔瓶垂直立放并固定好，然后把乙炔减压器的夹环套在乙炔瓶阀上（不能取下瓶帽），通过瓶帽的安装孔，使减压器的进气口与瓶阀的出气口连接，再调整紧固螺栓，使之连接紧密，如图 6-29 所示。旋松减压器的调压螺杆后，用套筒扳手缓慢拧开瓶阀，即可通过乙炔减压器的高压表观察瓶内乙炔气的压力。

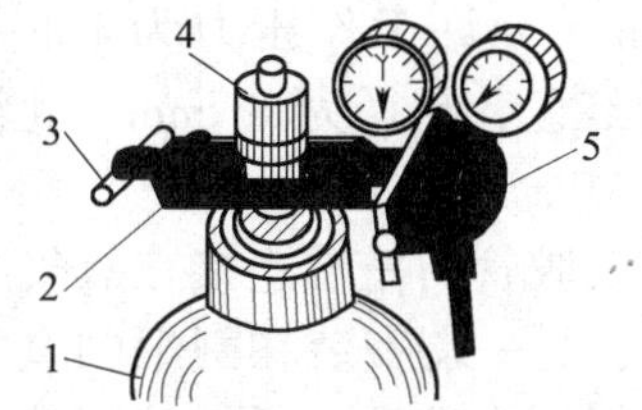

图 6-29　乙炔减压器的安装

1—乙炔瓶　2—夹环　3—紧固螺栓　4—乙炔瓶阀　5—乙炔减压器

3. 安装割炬

（1）选择工艺规范

根据工件厚度（12 mm）查表 6-2，选用射吸式割炬 G01-30 型；2 号环形割嘴，切割氧孔径为 0.8 mm；氧气压力为 0.25 MPa；乙炔压力为 0.001～0.1 MPa。

表 6-2　氧乙炔射吸式割炬的规格性能

型号	割嘴代号	割嘴形式	切割板厚 /mm	切割氧孔径 /mm	气体压力/MPa		气体消耗量	
					氧气	乙炔	氧气（m^3/h）	乙炔（m^3/h）
G01-30	1	环形	2～10	0.6	0.2	0.001～0.1	0.8	0.21
	2		10～20	0.8	0.25	0.001～0.1	1.4	0.24
	3		20～30	1.0	0.3	0.001～0.1	2.2	0.3
G01-100	1	梅花形	10～25	1.0	0.3	0.001～0.1	2.2～2.7	0.35～0.4
	2		25～50	1.3	0.35	0.001～0.1	3.5～4.3	0.46～0.5
	3		50～100	1.6	0.5	0.001～0.1	5.5～7.3	0.55～0.6
G01-300	1	梅花形	100～150	1.8	0.5	0.001～0.1	9.0～10.8	0.68～0.78
	2		150～200	2.2	0.65	0.001～0.1	11～14	0.8～1.1
	3	环形	200～250	2.6	0.8	0.001～0.1	14.5～18	1.15～1.2
	4		250～300	3.0	1.0	0.001～0.1	10～26	1.25～1.6

（2）割炬的外部结构

割炬的外部结构如图 6-30 所示，氧气管接头和乙炔管接头通过橡胶管分别与氧气瓶、乙炔瓶连接，用以向割炬输送氧气和乙炔，预热氧调节阀与乙炔调节阀可控制割炬内气体的混合比，以便形成不同性质的火焰，切割氧调节阀用来控制切割氧的流速。

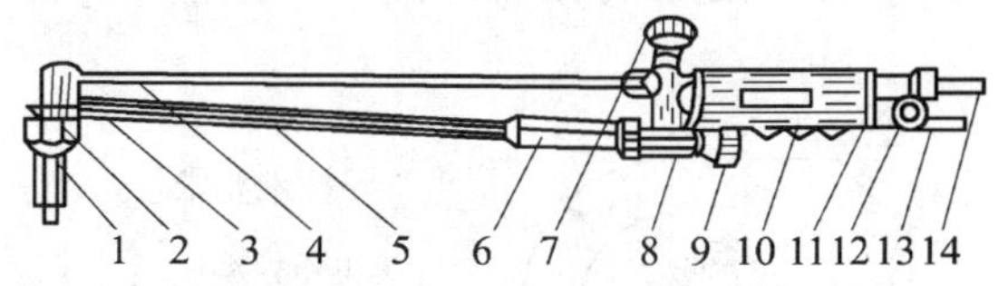

图 6-30　割炬的外部结构

1—割嘴　2—割嘴螺母　3—割嘴接头　4—切割氧管　5—混合气管　6—射吸管　7—切割氧开关　8—中部整体　9—预热氧开关　10—手柄　11—后部接体　12—乙炔开关　13—乙炔管接头　14—氧气管接头

（3）安装

选择专用橡胶管：氧气胶管为黑色，孔径为 8 mm，允许工作压力为 1.5 MPa；乙炔胶管为红色，孔径为 10 mm，允许工作压力为 0.5 MPa。

将氧气胶管的一端连接在氧气减压器的出气口上，另一端安装在割炬的氧气管接头上。因氧气压力较高，氧气胶管接头处要用卡子固定，以防止接头漏气或胶管脱落。用同样的方法安装乙炔胶管，但因乙炔气压力较低，所以乙炔胶管接头不必安装卡子固定。

4. 安装后的检查

（1）检查漏气

右旋氧气减压器的调节螺杆，压力调至 0.25 MPa，在各连接处用手抚摸（或涂肥皂水），判断有无漏气现象。检查乙炔接头处可用肥皂水或鼻嗅的方法。如有漏气现象，应马上关闭瓶阀检修。

（2）检查割炬的射吸能力

旋开割炬预热氧调节阀，使氧气流过混合气室喷嘴，这时将手指放在割炬的乙炔管接口上（见图 6－31），如果手指感到有吸力，证明射吸能力正常，若无吸力或有推力（回火现象），则说明割炬不能正常工作，必须经过维修后方可使用。

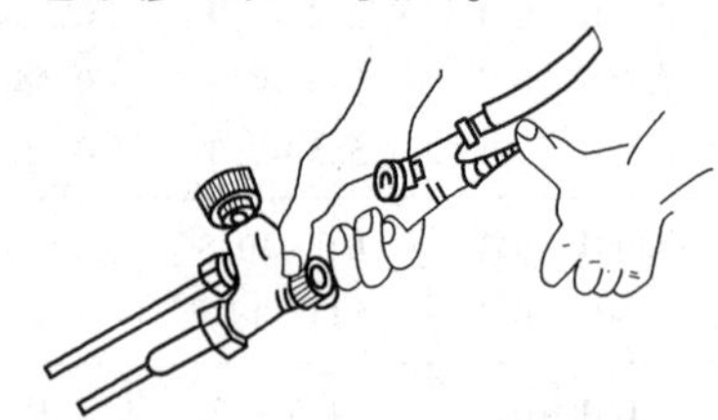

图 6－31　检查割炬的射吸能力

二、气割工件图（见图 6－32）

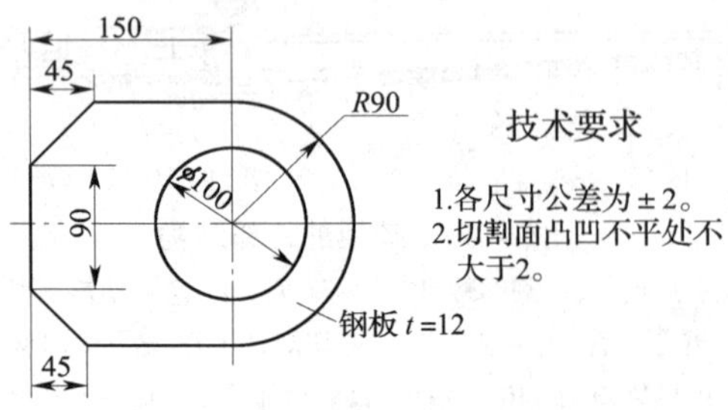

图 6－32　气割工件图

三、气割工艺特点分析

1. 气割顺序

气割工件因局部受高温影响，割后将产生较大变形。若对气割顺序做合理选择，则可减小割件的变形。本工件的气割顺序如图 6－33 所示。

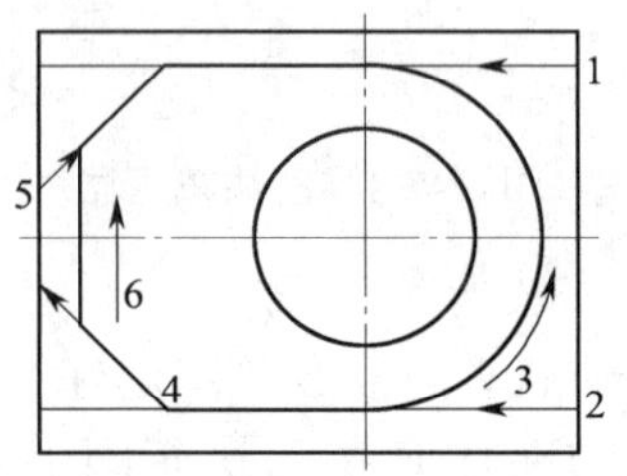

图 6－33　气割顺序

2. 气割操作姿势

两脚距离与肩同宽，呈外八字形，身体自然下蹲，右臂弯曲靠右膝外侧，左臂在两腿之间伸向右方，如图 6－34 所示。右手握持割炬手柄，并以右手的拇指和食指掌握预热氧调节阀，以便调节预热火焰和发生回火时切断气源。左手的小指和无名指夹住混合气管，拇指和食指控制切割氧调节阀。眼睛注视切割线，呼吸节奏要平稳，使整个动作协调而自然。

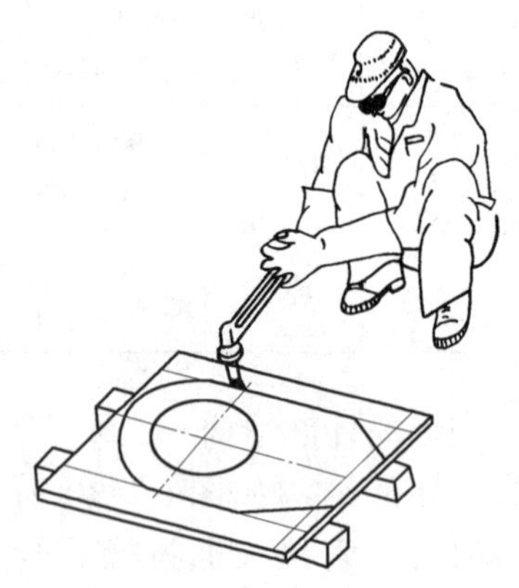

图 6－34　气割操作姿势

3. 预热火焰的调整

气割时，混合气体从割炬中喷出燃烧，由于混合气体中氧气和乙炔的混合比不同，可形成碳化焰、氧化焰和中性焰三种火焰，如图6－35所示。气割预热火焰应选取对金属无碳化和氧化作用的中性焰，主要通过调节预热氧调节阀来实现。

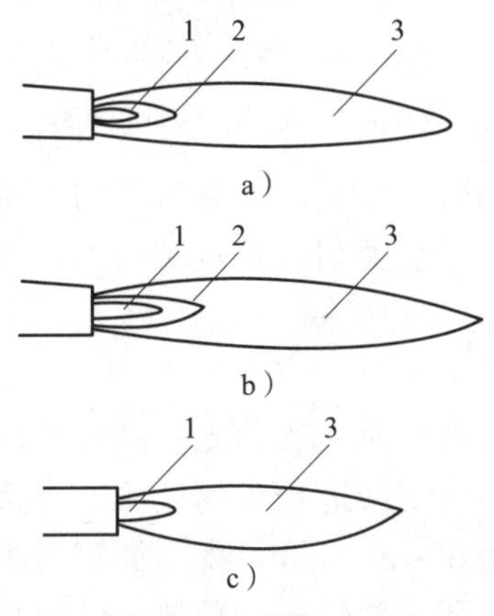

图6－35 预热火焰

a）中性焰 b）碳化焰 c）氧化焰

1—焰心 2—内焰 3—外焰

4. 检查切割氧流线（风线）

检查切割氧流线的方法是：点燃并调整好预热火焰，然后打开切割氧阀门，观察切割氧流线的形状。切割氧流线应为笔直而清晰的圆柱体，并有适当的长度，这样才能使工件切口表面光滑干净，宽度一致，否则应关闭所有阀门，熄火后用透针（钢丝制成）等工具修整割嘴的内表面，使之光滑无阻。

四、气割步骤与方法

1. 外轮廓线的切割

切割外轮廓线时，工件可按如图6－36所示的方式摆放。应使切割线下部悬空，无搁置物阻挡。

（1）起割

操作者平端割炬（见图6－34），使割嘴垂直于割件表面（见图6－37），预热钢板割线右端边缘10 mm处，待预热点呈现亮红色时，将割嘴外移至板边缘，同时慢慢打开切割氧阀门，当看到预热处有红点被氧气吹掉时，开大切割氧阀门。随着氧气流的加大，当从割件的背面飞出鲜红的铁渣时，说明割件已被割透，即可根据工件的厚度，以适当的速度移动割炬向前切割。

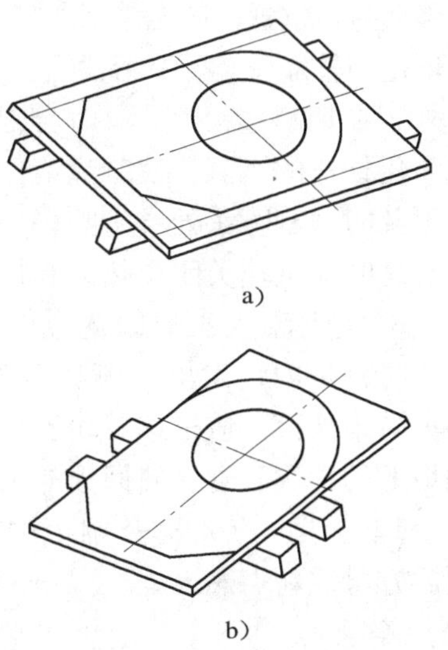

图6－36 切割外轮廓线时工件的摆放方式

a）割两直边时的摆放 b）割外圆弧及端边时的摆放

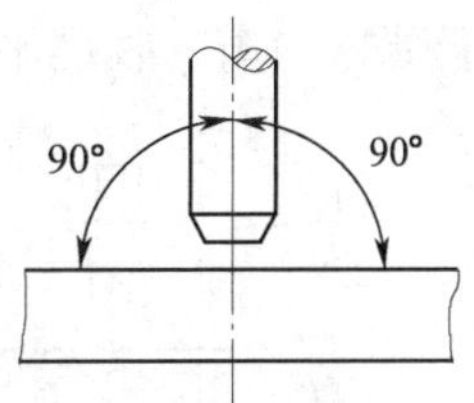

图6－37 割嘴与割件表面垂直

（2）切割过程

为了保证切割质量，在切割过程中，割炬移动的速度要均匀，割嘴至割件表面的距离应保持一致。在切割中，要注意观察，如果切割的火花向下垂直飞去，则速度适当；若熔渣与火花向后飞，甚至上返，则速度太快，切口下部燃烧比上部慢，致使后拖量增大（见图6－38），甚至割不透；

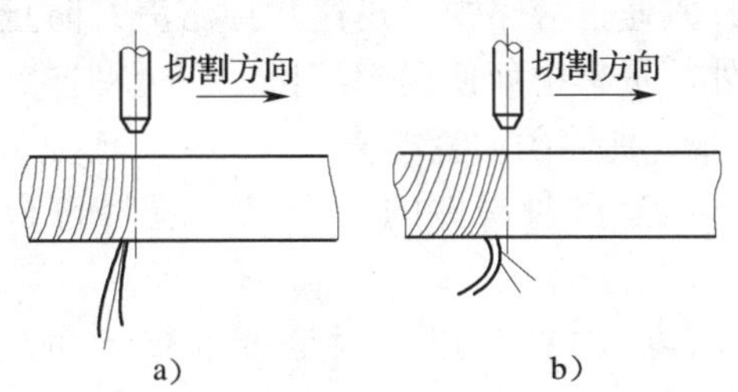

图6－38 切割速度对后拖量的影响

a）速度合适 b）速度过快

若切口两侧棱角熔化，边缘部位产生连续珠状的钢粒，则说明速度太慢。切割中，操作者若需移动身体位置，应先关闭切割氧阀门，待身体位置调整好后，再重新预热、起割。

另外，在切割过程中，有时会因割嘴头过热或氧化铁渣的飞溅，使割嘴堵住或乙炔气供应不及时，割嘴头处产生鸣爆并发生回火现象。这时应迅速关闭预热氧和切割氧阀门，阻止氧气倒流入乙炔管内，使回火熄灭。若此时割炬内仍发出“嘶嘶”的响声，说明回火尚未熄灭，应迅速关闭乙炔阀门或拔下割炬上的乙炔胶管，使回火的火焰气体排出。处理完毕，应先检查割炬的射吸能力，然后方可重新点燃火焰。

（3）停割

切割接近终点时，割嘴应略向后方倾斜，如图 6－39 所示，以便钢板下部提前被割透，使上下受热均衡，收尾平直整齐。

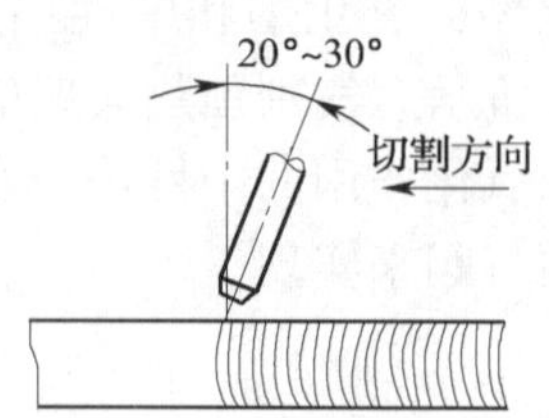

图 6－39　收尾时割嘴倾斜

停割后，先关闭切割氧阀门，再关闭乙炔阀门，最后关闭预热氧阀门。

2. 内孔的切割

（1）起割

切割内孔时，要预先在割件孔内的废料部分，离切割线适当距离处割一小透孔，其方法如图 6－40 所示。将割嘴垂直于割件表面，对欲开孔部位进行预热，然后将割嘴稍向旁移，并略倾斜，再逐渐开大切割氧阀门吹除熔渣，直至将钢板割穿，再过渡到切割线上切割。

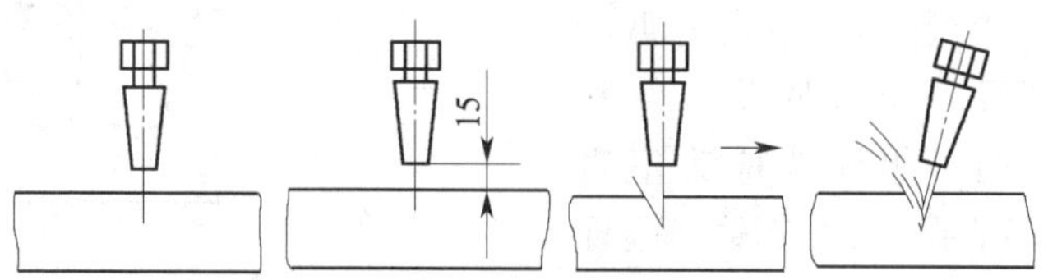

图 6－40　内孔的起割

（2）切割过程

切割内圆孔时，身体要保持稳定，割速要均匀。当割嘴沿切割线做圆周运动时，身体重心也应随着变动，但手臂及下蹲姿势不应有较大的改变。

（3）停割

当切割接近收尾时，应略开大切割氧阀门，割速也应略快，迅速吹掉熔渣，防止收尾处热量集中而使局部熔化，产生粘连。

3. 割件的质量检查

（1）测量割件的各个尺寸是否符合图样要求。

（2）检查切口表面是否平整干净，割纹是否均匀一致。

（3）检查切口边缘是否有熔化现象，氧化物是否易于清除。

（4）检查切割直线段的直线度。

（5）检查切割曲线段的圆度。

五、注意事项

1. 氧气瓶一般应立放使用；乙炔瓶必须立放使用，并要平稳可靠。

2. 减压器、氧气瓶阀严禁黏染油污，不得戴有油污的手套安装减压器。

3. 氧气瓶、乙炔瓶应距火源 8 m 以外。

4. 操作前必须穿戴好劳动保护用品，防止烧伤及烫伤事故的发生。

5. 气割工作结束后，应及时整理工具，清理现场，做到文明生产。

6. 在教学过程中，各项操作在开始时均应分解练习，以保证动作姿势正确无误。

课题六 数控火焰/等离子切割

一、储矿槽连接板的数控火焰切割

1. 操作准备

（1）产品图样的准备

储矿槽连接板 C9 －7 －1 如图 6 －41 所示。

（2）设备的准备

HMJ－000 小型龙门式数控火焰等离子切割机。

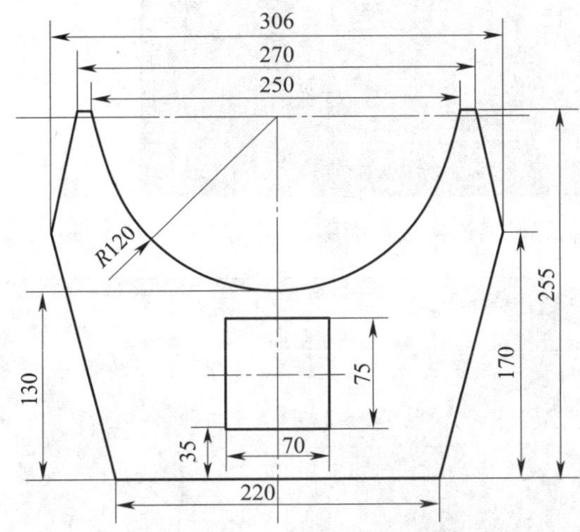

图 6－41 储矿槽连接板 C9－7－1

（3）钢板的准备

依据储矿槽连接板的外形尺寸和数量，结合现场坯料剩余情况，选择 350 mm × 300 mm × 20 mm 的钢板一块。

2. 操作步骤

（1）绘制储矿槽连接板平面图（见图 6－42）

1）利用 AutoCAD 绘图软件，按 1∶1 的绘图比例绘制储矿槽连接板的实样图。

2）图样绘制完成后，进行各项尺寸的标注。

3）经检查无误后，将电子图样中除了切割线以外的所有线条（中心线、尺寸线等）删除，另存为“DXF”类型文件。

（2）编制数控切割程序

1）如图 6－43 所示，通过计算机打开切割机配套软件 StarCAM V4. 2，然后单击“StarCUT”图标。

2）如图 6－44 所示，依次单击“参数设置—板材设置”，然后按照施工现场所用钢板的尺寸输入参数，单击“确认”按钮（见图 6－44b）。

3）如图 6－45 所示，单击“生产计划”标签，再单击“＋”按钮，调入“DXF”类型文件。

4）选中“C9－7－1”文件，单击“打开”按钮，调入储矿槽连接板文件如图 6－46 所示。

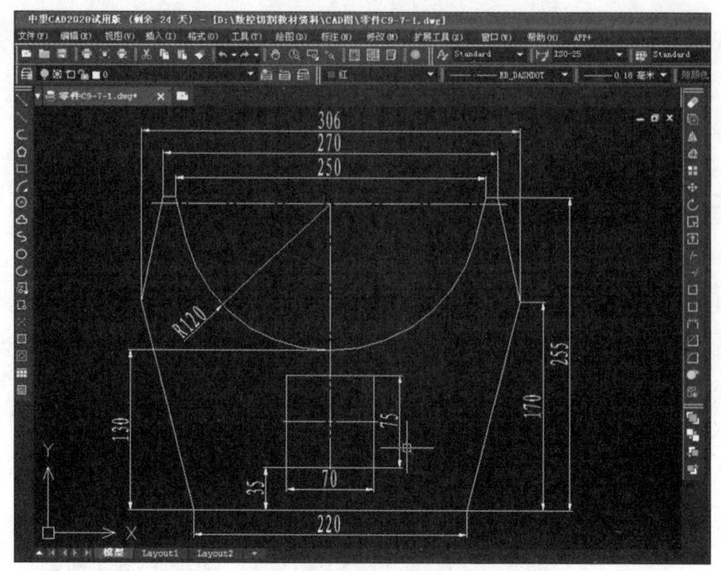

图 6－42　绘制储矿槽连接板平面图

a）　　　　　　　　　　　　　　　　　b）

图 6－43　启动编程软件

a）单击 StarCAM V4.2　b）单击 StarCUT

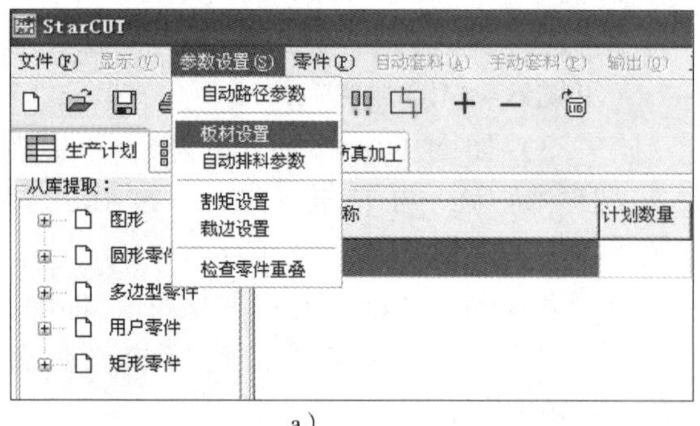

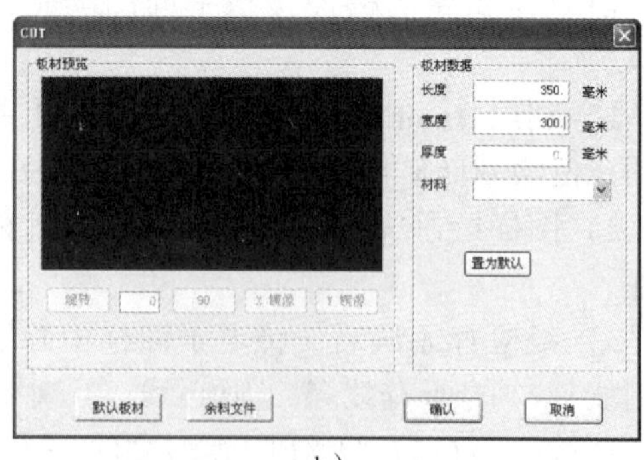

a）　　　　　　　　　　　　　　　　　b）

图 6－44　参数设置

a）启动板材设置　b）输入参数

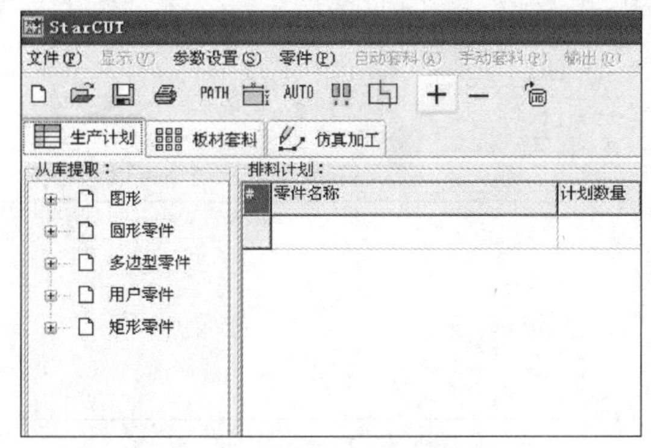

图 6－45　生产计划

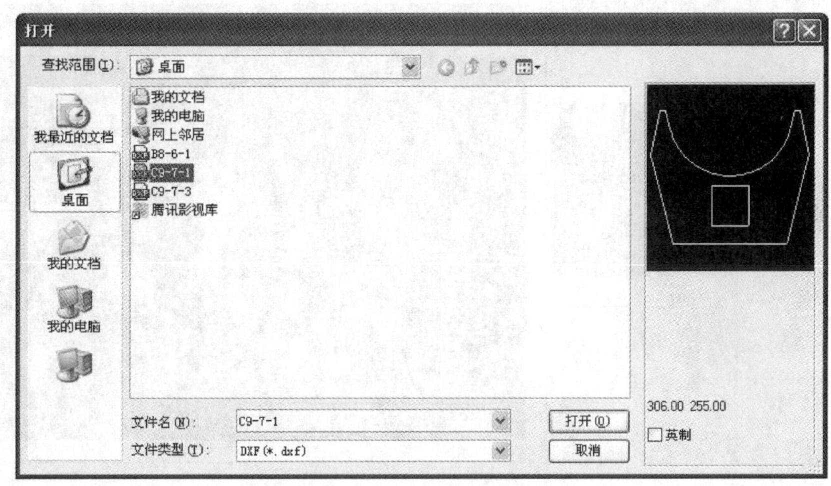

图 6－46　调入储矿槽连接板文件

5）如图 6－47 所示，输入零件的加工数量。

6）输入数量后单击“移动引入线”按钮，设置起割点（见图 6－48a），起割点的设置要保证零件在切割过程中变形最小。起割点设置完成后单击“确认修改”按钮（见图 6－48b）。如果图形方向需要调整，则可单击“旋转”按钮，对图形进行角度调整。

7）如图 6－49 所示，依次单击“板材套料—开始”，在屏幕上将会显示出将要加工零件的图样。

8）然后单击“仿真加工”标签，系统将在屏幕上模拟切割状态，可观测到切割起点、路径、结束点，如图 6－50 所示。

9）仿真模拟操作结束后，单击“导出”按钮，保存程序文件，如图 6－51 所示。

（3）切割操作

1）吊装钢板置于切割架上，保证钢板边缘平行于轨道。

2）如图 6－52 所示，用抹布蘸煤油润滑大车、小车轨道。

3）如图 6－53 所示，接通电源，插入 U 盘，将程序导入到设备系统内。

4）如图 6－54 所示，程序导入具体步骤：依次按“F3（编辑）”键—“F6（U 盘）”键—“F1（输入）”键—“方向（查找程序文件）键”—“回车”键—“F3（存储）”键—“回车”键—“ESC”键。

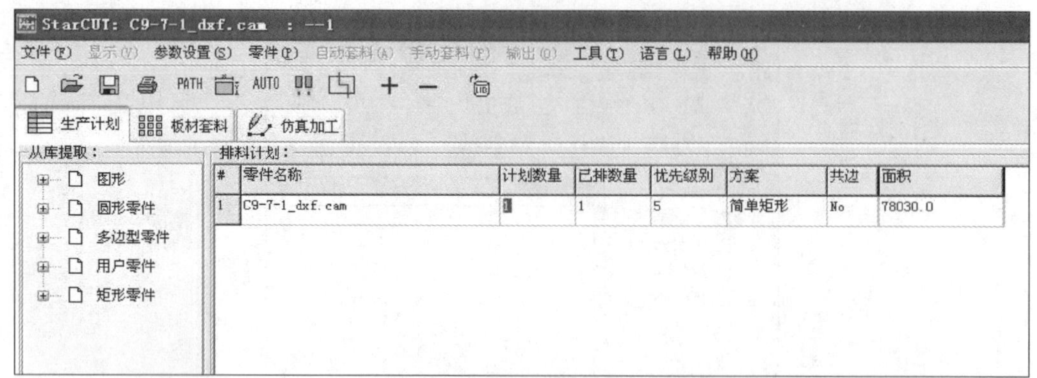

图 6－47　输入零件的加工数量

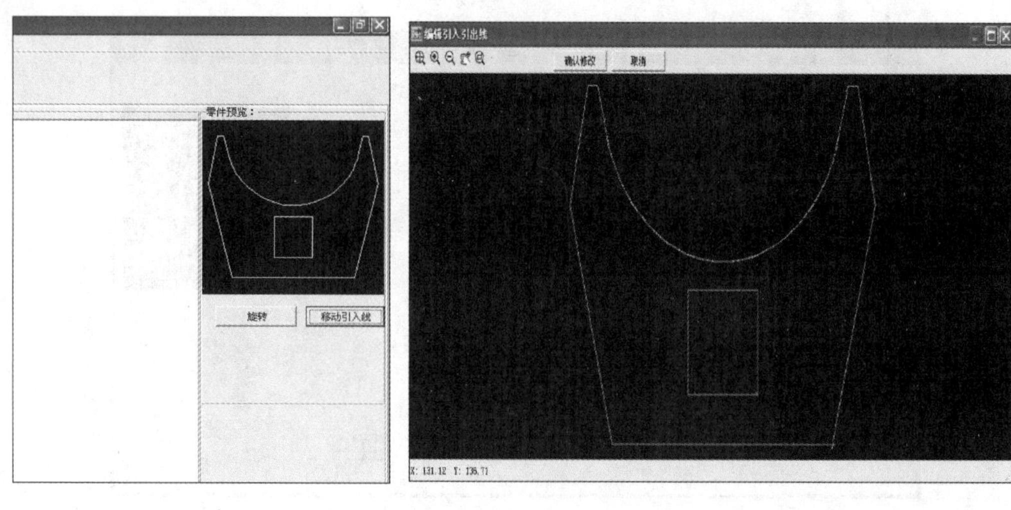

a）　　　　b）

图 6－48　设置起割点

a）单击“移动引入线”按钮　b）设置起割点

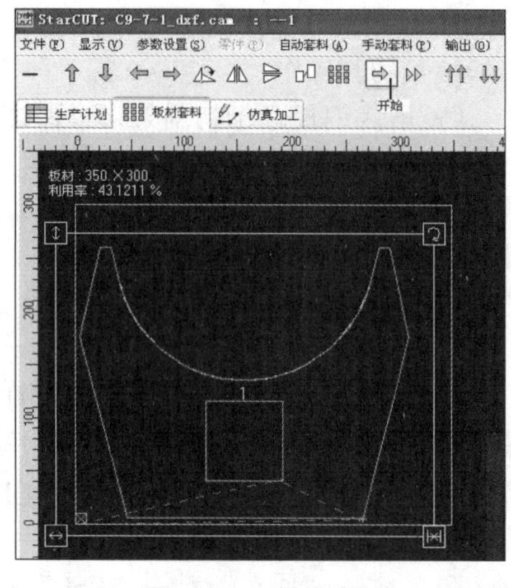

图 6－49　零件排版

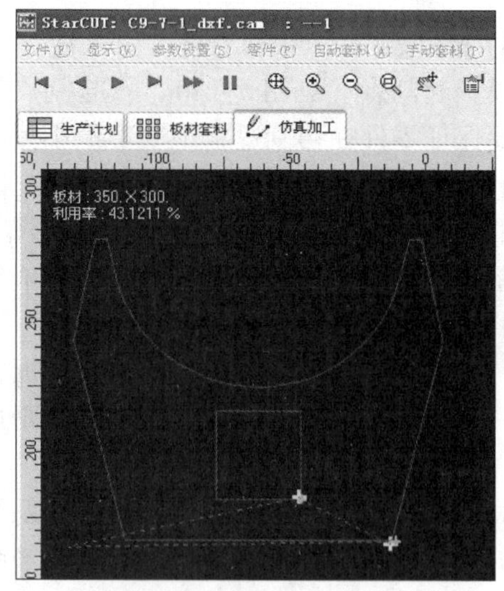

图 6－50　模拟仿真加工

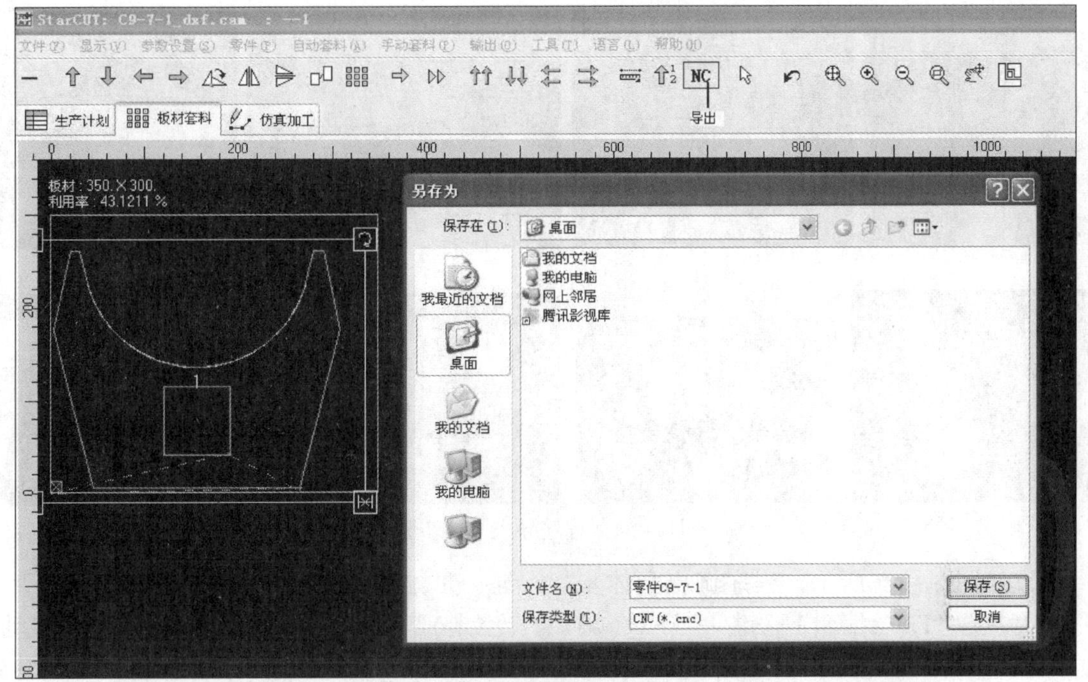

图 6－51　保存程序文件

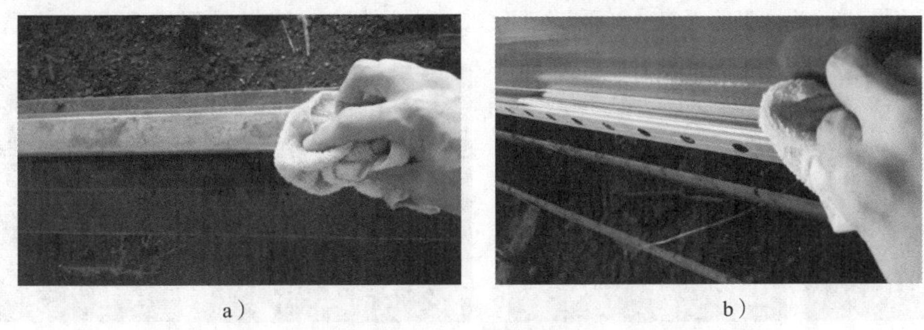

a）　　　　　　　　　　b）

图 6－52　润滑轨道

a）大车轨道　b）小车轨道

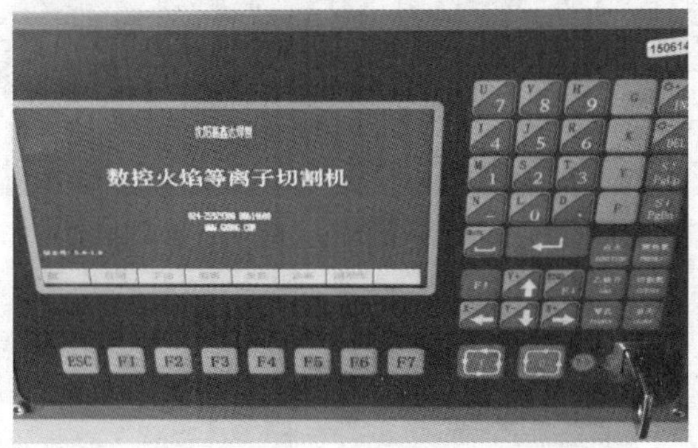

图 6－53　程序导入

图 6－54　程序导入具体步骤

5）如图 6－55 所示，程序调出具体步骤：依次按“F3（编辑）”键—“F2（调入）”键—“方向（查找程序文件）”键—“回车”键—“ESC”键—“F1（自动）”键—“F4（图形）”键—“F2（手动）”键—“方向（调整割枪位置）”键—“X（空走）”键—“F1（自动）”键—“启动”键。调出程序图形，手动操作将割枪调整到起割位置，然后进行空车运行，检查切割起点、轨迹、终点是否符合要求。

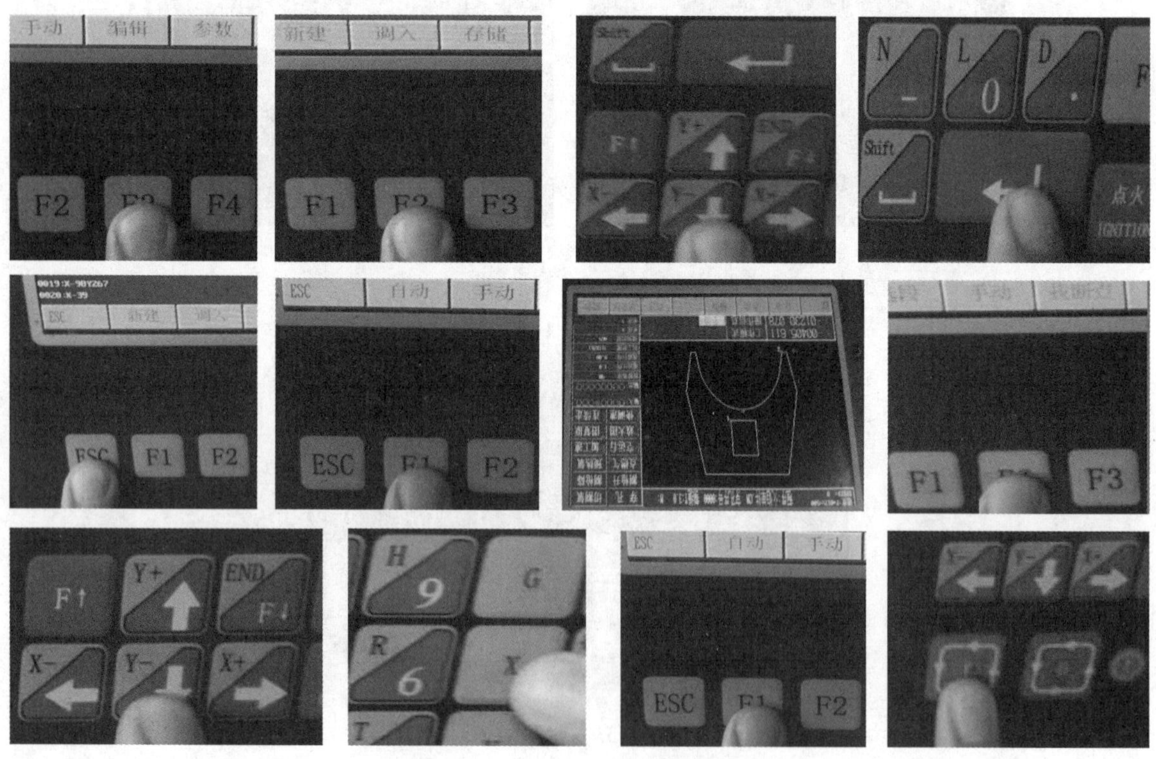

图 6－55　程序调出具体步骤

6）空车运行结束后，割枪自动返回到初始位置，此时再次按“X”键，清除空走命令，设定氧气、乙炔流量，开启预热氧，点火，按“启动”键开始正式切割。切割过程中要密切观察割枪的工作状态和行走轨迹，如果出现异常情况应立即停止切割。清除故障后，将割枪返回到断点，继续切割。

3. 注意事项

（1）切割前检查氧气、乙炔的气路密闭性及气体流量。

（2）由于氧、乙炔枪无自动感应系统，因此切割过程中要随时准备调整氧、乙炔枪的高度，避免枪嘴接触钢板表面。

（3）穿孔后要及时清理孔周围的铁渣，避免凸起的铁渣影响切割进程。

（4）切割过程中如遇突发状况影响切割，应立即停止，待突发情况处理结束后再继续切割。

二、分矿箱连接板的数控等离子切割

1. 操作准备

（1）产品图样的准备

分矿箱连接板 B8－6－1 如图 6－56 所示。

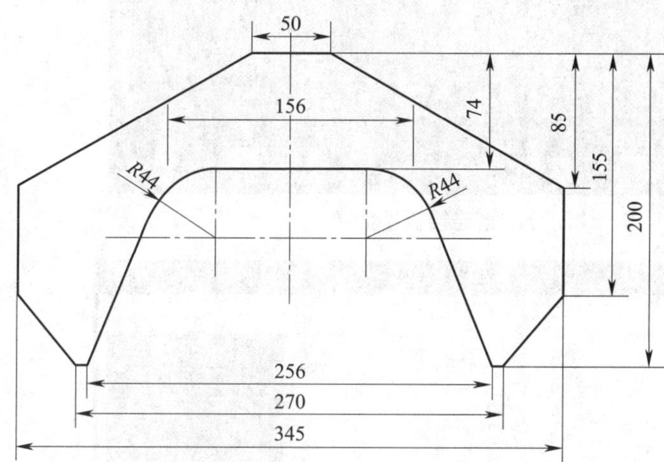

图 6－56　分矿箱连接板 B8－6－1

（2）设备的准备

HMJ－000 小型龙门式数控火焰等离子切割机。

（3）钢板的准备

依据分矿箱连接板的外形尺寸和数量，结合现场坯料剩余情况，选择 350 mm × 300 mm×10 mm 的钢板一块。

2. 操作步骤

（1）绘制分矿箱连接板平面图（见图 6－57）

1）利用 AutoCAD 绘图软件，按 1∶1 的绘图比例绘制分矿箱连接板的实样图。

2）图样绘制完成后，进行各项尺寸的标注。

3）经检查无误后，将电子图样中除了切割线以外的所有线条（中心线、尺寸线等）删除，另存为“DXF”类型文件。

（2）编制数控切割程序

1）通过计算机打开切割机配套软件 StarCAM V4.2，然后单击“StarCUT”图标，如图 6－43 所示。

2）依次单击“参数设置—板材设置”，然后按照施工现场所用钢板的尺寸输入参数，然后单击“确定”按钮，如图 6－44 所示。

3）如图 6－45 所示，单击“生产计划”，再单击“+”，调入“DXF”类型文件。

4）选中“B8－6－1”文件，单击“打开”按钮，调入分矿箱连接板文件如图 6－58 所示。

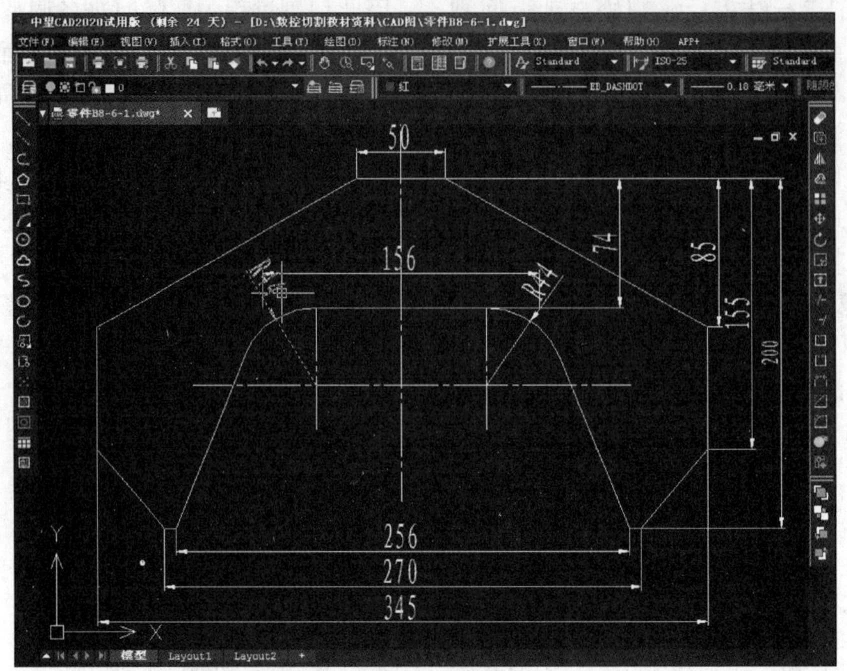

图 6－57　绘制分矿箱连接板平面图

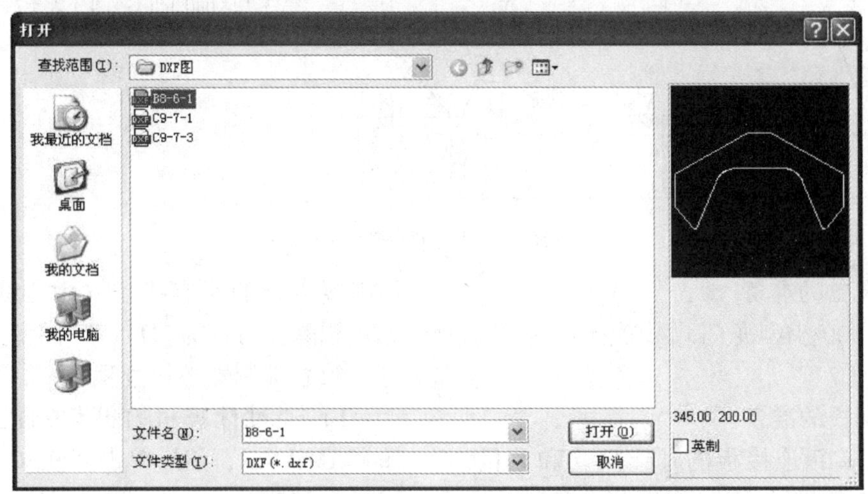

图 6－58　调入分矿箱连接板文件

5）如图 6－59 所示，输入零件的加工数量。

6）输入数量后单击“移动引入线”按钮，设置起割点（见图 6－60a），起割点的设置要保证零件在切割过程中变形最小。起割点设置完成后单击“确认修改”按钮（见图 6－60b）。如果图形方向需要调整，则可单击“旋转”按钮，对图形进行角度调整。

7）如图 6－61 所示，依次单击“板材套料—开始”，在屏幕上将会显示出将要加工零件的图样。

8）然后单击“仿真加工”标签，系统将在屏幕上模拟切割状态，可观测到切割起点、路径、结束点，如图 6－62 所示。

9）仿真模拟操作结束后，单击“导出”按钮，保存程序文件，如图 6－63 所示。

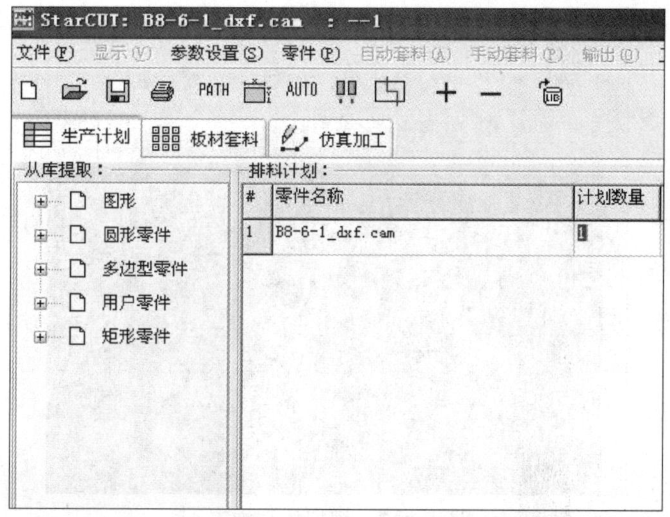

图 6－59　输入零件的加工数量

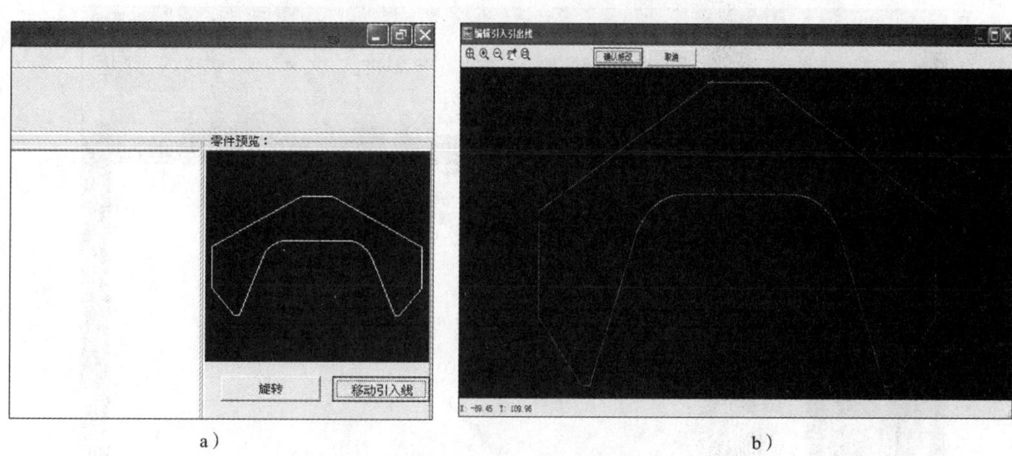

a)　　　　b)

图 6－60　设置起割点

a) 单击“移动引入线”按钮　b) 设置起割点

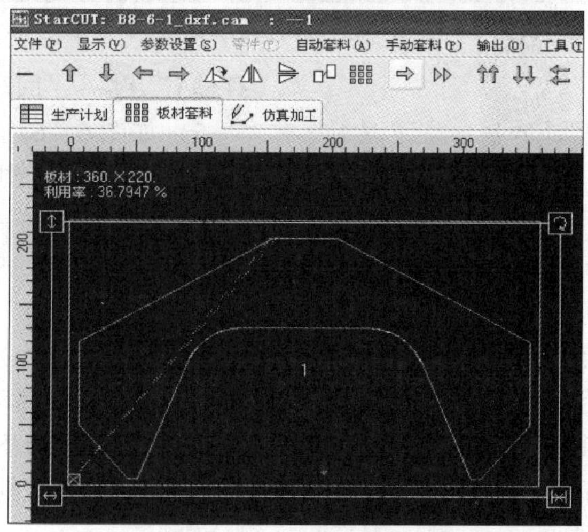

图 6－61　零件排版

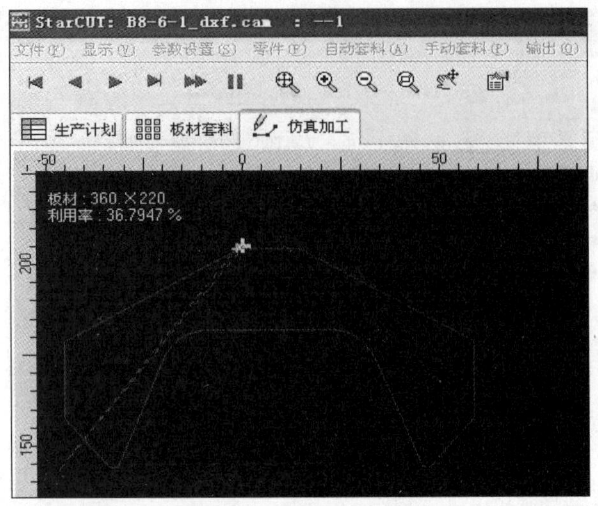

图6－62　模拟仿真加工

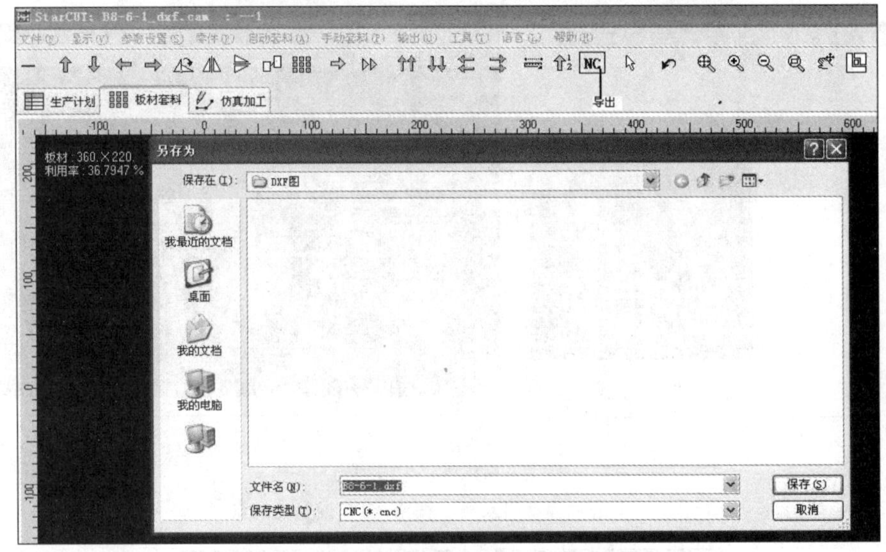

图6－63　保存程序文件

（3）切割操作

1）吊装钢板置于切割架上，保证钢板边缘平行于轨道。

2）如图6－52所示，用抹布蘸煤油润滑大车、小车轨道。

3）如图6－53所示，接通电源，插入U盘，将程序导入到设备系统内。

4）如图6－54所示，程序导入具体步骤：依次按“F3（编辑）”键—“F6（U盘）”键—“F1（输入）”键—“方向（查找程序文件）”键—“回车”键—“F3（存储）”键—“回车”键—“ESC”键。

5）如图6－64所示，依次按“F3（编辑）”键—“F2（调入）”键—“方向（查找程序文件）”键—“回车”键—“ESC”键—“F1（自动）”键—“F4（图形）”键—“F2（手动）”键—“方向（调整割枪位置）”键—“X（空走）”键—“F1（自动）”键—“启动”键。调出程序图形，手动操作将割枪调整到起割位置，然后进行空车运行，检查切割起点、轨迹、终点是否符合要求。

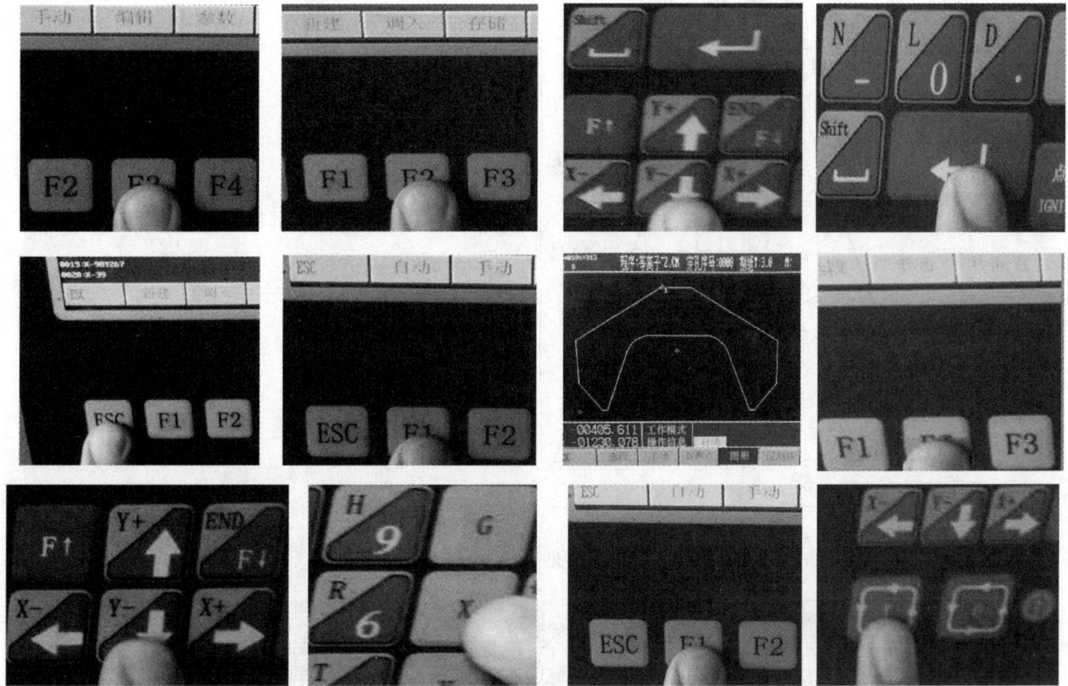

图 6－64　程序调出具体步骤

6）空车运行结束后，割枪自动返回到初始位置，此时再次按“X”键，清除空走命令，设定切割电流为 100 A，按“启动”键开始正式切割。切割过程中要密切观察割枪的工作状态和行走轨迹，如果出现异常情况应立即停止。清除故障后，将割枪返回到断点，继续切割。

3．注意事项

（1）切割前应检查地线是否紧密连接。

（2）钢板表面要清理干净，不得有严重的铁锈。

（3）发现切割电弧异常时，应停止切割并检查电极及其配套零件，如有需要应及时更换。

（4）切割结束时，先关闭焊接电源，待电极冷却后关闭风源。

三、支架连接板的数控等离子切割

1．操作准备

（1）产品图样的准备

如图 6－65 所示为支架连接板 C9－7－3。

（2）设备的准备

HMJ－000 小型龙门式数控火焰等离子切割机。

（3）钢板的准备

依据支架连接板的外形尺寸和数量，结合现场坯料剩余情况，选择 820 mm × 550 mm × 12 mm 的钢板一块。

2．操作步骤

（1）绘制支架连接板平面图（见图 6－66）

1）利用 AutoCAD 绘图软件，按 1∶1 的绘图比例绘制支架连接板的实样图。

2）图样绘制完成后，进行各项尺寸的标注。

3）经检查无误后，将电子图样中除了切割线以外的所有线条（中心线、尺寸线等）删除，另存为“DXF”类型文件。

（2）编制数控切割程序

1）通过计算机打开切割机配套软件 StarCAM V4.2，然后单击“StarCUT”图标，如前面图 6－43 所示。

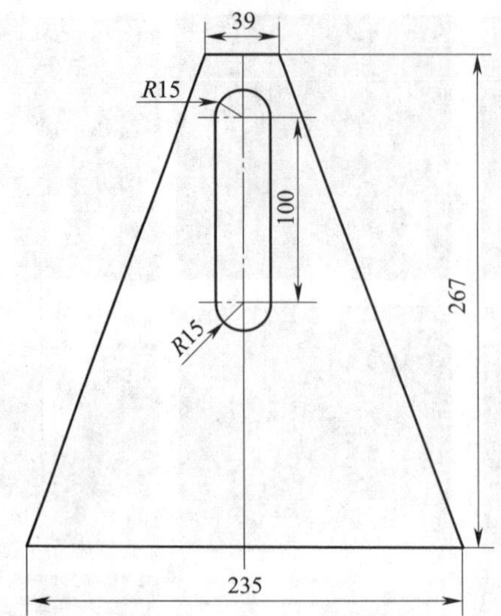

图 6－65　支架连接板 C9－7－3

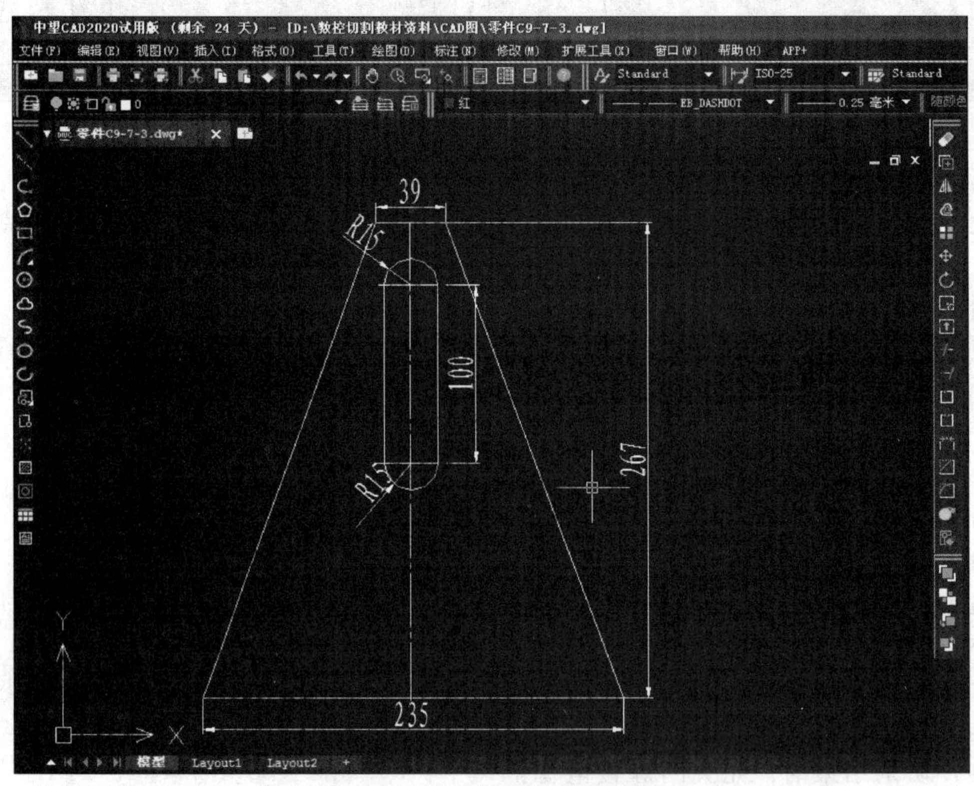

图 6－66　绘制支架连接板平面图

2）依次单击“参数设置—板材设置”，然后按照施工现场所用钢板的尺寸输入参数，然后单击“确定”按钮，如图 6－67 所示。

3）如图 6－45 所示，单击“生产计划”，再单击“＋”，调入“DXF”类型文件。

4）选中“C9－7－3”文件，单击“打开”按钮，调入支架连接板文件如图 6－68 所示。

5）如图 6－69 所示，输入零件的加工数量。

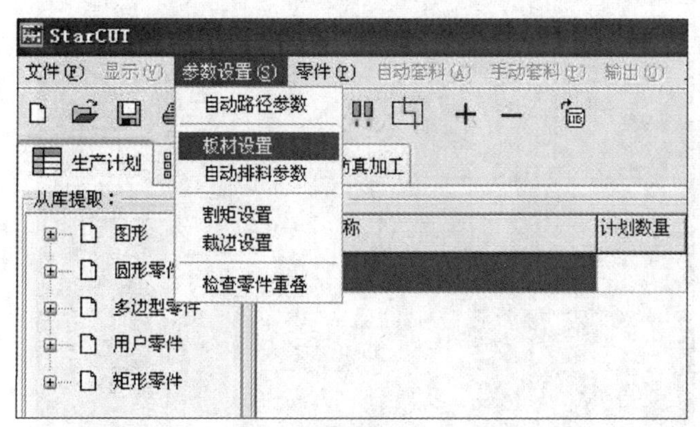

a)

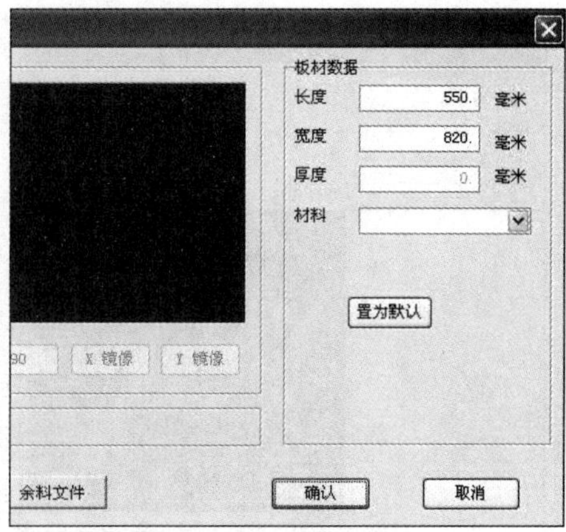

b)

图 6－67　参数设置

a）启动板材设置　b）输入参数

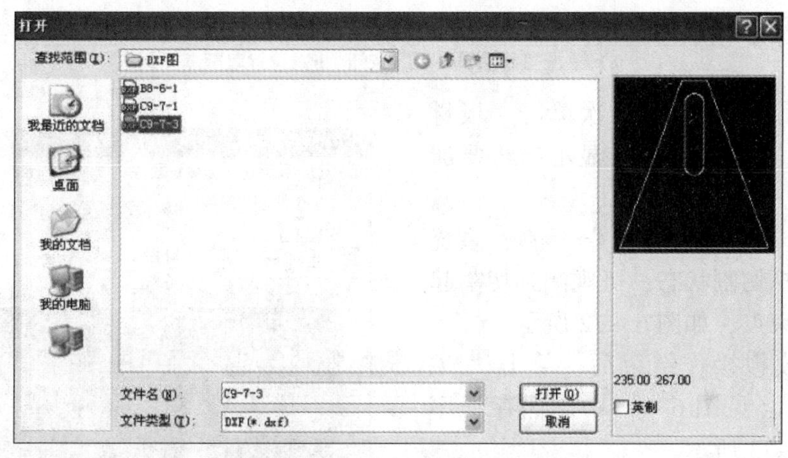

图 6－68　调入支架连接板文件

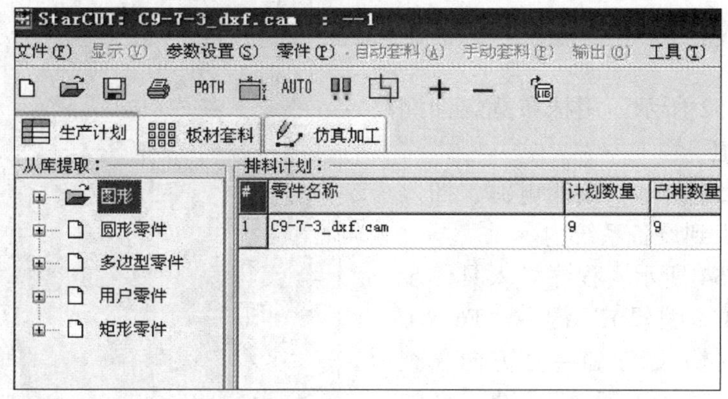

图 6－69　输入零件的加工数量

6）输入数量后单击“移动引入线”按钮，设置起割点（见图 6－70a），起割点的设置要保证零件在切割过程中变形最小。起割点设置完成后单击“确认修改”按钮（见图 6－70b）。如果图形方向需要调整，则可单击“旋转”按钮，对图形进行角度调整。

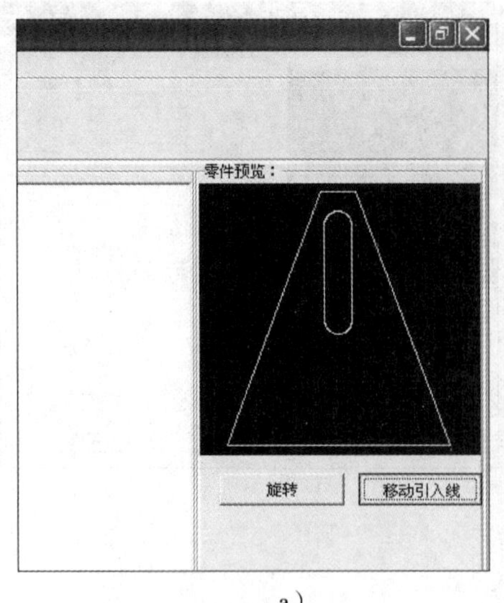

a）

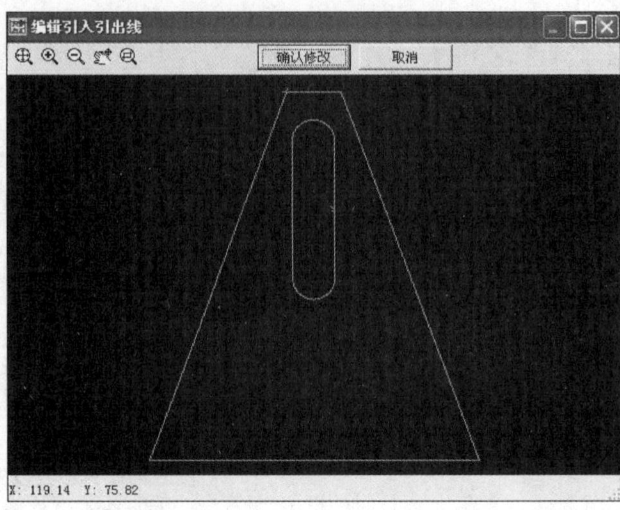

b）

图 6－70　设置起割点

a）单击“移动引入线”按钮　b）设置起割点

7）如图 6－71 所示，依次单击“板材套料—开始”，在屏幕上将会显示出将要加工零件的图样。

8）然后单击“仿真加工”标签，系统将在屏幕上模拟切割状态，可观测到切割起点、路径、结束点，如图 6－72 所示。

9）仿真模拟操作结束后，单击“NC（导出）”按钮（见图 6－73a），保存程序文件，如图 6－73 所示。

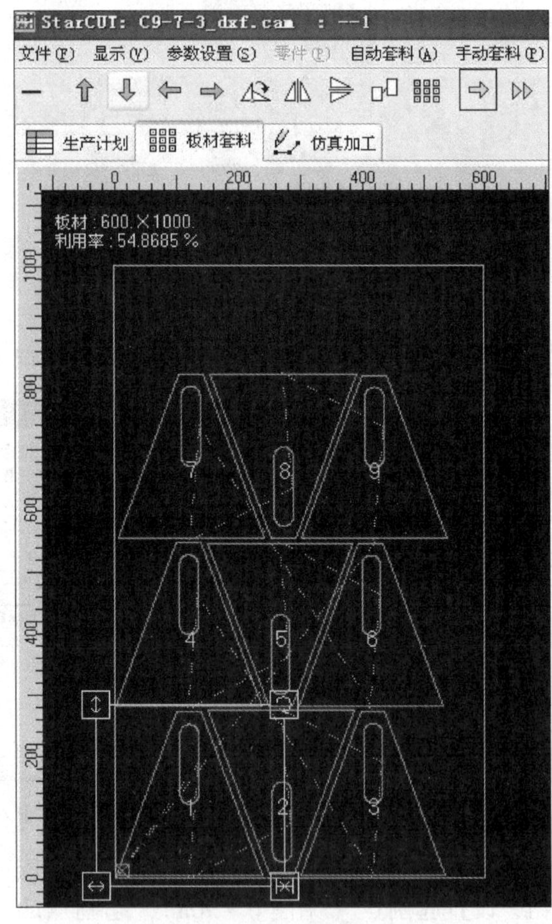

图 6－71　零件排版

（3）切割操作

1）吊装钢板置于切割架上，保证钢板边缘平行于轨道。

2）如图 6－52 所示，用抹布蘸煤油润滑大车、小车轨道。

3）如图 6－53 所示，接通电源，插入 U 盘，将程序导入到设备系统内。

4）如图 6－54 所示，程序导入具体步骤：依次按“F3（编辑）”键—“F6（U 盘）”键—“F1（输入）”键—“方向（查找程序文件）”键—“回车”键—“F3（存储）”键—“回车”键—“ESC”键。

5）如图 6－74 所示，依次按“F3（编辑）”键—“F2（调入）”键—“方向（查找程序文件）”键—“回车”键—“ESC”

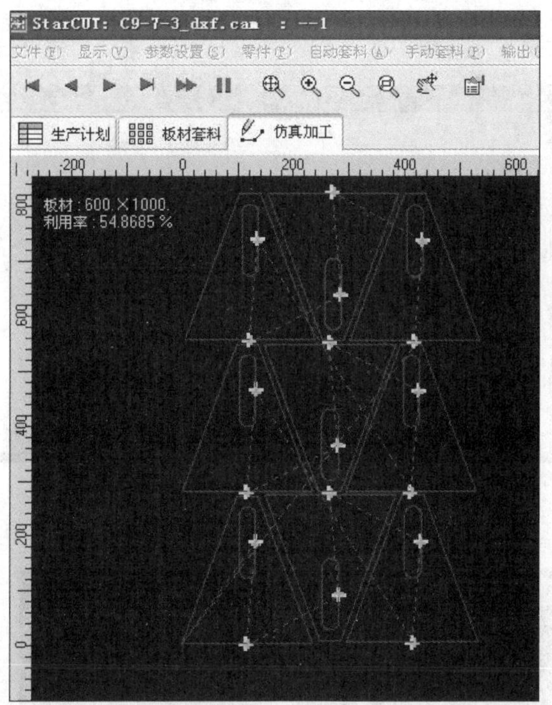

图 6－72　模拟仿真加工

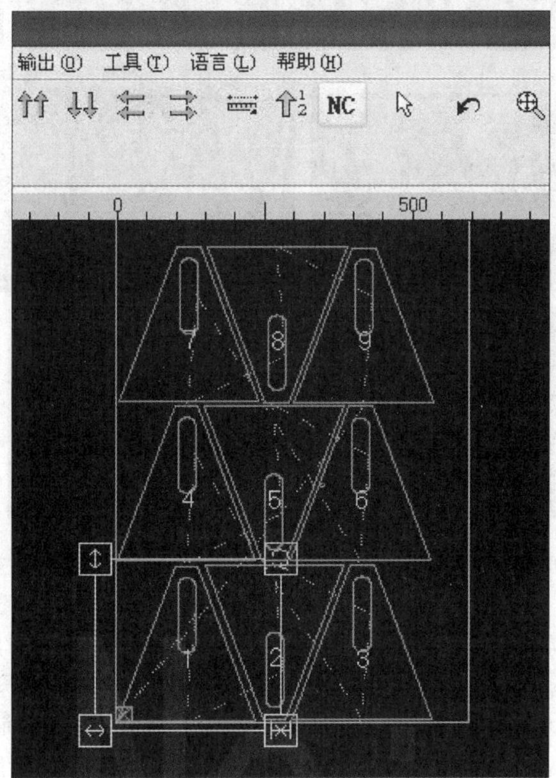

a）

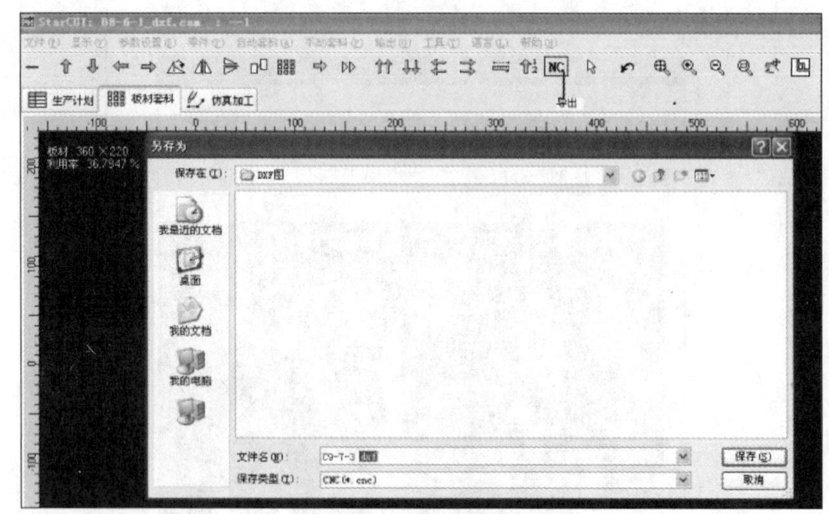

b）

图 6－73　保存程序文件

图 6－74　程序调出具体步骤

键—“F1（自动）”键—“F4（图形）”键—“F2（手动）”键—“方向（调整割枪位置）”键—“X（空走）”键—“F1（自动）”键—“启动”键。调出程序图形，手动操作将割枪调整到起割位置，然后进行空车运行，检查切割起点、轨迹、终点是否符合要求。

6）空车运行结束后，割枪自动返回到初始位置，此时再次按“X”键，清除空走命令，设定切割电流为 100 A，按“启动”键开始正式切割。切割过程中要密切观察割枪的工作状态和行走轨迹，如果出现异常情况应立即停止切割。清除故障后，将割枪返回到断点，继续切割，直至切割完成。

3．注意事项

（1）电子图样中的切割线不允许有断点和重复线条，必须保证切割线是一个封闭的图形。

（2）在保证最小切割变形的情况下设置起割点、切割路径。

（3）切割前要根据板材厚度设置好切割参数。

第七单元

钻孔、攻螺纹与套螺纹

课题一 钻头及其刃磨

一、钻头构造及切削部分的几何角度

1. 钻头构造

麻花钻是最常用的一种钻头，由柄部、颈部和工作部分组成，如图 7－1 所示。

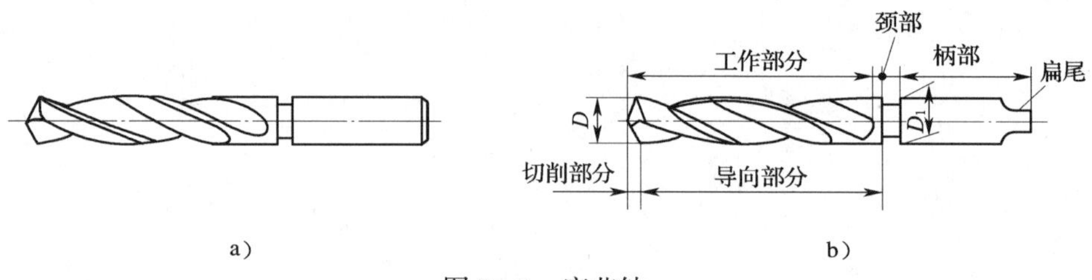

图 7－1 麻花钻

a）直柄钻头 b）锥柄钻头

（1）柄部

柄部是钻头的夹持部分，用来传递钻孔时所需的转矩和轴向力，并使钻头轴线保持在正确的位置，有直柄和锥柄两种，如图 7－1 所示。

（2）颈部

颈部是柄部与工作部分的连接部分，用作磨削钻头时砂轮退刀用，一般在该表面上刻印商标、钻头直径和材料牌号。

（3）工作部分

工作部分由切削部分和导向部分组成。切削部分包括横刃及两条主切削刃，起着主要的切削作用。导向部分的两条相对的螺旋槽用来形成切削刃，并起着排屑和输送切削液的作用；在切削过程中导向部分还可保持钻头垂直的切削方向和具有修光孔壁的作用，同时还是主切削刃的后备部分。

2. 切削部分的几何角度（见图 7－2）

（1）顶角 2ϕ

钻头两主切削刃在其平行平面上的投影之间的夹角称为顶角，其大小与所加工材料的性

质有关，顶角大切削时轴向力大，反之则小。加工硬材料时顶角选大一些，加工软材料时顶角选小一些。一般顶角为 118° ± 2°。

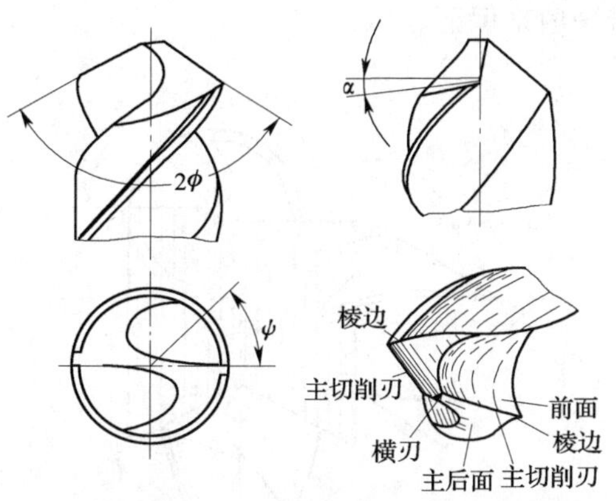

图 7－2　标准麻花钻的几何角度

（2）后角 α

钻头主切削刃上任意点的切削平面与后面之间的夹角称为后角，其大小在主切削刃上各点均不相同，越靠近中心处后角越大，约为 20°～26°，越靠近边缘处后角越小，约为10°～15°。刃磨后角时，越近中心处应越大。

（3）横刃斜角 ψ

钻头横刃和主切削刃之间的夹角称为横刃斜角，一般为 50°～55°。

二、钻头的刃磨

1．刃磨要求

（1）钻头切削刃用钝后，为了恢复其切削能力，必须进行刃磨。刃磨时，只磨两个主后面，同时应保证后角、顶角和横刃斜角都达到正确的角度。

（2）两主切削刃长度与钻头轴线组成的 φ/2 角应相等，并且两主切削刃的长度也应相等。如图 7－3 所示为钻头刃磨对加工的影响，可见刃磨不正确将导致钻出的孔扩大或歪斜。

（3）两个主后面应刃磨光滑。

（4）刃磨用砂轮一般采用粒度为 46#～80#，硬度为中软级（K～L）为宜。砂轮旋转必须平稳，对跳动量大的砂轮必须进行修整。

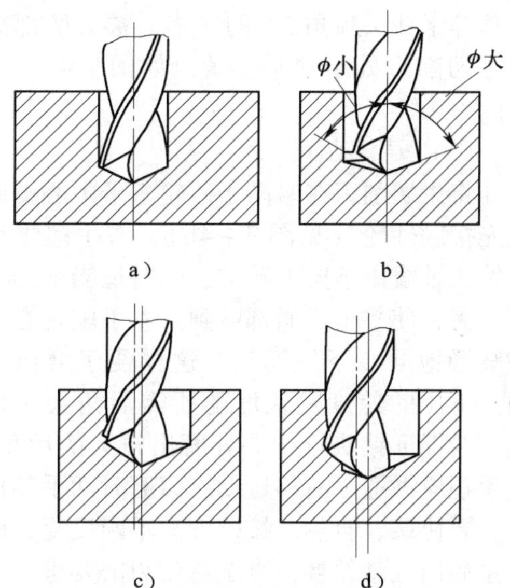

图 7－3　钻头刃磨对加工的影响
a）刃磨正确　b）两个 φ 角刃磨得不相等
c）主切削刃长度不相等
d）两个 φ 角不对称，且主切削刃长度不相等

2．标准麻花钻的刃磨及检验方法

（1）钻头握法

右手握住钻头前部，左手握住柄部，如图 7－4 所示。

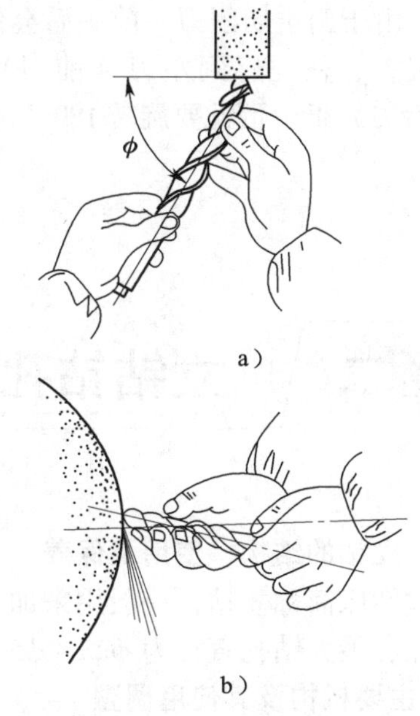

图 7－4　钻头刃磨时与砂轮的相对位置

（2）钻头与砂轮外缘的相对位置

钻头轴线与砂轮圆柱母线在水平面内的

夹角等于钻头顶角 2ϕ 的一半，被刃磨部分的主切削刃处于水平位置，如图 7－4a 所示。

(3) 刃磨动作

将主切削刃在略高于砂轮水平中心平面处先接触砂轮（见图 7－4b）。右手缓慢地绕钻头轴线由下向上转动，同时适当施加刃磨压力，使整个后面都磨到。左手配合右手做缓慢地同步下压运动，这样便于磨出后角。下压的速度及幅度随所需后角大小而变。为保证钻头近中心处磨出较大的后角，左手还应做适当右移运动。刃磨时两手动作配合要协调、自然。按此方法不断反复，两个主后面经常轮换，直至达到刃磨要求。

(4) 钻头冷却

钻头刃磨时压力不宜过大，并要经常蘸水冷却，以防因过热退火而降低硬度。

(5) 钻头的检验

钻头的几何角度及两主切削刃的对称要求等，可用样板进行检验，如图 7－5 所示。但在刃磨过程中，应经常采用目测的方法检验。检验时，把钻头切削部分向上竖立，两眼平视，由于两主切削刃一前一后会使观察者产生视差，往往感到左刃（前刃）高而右刃（后刃）低，因此要旋转 180°后反复看几次，若结果一样，说明已对称。钻头外缘处后角是否符合要求，可通过对外缘处靠近刃口部分的主后面倾斜情况目测来判断。近中心处后角的要求，可通过控制横刃斜角的合理值来保证。

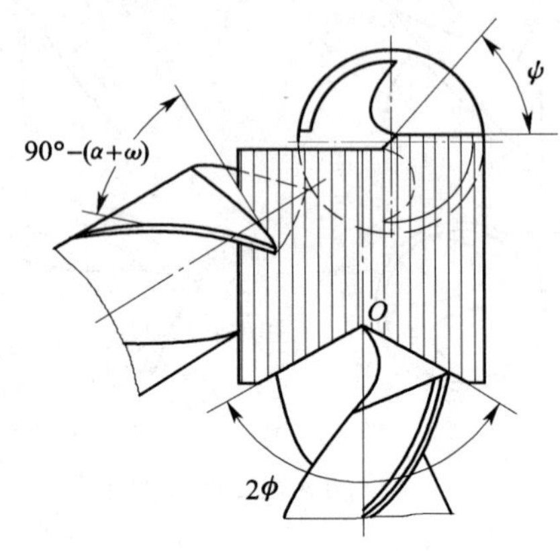

图 7－5　用样板检验刃磨角度

三、注意事项

1. 钻头用钝后必须及时修磨锋利。

2. 钻头的刃磨技能是学习的重点和难点，必须不断练习，做到刃磨姿势、动作及钻头几何形状和角度正确。

3. 钻头刃磨时施加压力不宜过大，用力要均匀，并且要经常蘸水冷却。

课题二　立钻钻孔

一、立钻的结构、使用及保养

立式钻床简称立钻，一般用来加工中型工件的孔，最大钻孔直径为 $\phi25 \sim \phi50$ mm。

1. 主要机构及其使用调整

立钻的结构如图 7－6 所示。

(1) 主轴变速箱 1 位于机床的顶部，主电动机安装在它的后面，变速箱左侧有两个变速手柄，参照钻床的变速标牌，调整两个手柄的位置可使主轴 2 获得不同的转速。

(2) 进给变速箱 3 位于主轴变速箱和工作台 4 之间，安装在立柱 5 的导轨上。进给变速箱的位置高度，可按被加工工件的要求进行调整。调整前，须首先松开锁紧螺钉，待调整到所需位置时再将锁紧螺钉紧固。

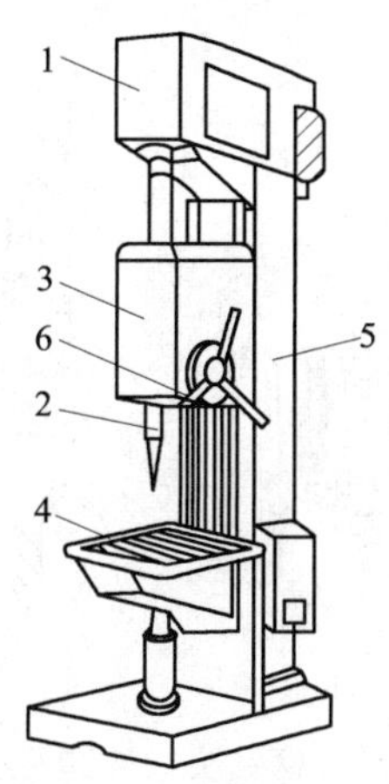

图 7-6　立钻的结构

1—主轴变速箱　2—主轴　3—进给变速箱

4—工作台　5—立柱　6—进给手柄

进给变速箱左侧的手柄为主轴正、反转启动或停止控制手柄，正面有两个进给变速手柄，按钻床标牌指示的进给速度与对应的手柄位置扳动手柄，可获得所需的机动进给速度。

（3）在进给变速箱的右侧有进给手柄6，这个手柄连同箱内的进给装置，统称为进给机构。用它可选择机动进给、手动进给、超越进给或攻螺纹等不同的操作。

（4）工作台4安装在立柱5的导轨上，可通过安装在工作台下面的升降机构进行操纵，转动升降手柄即可调整工作台的高低位置。

（5）在立柱5左边底座凸台上装有冷却泵和电动机。启动电动机即可输送切削液对钻头进行冷却润滑。

2. 使用与保养规则

（1）立钻使用前必须空运转试车，在机床各机构均能正常工作时方可操作。

（2）工作中不采用机动进给时，必须将进给手柄端盖向里推，断开机动进给传动机构。

（3）变换主轴转速或机动进给量时，必须在停车后进行。

（4）经常检查润滑系统的供油情况，定期更换润滑油。

二、立钻钻孔工件（见图 7-7）

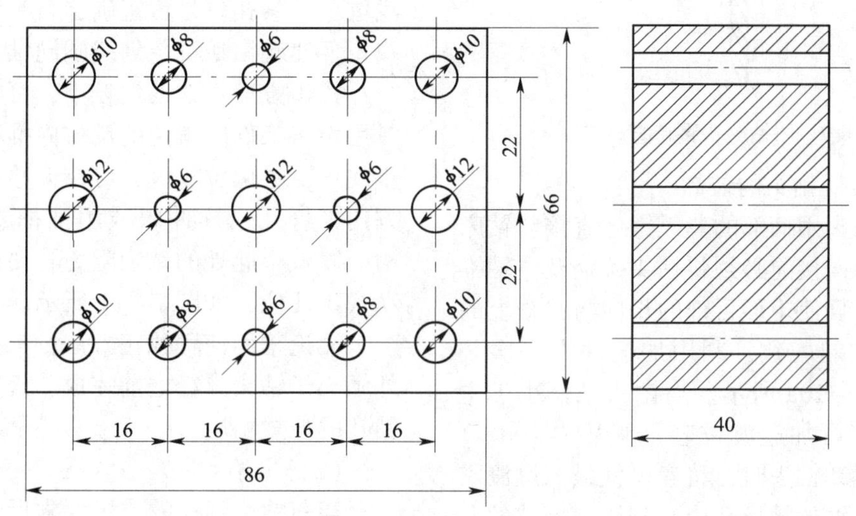

图 7-7　立钻钻孔工件

三、钻孔的步骤与方法

1. 工件划线

首先按图样给出的尺寸要求，划出孔位的十字中心线，并在中心打上样冲眼，要求位置准确，再按孔的直径划出圆周线。

2. 工件的装夹

用平口钳装夹工件（见图 7-8），钻直径小于 12 mm 的孔时，平口钳本身不必固定；钻直径大于 12 mm 的孔时，必须将平口钳固定在钻床工作台上。

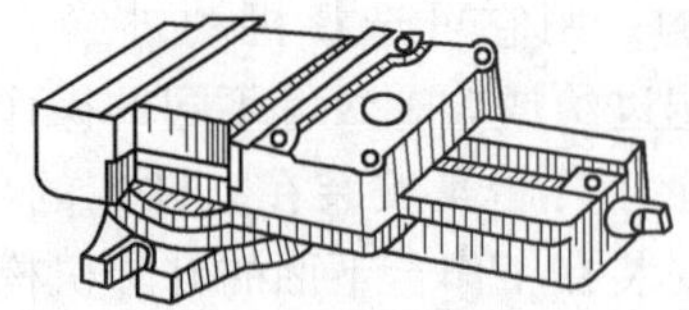
图 7－8　用平口钳装夹工件

3. 钻头的装卸

（1）直柄钻头的装卸

直柄钻头用钻夹头夹持。先将钻头柄部塞入钻夹头的三个长爪内，夹持长度不能小于 15 mm，然后用钻夹头钥匙转外套，使钻夹头的三个长爪做夹紧或放松动作，如图 7－9 所示。

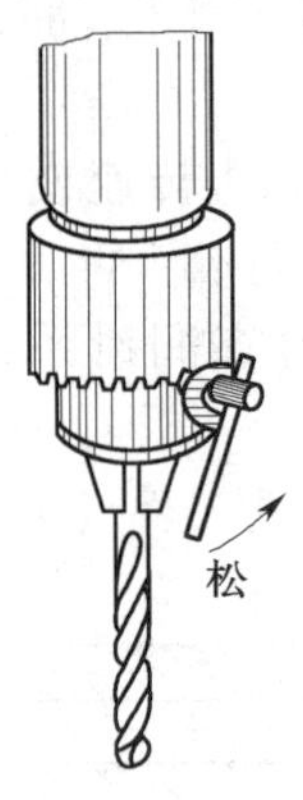

图 7－9　用钻夹头夹持直柄钻头

（2）锥柄钻头的装卸

锥柄钻头用柄部的莫氏锥体直接与钻床主轴连接。连接前必须将钻头锥柄及主轴锥孔擦干净，且使矩形舌部的长向与主轴上的腰孔中心方向一致，利用加速冲力一次装接，如图 7－10a 所示。当钻头锥柄小于主轴锥孔时，可加过渡锥套（见图 7－10b）来连接。拆卸钻头时，将扁楔铁敲入过渡锥套或钻床主轴的腰形孔内，利用扁楔铁的向下分力，使钻头与过渡锥套或主轴分离，如图 7－10c 所示。

4. 钻床主轴转速的选择

加工钢件时，钻头允许的切削速度为 16～24 m/min，然后根据下式计算钻床主轴转速。

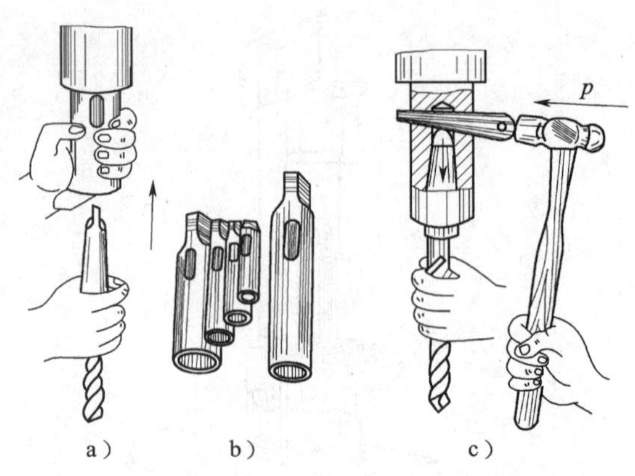

图 7－10　锥柄钻头的装卸及过渡锥套

a）锥柄钻头的安装　b）过渡锥套

c）利用扁楔铁拆卸锥柄钻头

$$n = 1\,000\, v/\pi d$$

式中　n——钻床主轴转速，r/min；

v——切削速度，m/min；

d——钻头直径，mm。

5. 钻削操作

（1）起钻

起钻时，先使钻头对准孔中心并钻出一浅坑，观察孔位是否正确，若有偏移要不断找正，使起钻浅坑与划线圆同轴。

找正方法：如偏位较小，可在起钻的同时用力将工件向偏位的反方向推移，达到逐步找正；若偏位较大，可在偏移位置的相反方向上打几个样冲眼或用油槽錾錾出几条槽，以减小此处的钻削阻力，便于钻削时自动找正孔位，如图 7－11 所示。

无论采用何种找正方法，都必须在锥坑外圆小于钻头直径之前完成，否则难以保证钻孔的位置精度。

（2）进给

当起钻达到孔的位置要求后，即可夹紧工件，开始进给。手动进给时，进给用力不应过大，钻削过程中用力要均匀，防止因用力过大钻头弯曲而导致孔轴线歪斜或折断钻头。孔要钻透时，要减小进给量，以防轴向阻力突然减小，而使进给量自动增大折断钻头。

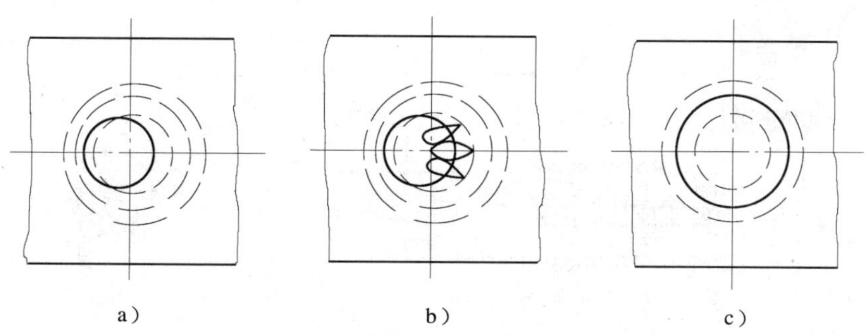

图 7－11　找正钻孔偏位

a）钻孔偏位　b）在偏位的反方向錾槽　c）孔位找正

（3）钻孔时的冷却润滑

为了使钻头散热冷却，减小钻削时钻头与工件、切屑之间的摩擦，以及清除黏附在钻头和工件表面的积屑瘤，从而降低切削抗力，提高钻头的耐用度和改善所加工孔的表面质量，钻孔时要加注足够的切削液。钻钢件时，可选用3%～5%的乳化液作为切削液。

四、注意事项

1．操纵钻床时严禁戴手套，袖口必须扎紧。女学生必须戴工作帽，长发不得外露。

2．工件必须夹紧，特别是在小工件上钻孔时，装夹必须牢固，孔要钻透时，要尽量减小进给力。

3．开动钻床前，应检查是否有钻夹头钥匙或楔铁插在钻轴上。

4．钻孔时，严禁用手和棉纱头或用嘴吹来清除切屑，必须用毛刷等工具清除。

5．操作者的头部不准与旋转的主轴靠得太近，停车时应让主轴自然停止，不可用手去刹住，也不可用反转制动。

6．严禁在开车状态下装卸钻头、检验工件和变换主轴转速，以上工作必须在停车状态下进行。

7．清洁钻床或加注润滑油时，必须把电源开关关闭。

课题三　攻螺纹与套螺纹

一、攻螺纹

用丝锥（螺丝攻）在孔壁上切削出内螺纹称为攻螺纹。

1．攻螺纹工具

（1）丝锥的构造

丝锥由合金工具钢或高速钢制成，并经热处理淬硬。丝锥由工作部分和柄部两部分组成，如图 7－12a 所示。

1）工作部分

丝锥的工作部分又分为切削部分与校准部分。

①切削部分。丝锥的切削部分在前端，呈圆锥形，有锋利的切削刃，起主要切削作用。标准丝锥刀刃的前角 γ 为 8°～10°，后角 α 为 6°～12°，如图 7－12b 所示。

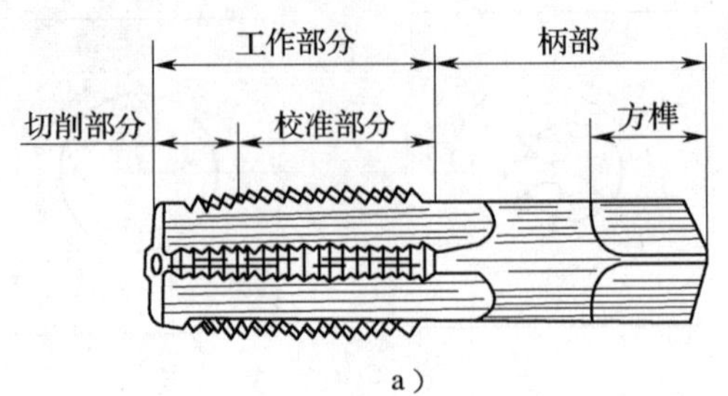

a）

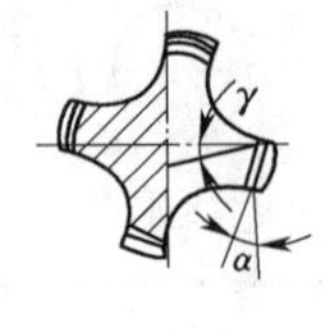

b）

图 7－12　丝锥

a）外形　b）切削部分的角度

②校准部分。该部分的螺纹牙型完整，用以修光和校准已切出的螺纹，并且还是丝锥的备磨部分，其后角 α 为 0°。

在工作部分的截面上有 3～4 个刀齿和容屑槽，这样切削负荷便分布在几个刀刃上，从而减轻了每个刀刃上的切削量，使切削时省力、排屑容易，不易崩刃或折断。

2）柄部

丝锥的柄部一般为方榫，用来传递转矩。

（2）丝锥的种类

丝锥有手用丝锥和机用丝锥两种，每种又分粗牙和细牙两类，以满足加工不同的内螺纹。冷作工主要使用手用丝锥。

1）手用丝锥

为了减轻攻螺纹时的切削力和提高丝锥的耐用度，一般将整个攻螺纹工作分配给几支丝锥来完成。通常 M6～M24 的丝锥每套两支，M6 以下和 M24 以上的丝锥每套三支，其原因是丝锥细易折断，丝锥粗切削量过大，须逐步切削，所以分为三支一套。细牙丝锥不论粗细，均为两支一套。

如图 7－13 所示，两支一套的丝锥，头锥斜角为 17°，切削部分不完整牙约占 6 个，可完成切削总工作量的 75%；二锥斜角为 20°，不完整牙约占 2 个，完成切削总工作量的 25%。

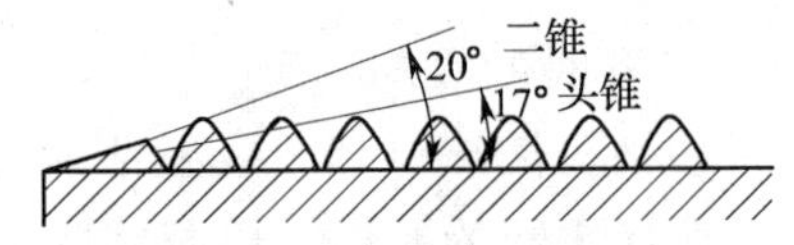

图 7－13　两支一套的丝锥

如图 7－14 所示，三支一套的丝锥，头锥斜角为 4°，切削部分不完整牙有 5～7 个；二锥斜角为 10°，不完整牙有 3～4 个；三锥斜角为 20°，不完整牙有 1～2 个。三支丝锥的切削工作量分配为 60%、30%、10%。这样分配丝锥磨损均匀，延长了使用寿命，攻螺纹时也较为省力。

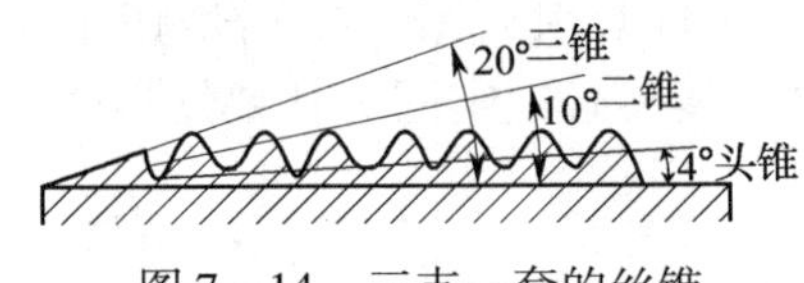

图 7－14　三支一套的丝锥

2）机用丝锥

机用丝锥是指安装在机床上，以机械动力来攻螺纹的丝锥。一般为两支一套，也有单支的。切削部分的后角一般为 10°～12°，并且校准部分也有很小的后角。丝锥的螺纹是磨过的。攻通孔螺纹时，一般用切削部分长的头锥一次攻出；攻不通孔螺纹时，必须用二锥再攻一次，以增加螺纹有效部分的长度。

（3）绞杠

丝锥绞杠是手工攻螺纹时用来夹持丝锥的工具，有普通绞杠和丁字绞杠两类，各类绞杠又可分为固定式和活动式两种，如图 7－15 所示。

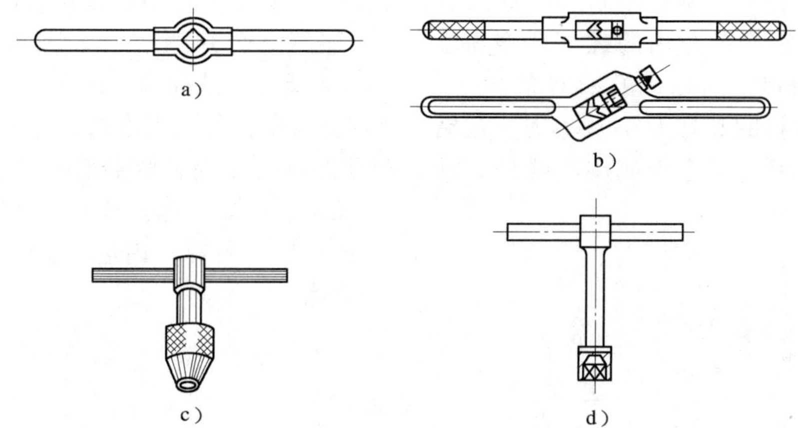

图 7－15　绞杠

a）固定式普通绞杠　b）活动式普通绞杠

c）活动式丁字绞杠　d）固定式丁字绞杠

绞杠的方孔尺寸和柄的长度都有一定的规格，使用时应按丝锥尺寸大小合理选用，见表 7－1。

表 7－1　　活动式绞杠适用范围

活动式绞杠规格/mm	150	225	275	375	475	600
适用的丝锥范围	M5～M8	M8～M12	M12～M14	M14～M16	M16～M22	M24 以上

2．攻螺纹工件图（见图 7－16）

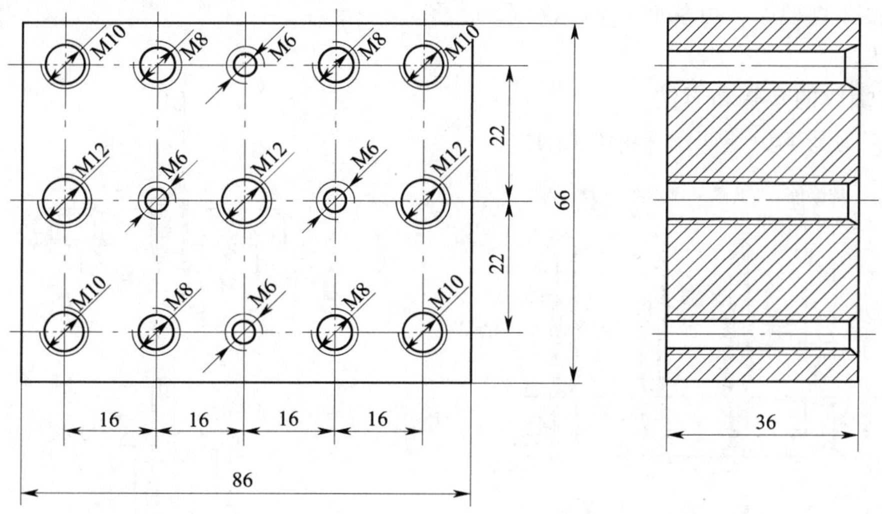

图 7－16　攻螺纹工件图

3．准备工作

（1）按图样要求准备好攻螺纹时所用的丝锥、绞杠、直角尺、切削液等。

（2）攻螺纹前确定底孔的直径。攻螺纹时，丝锥除了起切削作用外，还对金属材料产生挤压（见图 7－17），使材料扩张，材料的塑性越好，扩张量越大。如果螺纹底孔直径与螺纹小径一致，材料扩张时就会卡住丝锥，丝锥容易折断。如果底孔直径过大，就会使攻出的螺纹牙型高度不够而形成废品。所以底孔直径的大小，要根据金属材料的塑性大小来考虑。在钻螺纹底孔时，可通过查表或用经验公式计算来确定底孔直径。

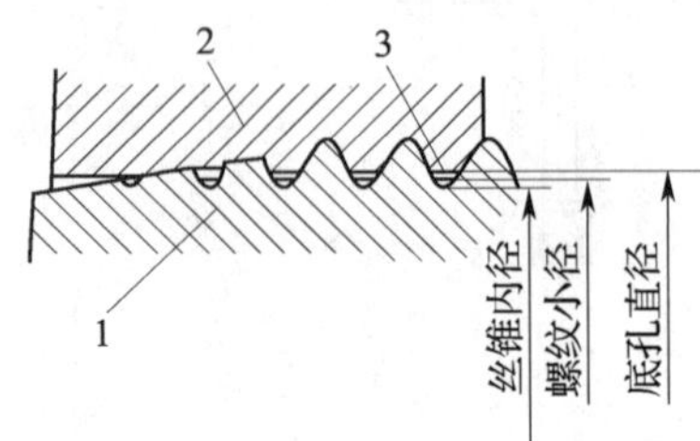

图 7－17　攻螺纹时的挤压现象

1—丝锥　2—工件　3—挤压出的金属

对于钢和塑性较大的材料：

$$D = d - P \qquad (7-1)$$

对于铸铁或脆性材料：

$$D = d - (1.05 \sim 1.1)P \qquad (7-2)$$

式中　D——底孔直径，mm；

d——螺纹大径，mm；

P——螺距，mm。

算出底孔直径后，可从麻花钻标准系列中选取钻头。

4. 攻螺纹的步骤和方法

攻螺纹的基本步骤如图 7－18 所示。

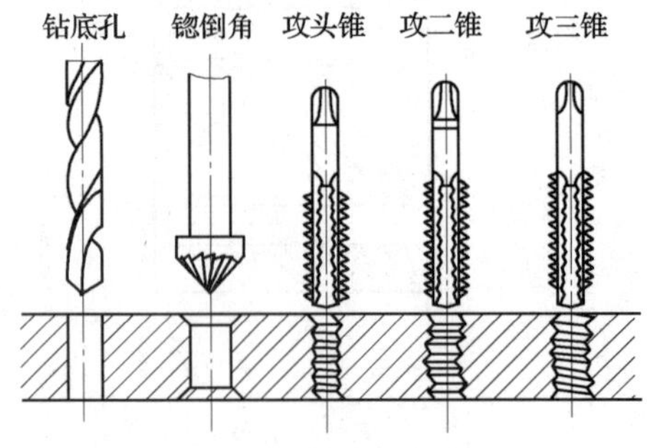

图 7－18　攻螺纹的基本步骤

（1）选用相应的钻头钻底孔，并对孔口倒角。

（2）工件的装夹位置必须正确，应使螺纹孔中心线置于水平或垂直位置，使丝锥中心线与底孔中心线重合，然后对丝锥稍加压力，并顺时针转动绞杠。当切入 1～2 圈时，从间隔 90°两个方向用肉眼观察，或用直角尺观察矫正丝锥的位置（见图 7－19）。为了便于正确切削，可在丝锥上旋入光制螺母，或将丝锥插入导向板（或可换导向套）内进行切削，如图 7－20 所示。

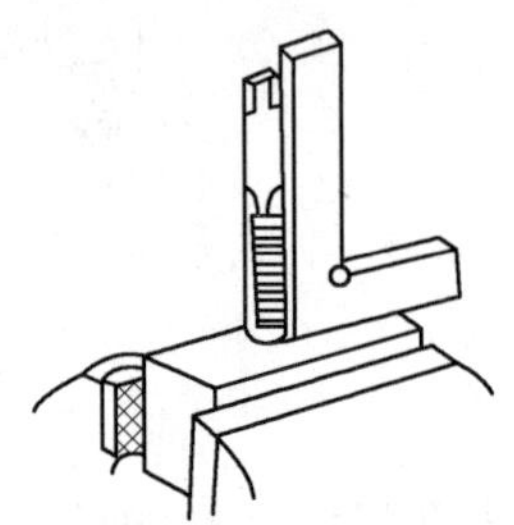

图 7－19　用直角尺观察矫正丝锥的位置

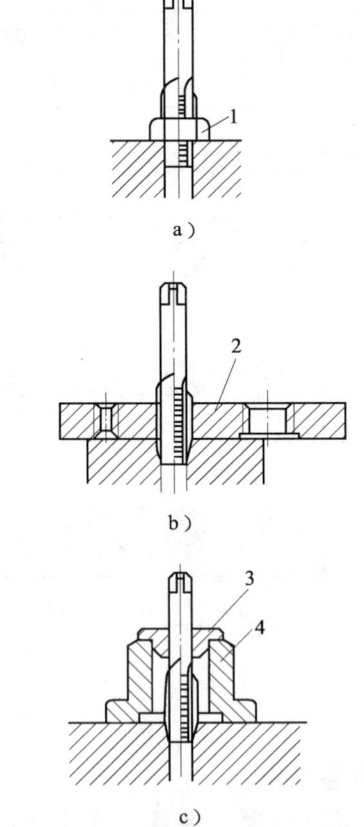

图 7－20　攻螺纹导向切削工具

1—光制螺母　2—导向板　3—可换导向套　4—工具体

(3) 攻螺纹时，当丝锥的切削部分全部切入工件后不必再施加压力，两手用均衡平稳的旋转力攻螺纹。每当旋转 1/2～1 圈时，应反转 1/2 圈，使切屑碎断后排除，尤其是攻韧性材料、深孔及不通孔时，更应注意，以免切屑堵塞容屑槽，损坏丝锥。

(4) 攻螺纹时，必须以头锥、二锥、三锥的顺序攻削。头锥攻完后，用二锥、三锥时，先用手将丝锥旋入后，再用绞杠攻，以防未对准原螺纹而造成乱扣。

(5) 攻螺纹时要经常润滑，以减小切削阻力，提高螺纹的表面质量。切削液的选择与钻孔时相同。

5. 注意事项

(1) 攻螺纹前底孔直径的确定要准确，用经验公式得出的底孔直径数值一般保留一位小数。

(2) 各底孔起钻时要不断找正，使起钻浅坑与划线圆同心。

(3) 起攻螺纹时，要不断检查并保证丝锥轴线与工件平面垂直，并加注切削液。

(4) 攻螺纹时两手要均匀用力，并经常反转丝锥，便于排屑。

二、套螺纹

用板牙在圆杆、管子外径上切削出外螺纹称为套螺纹。

1. 套螺纹工具

(1) 圆板牙

圆板牙是加工外螺纹的刀具，由碳素工具钢或高速钢制成，并经热处理淬硬，其结构如图 7－21 所示，由切削部分、定径部分和排屑孔组成。圆板牙的两端有 40°～50°的锥角，形成切削部分（可以两个方向切削），其前角 γ_o 一般为 15°～25°，后角 α_o 为7°～9°。定径部分具有修光作用，故它的前角比切削部分要小，一般为 4°～6°，而后角为0°。圆板牙圆周上有一条深槽和几个对称的锥坑，用以定位和紧固板牙。

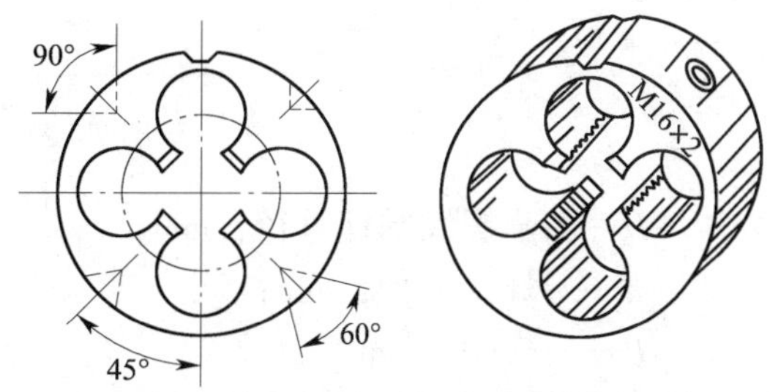

图 7－21　圆板牙结构

圆板牙除了套普通螺纹用的一种外，还有管螺纹板牙。管螺纹板牙又分为圆柱管螺纹板牙、圆锥管螺纹板牙和活动管螺纹板牙。圆柱管螺纹板牙与普通圆板牙构造相仿，而圆锥管螺纹板牙是单面制成切削锥，只能单面使用。活动管螺纹板牙四块为一组，镶嵌在可调管螺纹板牙架内，使用时，通过调节板牙位置，可套出所需直径的管螺纹。

(2) 圆板牙架

圆板牙架是用以安装圆板牙，并带动圆板牙旋转进行套螺纹操作的工具，如图 7－22 所示。

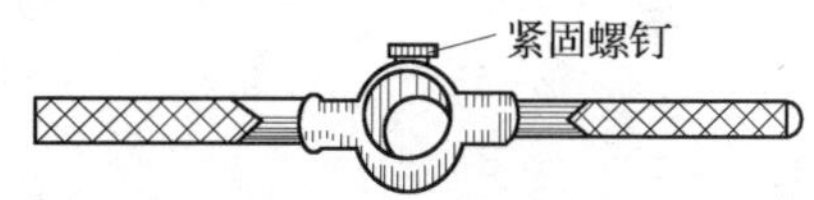

图 7－22　圆板牙架

圆板牙架的选择由圆板牙的大小而定。将圆板牙平稳地放在圆板牙架内，使螺钉坑对准圆板牙架上的紧固螺钉，端面靠严后，旋紧紧固螺钉，即可使圆板牙牢固地安装在圆板牙架上。

2. 套螺纹工件图（见图 7－23）

3. 准备工作

(1) 准备好套螺纹工具，包括圆板牙、圆板牙架等。将圆板牙装入圆板牙架内。

(2) 确定套螺纹圆杆直径。套螺纹圆杆直径可用下式求得。

$$D = d - 0.13P \qquad (7-3)$$

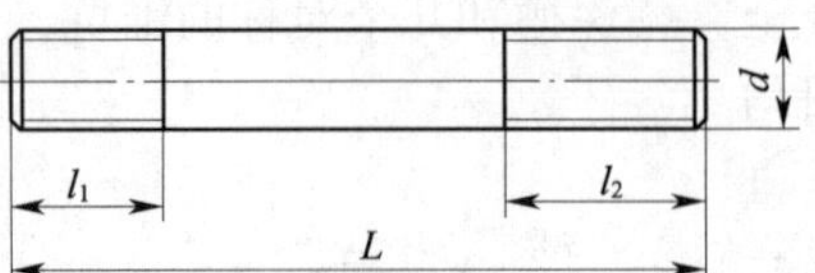

件号	d	L	l_1	l_2
1	M8	100	20	30
2	M10	150	20	40

图 7 – 23　套螺纹工件图

式中　D——套螺纹圆杆直径，mm；

d——螺纹大径，mm；

P——螺距，mm。

（3）将套螺纹圆杆端头倒角 15°～20°，以利于板牙切入。

4. 套螺纹的步骤与方法

（1）将圆杆夹在软钳口内，装正夹紧。

（2）套螺纹时，应保持圆板牙的端面和圆杆轴线垂直，然后适当施加压力，按顺时针方向扳动圆板牙架，如图 7 – 24 所示，当切入 1～2 个牙后，不需再施加压力。同攻螺纹一样，要经常反转，使切屑碎断并及时排出。

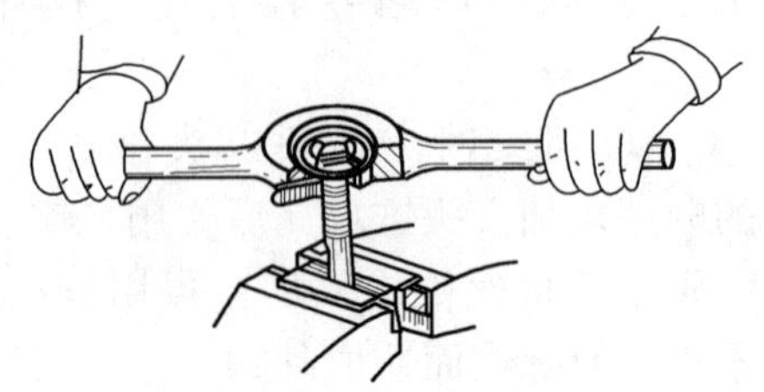

图 7 – 24　套螺纹

5. 注意事项

在套螺纹过程中，要循序渐进切削，不可急于求成或用力过猛，以免损坏工具或工件。套螺纹结束后，工具和工件要认真清理，妥善保存。

第八单元

复合作业（一）

课题一　框架梁制作

一、框架梁图样（见图 8－1）

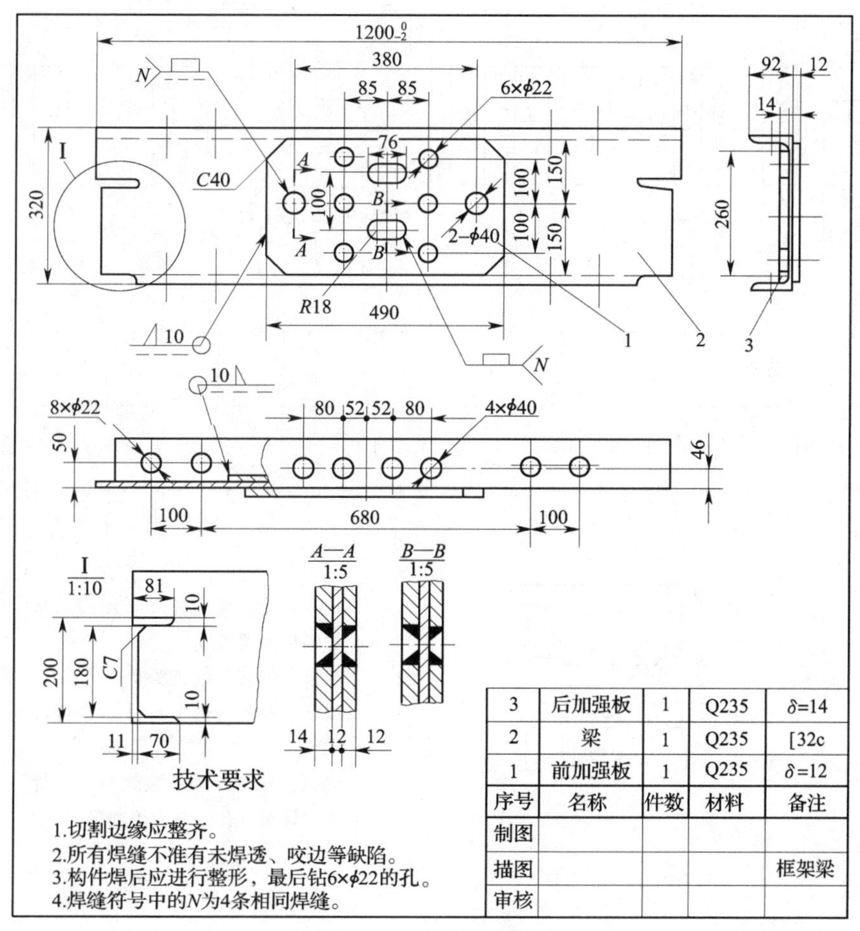

图 8－1　框架梁图样

二、工艺分析卡片（见表8－1）

表8－1 **工艺分析卡片**

<table>
<tr><td>姓名</td><td></td><td>学号</td><td></td><td>班级</td><td></td><td>填写日期</td><td></td></tr>
<tr><td colspan="8">工件概况</td></tr>
<tr><td>数量</td><td>1</td><td>材质</td><td>Q235</td><td>质量</td><td></td><td>外形尺寸</td><td>1 200 mm×320 mm×104 mm</td></tr>
<tr><td>工时定额</td><td></td><td>实际工时</td><td></td><td>材料定额</td><td></td><td>实际消耗材料</td><td></td></tr>
<tr><td colspan="8">1. 确定工序，画出工序流程图（附零件草图）</td></tr>
<tr><td colspan="8">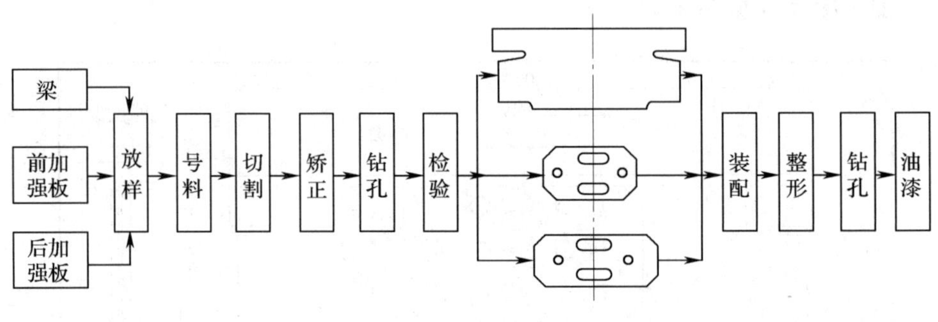
</td></tr>
<tr><td colspan="8">2. 主要工序加工工艺分析</td></tr>
</table>

工序名称	材料牌号	工步程序图	工步号	工步名称及内容	设备名称
装配	Q235		1 2 3 4	划线定位：按图样要求画出梁板上加强板的位置线 定位点焊前、后加强板 测量：检验各部分尺寸是否符合要求 焊接：采用合理的装焊顺序，焊缝不允许有气孔、夹渣等缺陷	BX1－330 BX1－330
备注					

课题二 板架构件制作

一、板架构件图样（见图 8－2）

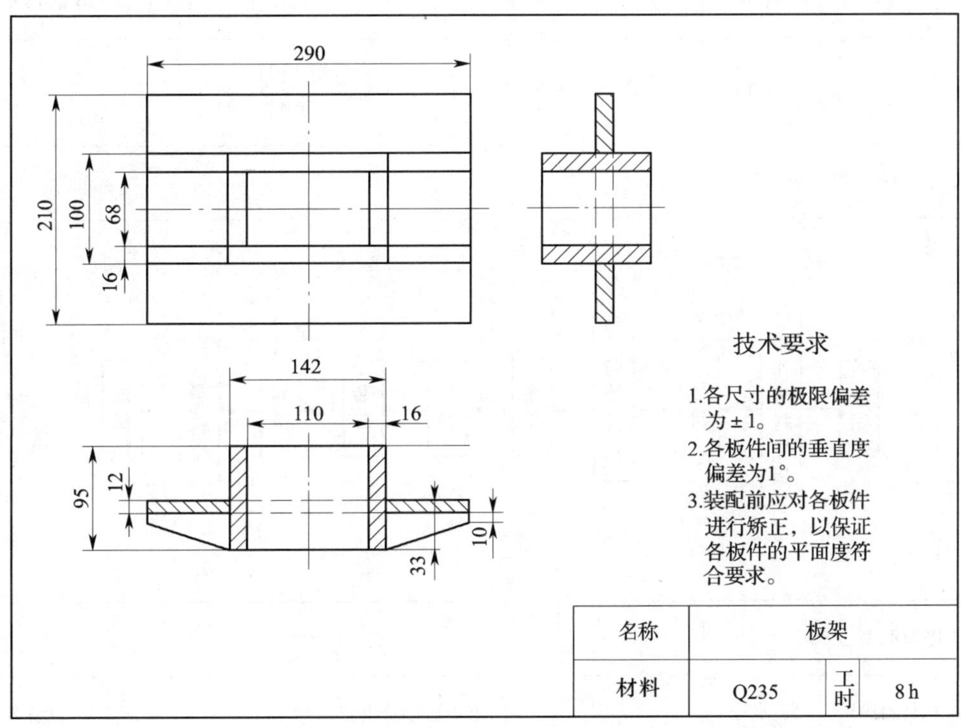

图 8－2 板架构件图样

二、工艺分析卡片（见表 8－2）

表 8－2　　工艺分析卡片

<table>
<tr><td>姓名</td><td></td><td>学号</td><td></td><td>班级</td><td></td><td>填写日期</td><td></td></tr>
<tr><td colspan="8">工件概况</td></tr>
<tr><td>数量</td><td>1</td><td>材质</td><td>Q235</td><td>质量</td><td></td><td>外形尺寸</td><td>290 mm×210 mm×95 mm</td></tr>
<tr><td>工时定额</td><td></td><td>实际工时</td><td></td><td>材料定额</td><td></td><td>实际消耗材料</td><td></td></tr>
<tr><td colspan="8">1. 确定工序，画出工序流程图</td></tr>
<tr><td colspan="8">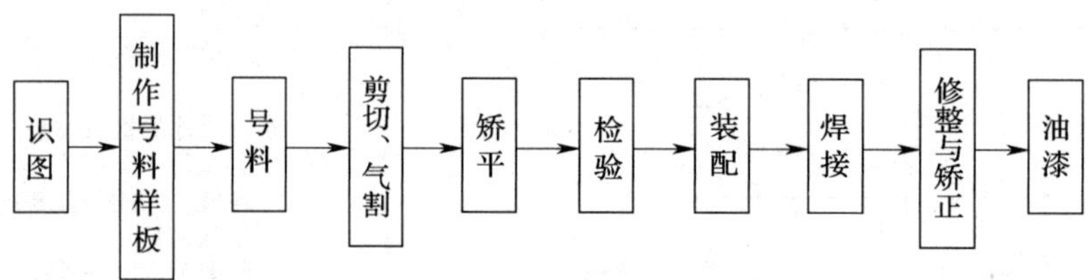</td></tr>
<tr><td colspan="8">2. 主要工序加工工艺分析</td></tr>
<tr><td>工序名称</td><td>材料牌号</td><td>工步号</td><td colspan="4">工步名称及内容</td><td>设备名称</td></tr>
<tr><td>总装</td><td>Q235</td><td>1
2

3
4</td><td colspan="4">检验各零件的形状及尺寸是否符合要求
按图样要求组装板架构件：以平台为基准，采用划线定位法，并施以定位焊
检验：对组装好的板架构件做全面检测
焊接：采用合理的焊接顺序，以避免和减小变形，焊缝不允许有气孔、夹渣等缺陷</td><td>平台、BX1－330

BX1－330</td></tr>
<tr><td>备注</td><td colspan="7"></td></tr>
</table>

课题三　换热器部件放样

一、换热器部件图样（见图 8－3）

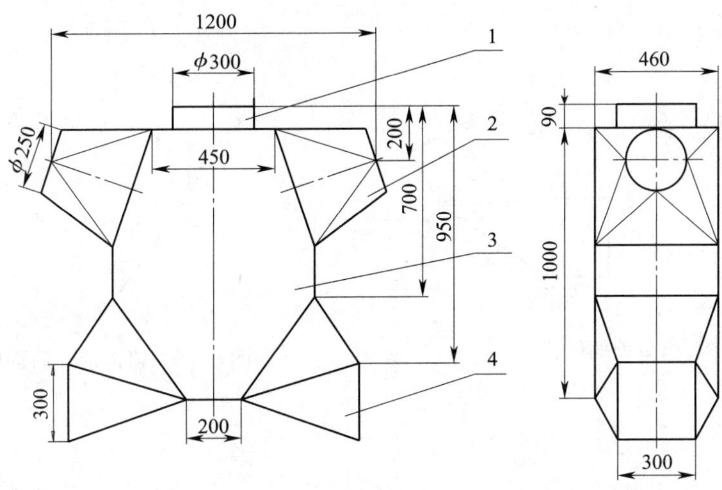

图 8－3　换热器部件图样

1—工艺管　2—进口管　3—箱体　4—出口管

二、放样的步骤与方法

1. 进口管的放样

按图 8－3 给定的尺寸，经板厚处理划出放样图，再根据放样图求出不反映实长线的实长，最后作出进口管的展开图，如图 8－4 所示。

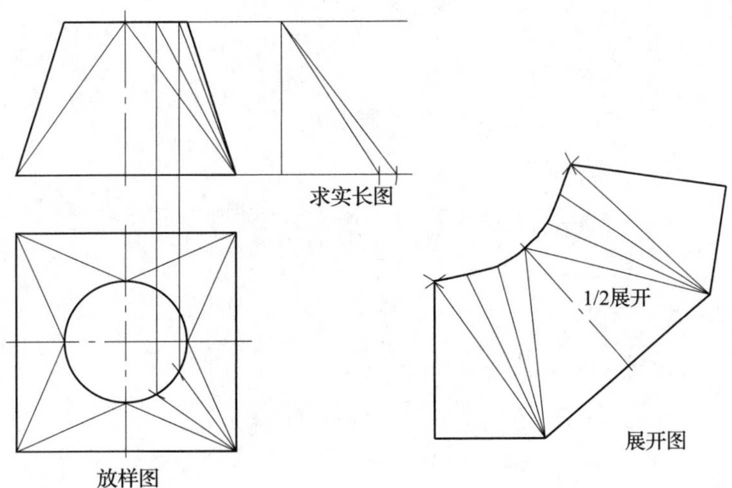

图 8－4　进口管的放样

2. 出口管的放样

按图 8 –3 给定的尺寸，不需板厚处理划出放样图，再根据放样图求出不反映实长线的实长，最后作出出口管的展开图，如图 8 –5 所示。

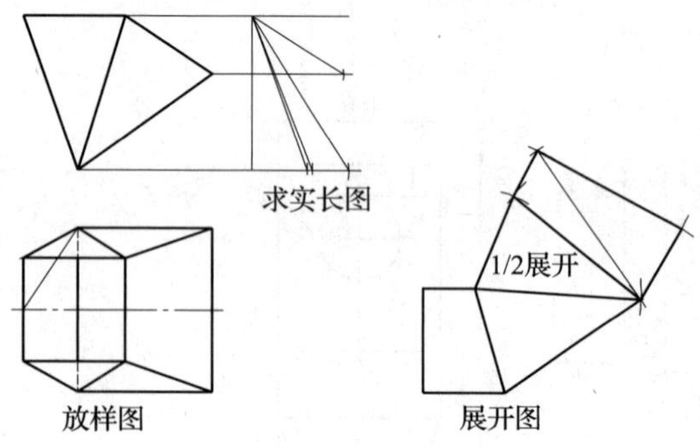

图 8 –5　出口管的放样

3. 箱体的放样

因为箱体在视图中反映真实形状，所以不需求实长。按图 8 –3 给定的尺寸，在绘制进口管和出口管时，即可得到箱体前、后面的平面图形，如图 8 –6 所示。

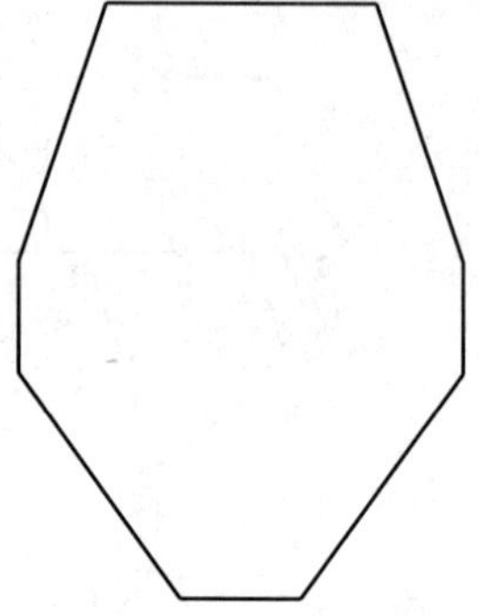

图 8 –6　箱体前、后面的平面图形

第九单元

手 工 弯 形

课题一 板料手工弯形

一、板料手工弯形的特点

1．板料刚度低、较薄时，弯曲加工通常不需要很大的弯曲力。因此，板料的手工弯曲多采取冷加工的方法。

2．板料弯曲件成形面积往往较大，难以采用整体成形胎模，同时为了省力，一般用自由弯曲模进行手工弯曲，这样就需要在弯曲过程中及时进行测量，以保证成形质量。

3．板料弯曲往往要求较高的表面质量，因此弯曲过程中要采取相应的工艺措施和加工工具。例如，薄板手工弯曲时，应使用硬度较小的软金属锤或木锤。

二、板料折角弯形

1．弯曲工件图（见图 9－1）

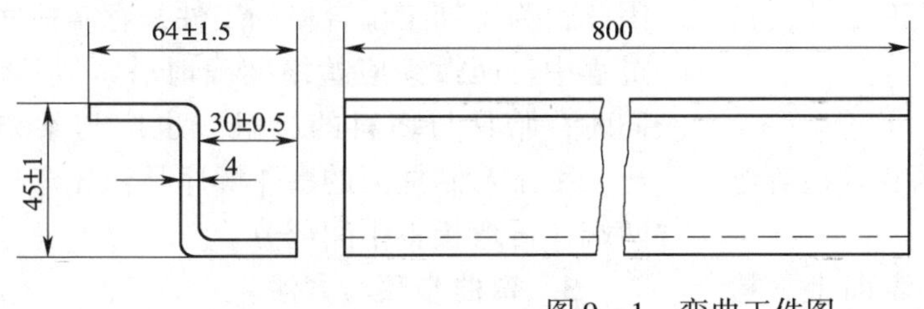

图 9－1　弯曲工件图

2．弯曲步骤与方法

（1）准备平台、压铁、规铁（压铁、规铁均可用厚钢板制成，棱角与弯曲件角度相同），以及大锤、平锤、手锤等工具和用具。

（2）将板料放在平台规铁上，上面放置压铁，用羊角卡卡紧，如图 9－2 所示。注意使板料的弯曲线和规铁、压铁的棱边重合。

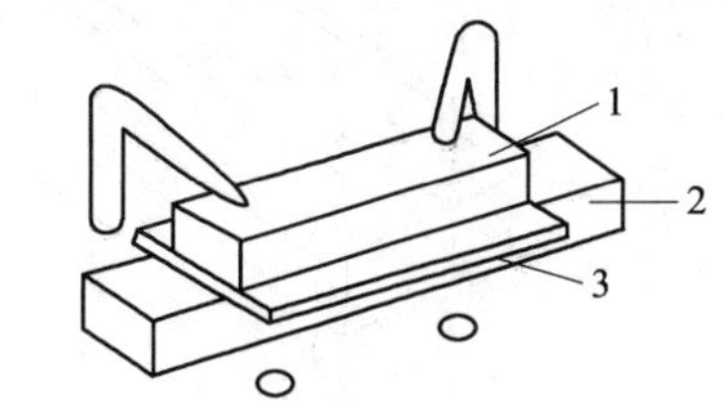

图 9－2　弯折角时卡紧板料

1—压铁　2—规铁　3—板料

（3）锤击板料两端，使之弯成一定角度，以便定位，如图 9－3 所示，这样板料在以后的连续锤击中将不会错位。

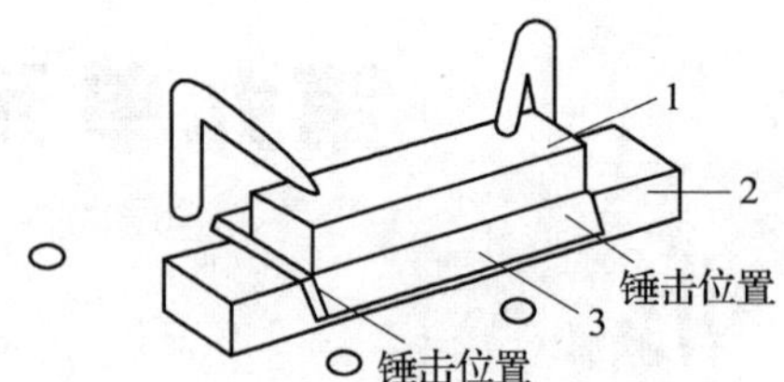

图 9-3 弯两端以定位
1—压铁 2—规铁 3—板料

（4）从一端开始，一点挨着一点地向另一端移动锤击。锤击力不可过重，要求的弯曲角度要分多次锤击而成，以免板料局部拉伤或产生过度伸长变形。锤击过程中，要注意随时敲紧羊角卡使其不松动。如图 9-4 所示为锤击位置及方式。

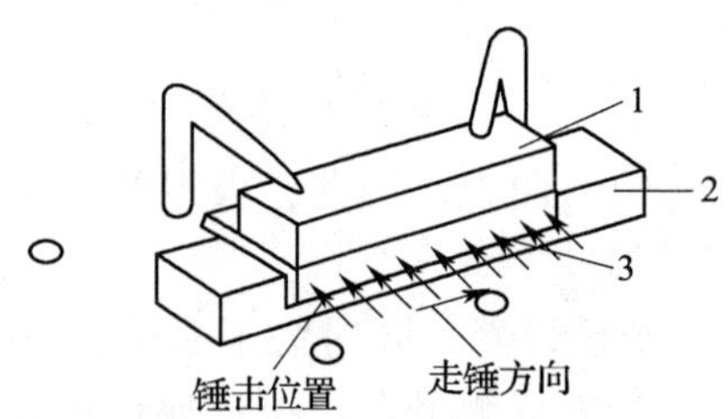

图 9-4 锤击位置及方式
1—压铁 2—规铁 3—板料

（5）角度基本弯成后，应垫上平锤再敲击一遍，使工件更加平直。

（6）第一折角弯成后，翻转工件，再按上述方法弯曲第二折角。

3. 弯曲质量检验

工件弯曲成形后，要按技术要求检查弯曲件质量。

（1）把钢直尺立放在工件表面上，检查工件各面的平面度，如图 9-5 所示。

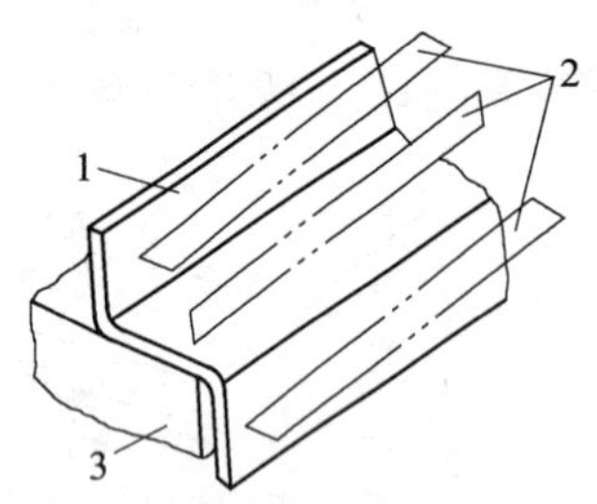

图 9-5 检查工件各面的平面度
1—工件 2—钢直尺 3—规铁

（2）用样板检查工件的角度，如图 9-6 所示。

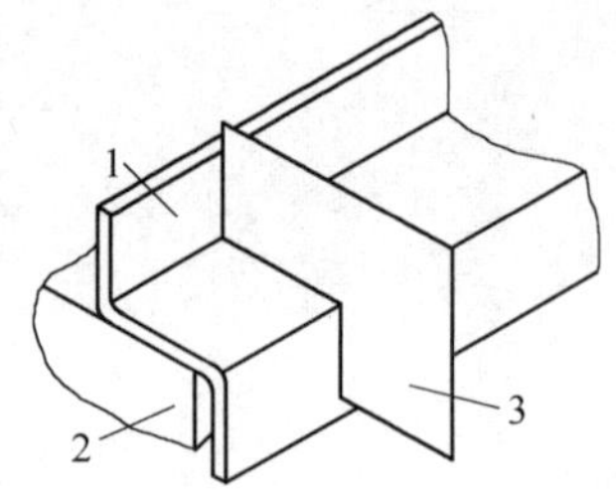

图 9-6 用样板检查工件的角度
1—工件 2—平台 3—样板

三、板料弯曲柱面

1. 弯曲工件图（见图 9-7）

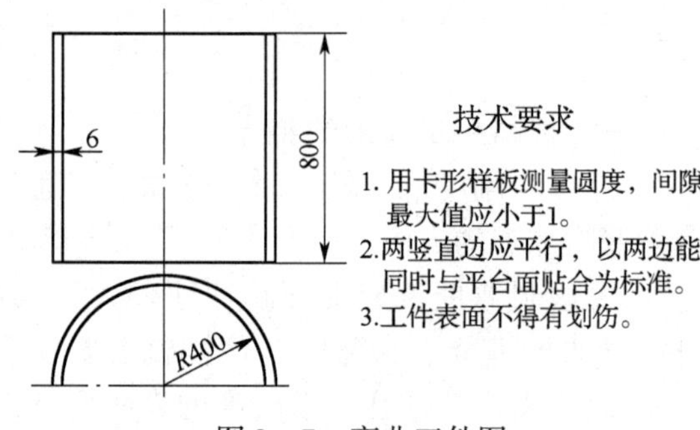

图 9-7 弯曲工件图

2. 弯曲工艺分析

柱面的几何特征是表面素线相互平行。因此，为了加工出合格的工件，弯制柱面的过程中，压弧锤应始终准确地沿素线移动，同时，胎具与坯料的接触线也应与素线平行。手工弯制柱面的操作顺序是：先弯板料两端，再弯板料中间部分。

3. 弯曲步骤与方法

（1）准备工作

1）准备大锤、压弧锤（见图 9-8）、卡形样板等。

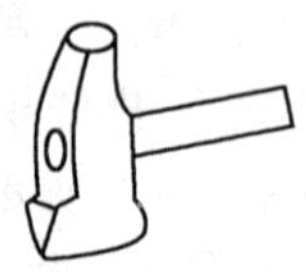
图 9-8 压弧锤

2）制作弯曲胎具，如图 9-9 所示，胎具上的两根圆钢相互平行，中间间隔距离应根据所弯柱面的直径大小适当确定。

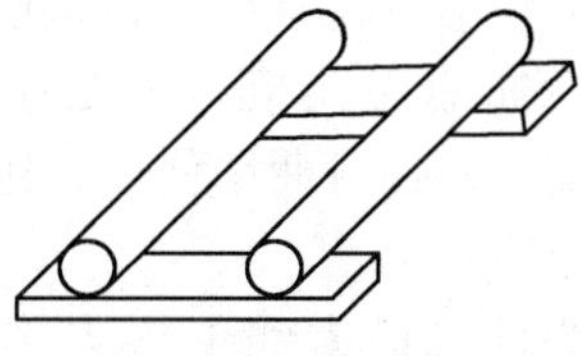

图 9－9　弯曲胎具

（2）在板料上划出柱面的若干等分素线，作为弯曲时的锤压基准，同时将整个板料按加工顺序分为三个区域，如图 9－10 所示。

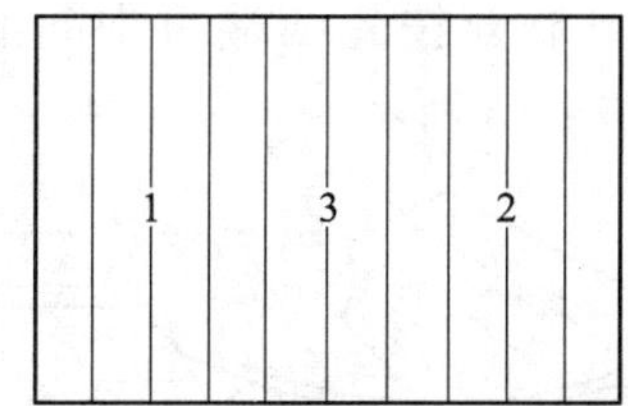

图 9－10　在板料上划弯曲线

（3）弯曲板料的两端（区域 1 和 2）。这时应将压弧锤靠近胎具上的圆钢（见图 9－11），这样可使板料端部无直边段而成形较好。注意在弯曲过程中，压弧锤应始终沿柱面的素线位置压下，并要交错排列，以保证工件既不会产生歪扭现象，又能形成光滑的表面。

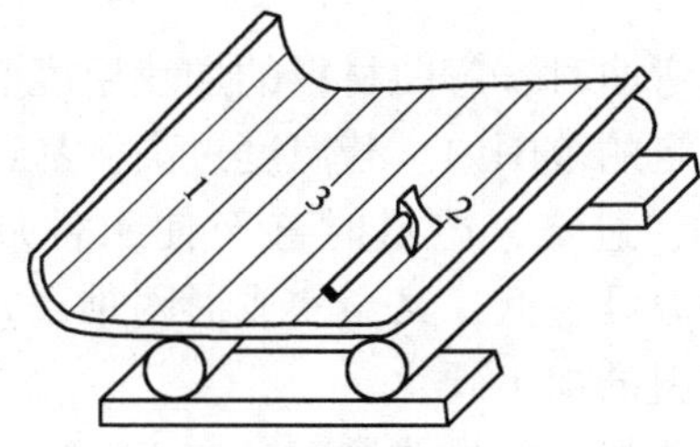

图 9－11　弯曲板料两端

弯曲时，要经常用样板检查工件的曲率，以指导弯曲工作，直至端部曲率符合要求。用样板检查工件的曲率时，样板应与工件表面垂直，以保证测量精度，如图 9－12 所示。同时，还要通过目测（或其他方法）检查弯曲件两端边棱是否平行，以此判断工件有无扭曲，以便及时矫正。

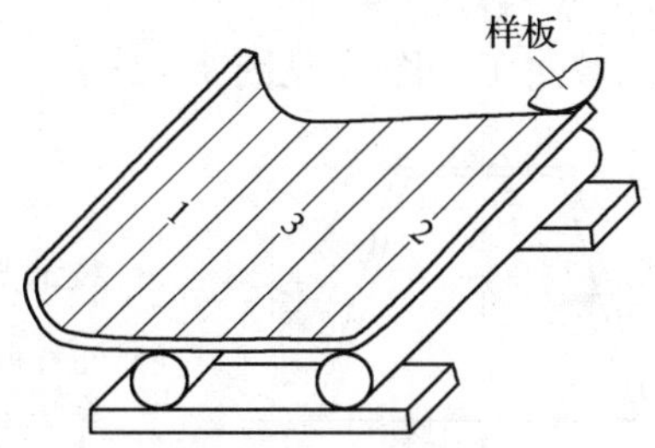

图 9－12　用样板检查工件曲率

（4）弯曲板料中间部分（区域 3）。为获得较大的弯曲力，以提高工效，应使板料每次被压的部位置于两圆钢间的中线位置上，如图 9－13 所示。

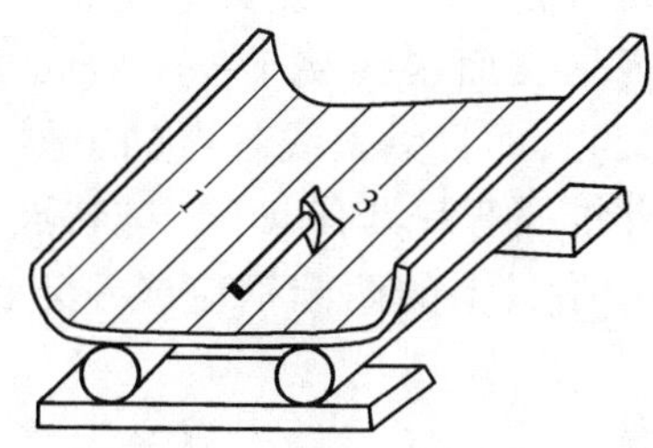

图 9－13　弯曲板料中间部分

弯曲板料中间部分时，要不时地检测工件曲率和控制扭曲情况。

4. 成形质量检验

（1）用卡形样板沿柱面的上下边检查整个工件的曲率，发现不合格处要进行修整。

（2）将工件扣放在平台上，检查其两竖直边是否平行，如图 9－14 所示。若工件的两竖直边与平台接触无缝隙，说明其平行；否则，表明有误差，要进行修正。若工件上下口曲率已经合格，工件两竖直边仍不平行，则一定是工件仍有扭曲，此时应修正扭曲。

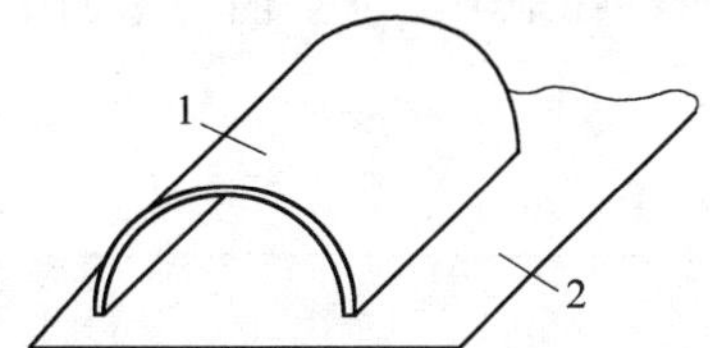

图 9－14　工件两竖直边平行度的检查

1—工件　2—平台面

四、板料弯制锥面

1. 弯曲工件图（见图 9－15）

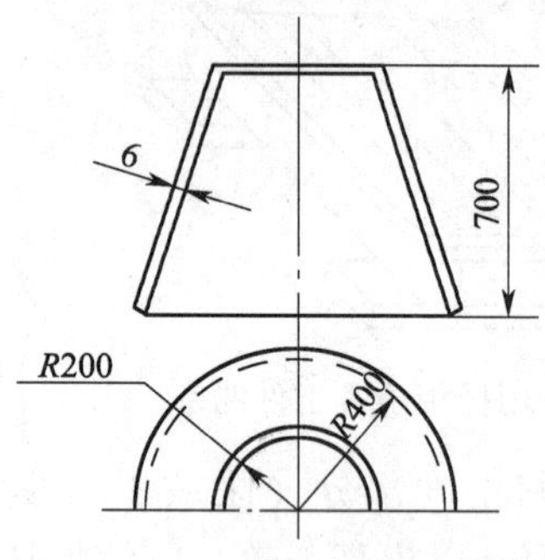

图 9－15　弯曲工件图

2. 弯曲工艺分析

板材弯曲锥面需在胎具上完成。锥面的几何特征是表面素线交于一点（或素线延长线相交），而且沿素线各点的工件曲率不同，因此锥面弯制具有以下工艺特点。

（1）胎具上的两圆钢应成一定的锥度放置，锥度的大小与工件的锥度相近，以保证胎具与工件基本在素线位置接触。

（2）弯曲前需在板料上划出一定数量的锥面素线，并在弯曲中使压弧锤始终沿锥面素线移动。

（3）为使锥面素线上各点形成不同的曲率，弯曲时，锤击力随各点曲率的不同而有均匀的变化。

（4）要准备大、小口两个锥面卡形样板，以便在弯曲中分别检查工件大、小口的曲率。

锥面弯制要按先两端再中间的顺序进行，如图 9－16 所示。

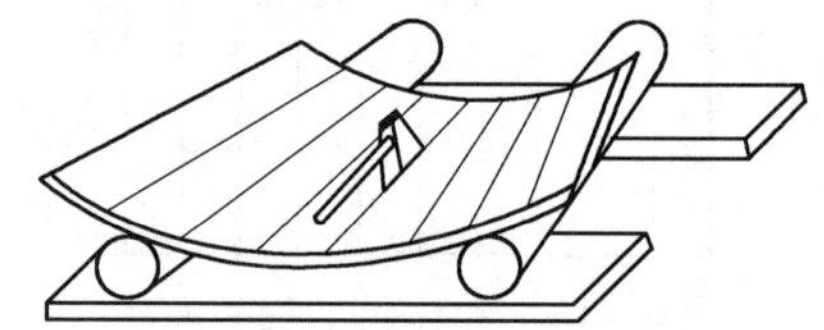

图 9－16　锥面弯制的顺序

课题二　型钢手工弯形

一、型钢手工弯形的特点

1. 型钢刚度大，抵抗变形能力强，不易弯曲，通常采用胎模矫正热弯曲。故正确设计弯曲胎模是型钢手工弯曲技术的关键。

2. 在非专业化生产的工厂，型钢热弯曲通常采用焦炭炉加热。为便于取放工件，多将炉子砌在地下，使炉面与地面平齐或略高于地面。

热弯曲时，弯曲材料的加热温度必须控制在一定的范围内。若温度过高，易造成钢材过热、过烧，严重时甚至使工件局部熔化；而温度过低，又会使成形困难，并容易造成材料的加工硬化。

弯曲材料的加热温度，在工艺文件中已有规定，常用材料的热弯曲温度见表 9－1。工作中一般凭经验（由加热时工件颜色的变化）判断加热温度。

表 9－1　　常用材料的热弯曲温度

材料牌号	热弯曲温度/℃	
	加热	终止（不低于）
Q235A、15、15g、20、20g、22g	900～1 050	700
16Mn、16MnR、15MnV、15MnVR	950～1 050	750
15MnTi、14MnMoV	950～1 050	750

续表

材料牌号	热弯曲温度/℃	
	加热	终止（不低于）
18MnMoMb、15MnVN	950～1 050	750
15MnVNRe	950～1 050	750
Cr5Mo、12 CrMo、15CrMo	900～1 000	750
14MnMoVBRe	1 050～1 100	850
12MnCrNiMoVCu	1 050～1 100	850
14MnMoNbB	1 000～1 100	750
0Cr13、1Cr13	1 000～1 100	850
1Cr18Ni9Ti、12Cr1MoV	950～1 100	850
黄铜 H62、H68	600～700	400
铝及其合金 L2、LF2、LF21	350～450	250
钛	420～560	350
钛合金	600～840	500

二、扁钢手工热弯形

1. 弯曲工件图（见图 9－17）

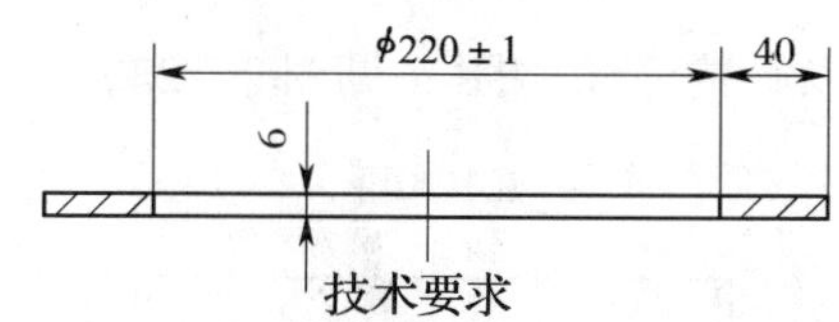

1.内圆圆度公差为1。
2.上、下两面平面度公差为1。
3.表面不得有划伤。

图 9－17 弯曲工件图

2. 弯曲步骤与方法

（1）准备工作

1）准备大锤、平锤、扒弧锤、扳弯器、烧火钳等工具。

2）准备平台、羊角卡、楔桩、垫板、螺栓等用具。

3）准备焦炭炉及焦炭。

4）制作胎具。扁钢热弯曲的胎具多用钢板制成，其厚度等于或略大于工件厚度。胎具圆弧直径可取工件的内径，热弯扁钢圈胎具不可做成整圆，应为整圆的 2/3 左右，以利于弯曲过程中取放工件。胎具上装夹用定位孔的位置和大小，需待胎具在平台上的位置确定后，依据平台孔的位置和大小而定，如图 9－18 所示。

胎具制成后，紧固在平台的合适位置上。

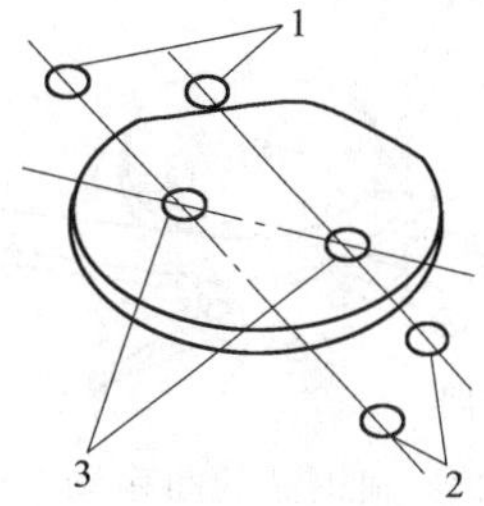

图 9－18 扁钢热弯胎具

1、2—工作平台孔 3—胎具定位孔

（2）扁钢加热

把扁钢平放在焦炭炉中加热。当扁钢数量较多时，可一次加热几根甚至十几根，这时扁钢在加热炉中的位置，应按加工顺序的先后有序摆放。

扁钢加热温度可参照表 9－1 选取。扁钢材质为 Q235A，加热温度选定为 1 000 ℃左右（工件颜色为橘黄色）。温度达到后，保温一段时间，以使扁钢内、外温度均匀。

（3）弯曲

将加热至选定温度的扁钢从炉中取出，迅速将一端靠在胎具上，用圆锥楔桩、垫板及羊角卡夹紧，然后选择适当的位置插上扳弯器进行弯曲，如图 9－19 所示。

用扳弯器扳弯扁钢时，不可用力过猛，应平稳施力，使扁钢逐步均匀弯曲，与胎具贴合。若扁钢扳弯后尚有局部未靠胎，应垫扒弧锤，再以大锤击打，使扁钢已弯曲部分完全与胎具靠紧，如图 9－20 所示。这时

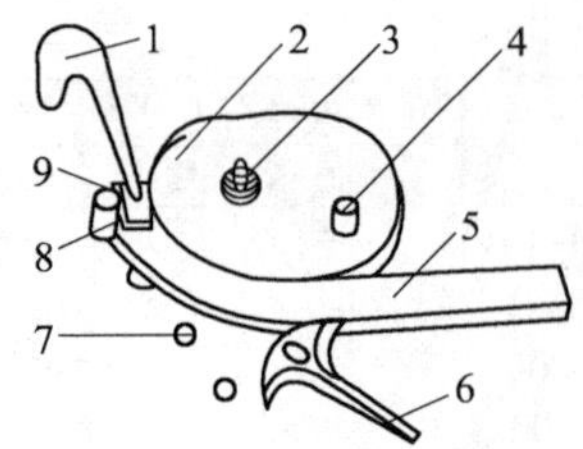

图 9－19　扁钢热弯

1—羊角卡　2—胎具　3—卡固螺栓
4—固胎楔桩　5—扁钢料　6—扳弯器
7—平台孔　8—垫板　9—圆锥楔桩

扳弯器不能松开，否则将导致扁钢已弯曲部分的曲率发生变化。

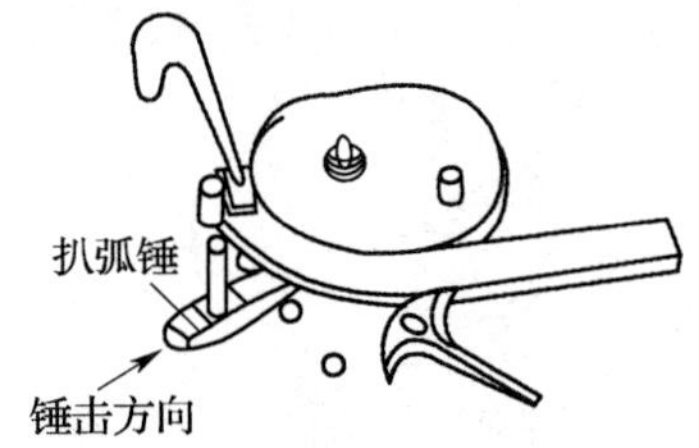

图 9－20　扁钢圈的曲率局部修正

弯曲过程须在规定的温度范围内迅速完成，弯曲结束时，扁钢温度应不低于 700 ℃（工件颜色为暗樱红色）。由于弯曲受扁钢温度的限制，因此整个扁钢圈往往不能一次弯成，须分段进行加热、弯曲。

扁钢每弯曲完一段后，应马上进行矫平。矫平时，将平锤垫在扁钢上，沿扁钢已弯曲部分内、外侧，以大锤击打平锤矫平一遍，如图 9－21 所示。这时应使锤击力内重外轻，以求扁钢内、外侧厚度大致相等。矫平过程中，扳弯器也不能松开。

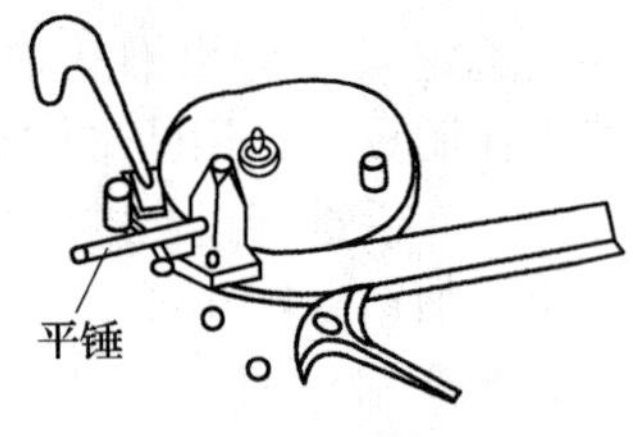

图 9－21　扁钢弯曲中的矫正

工件经矫平后从胎具上卸下，避免摔、撞，以免引起工件变形。

3. 弯曲质量检验与修整

整个扁钢弯曲冷却后，要对其曲率、内外径、平面度等进行检查，并对局部不合格处进行修整。

三、角钢手工热弯形

1. 弯曲工件图

（1）外弯角钢圈（见图 9－22）。

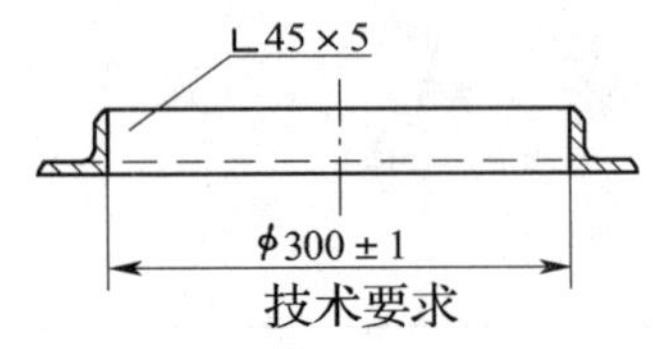

技术要求

1.内圆圆度公差为1。
2.底面平面度公差为1。

图 9－22　外弯角钢圈

（2）内弯角钢圈（见图 9－23）。

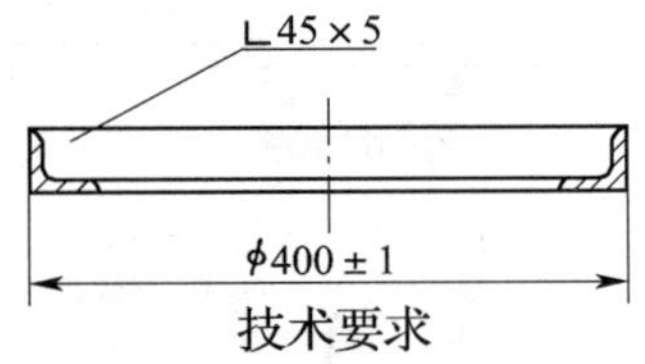

技术要求

1.外圆圆度公差为1。
2.底面平面度公差为1。

图 9－23　内弯角钢圈

2. 弯曲工艺分析

角钢热弯曲工艺与扁钢基本相同，只是弯曲胎具有较大区别。角钢热弯曲胎具通常用钢板焊接而成，其形状要根据工件形状（内弯或外弯）而定。当弯制角钢圈时，胎具要制成 2/3 整圆，如图 9－24 所示。

由于角钢截面形状不对称，弯曲后冷却时，内外侧的收缩量不相等，将引起工件形状和尺寸的变化。因此，角钢外弯时，胎具直径应适当加大；角钢内弯时，胎具的直径应适当缩小。胎具直径缩放尺寸可参照表 9－2 选取。

3. 弯曲步骤与方法

如图 9－25 所示，角钢弯曲的步骤、方法与扁钢基本相同。

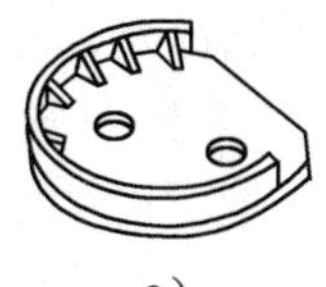
a）

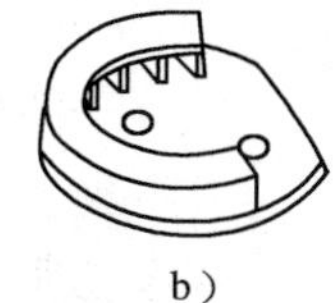
b）

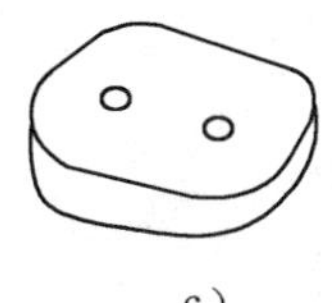
c）

图 9－24　角钢弯曲胎具

a）焊制的角钢外弯胎具　b）焊制的角钢内弯胎具　c）整块钢板制成的胎具

表 9－2　　**角钢热弯曲胎具直径缩放尺寸**　　mm

内弯		外弯	
样板直径	胎具直径缩小尺寸	样板直径	胎具直径放大尺寸
<900	<10	<900	3～5
900～1 500	10～15	900～1 500	6～10
1 500～10 000	15～20	1 500～10 000	15
>10 000	25	>10 000	20

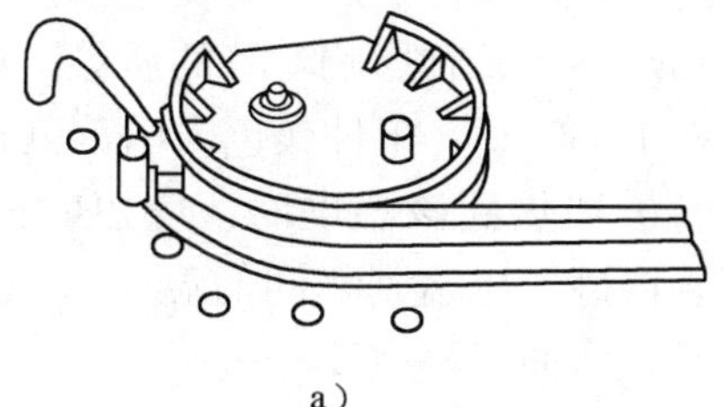
a）

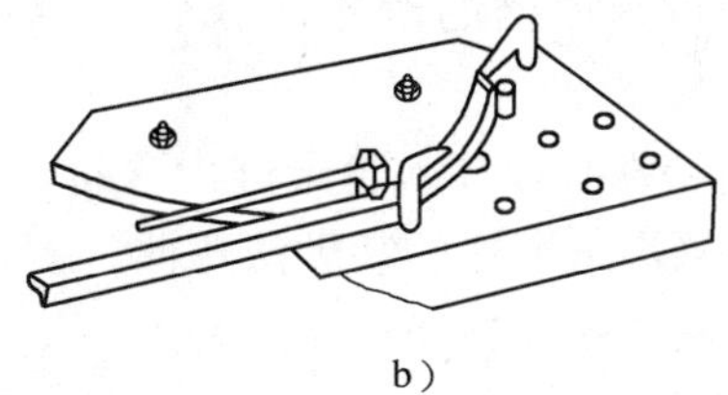
b）

图 9－25　角钢弯曲

a）角钢外弯　b）角钢内弯

课题三　手　工　弯　管

一、弯曲工件图（见图 9－26）

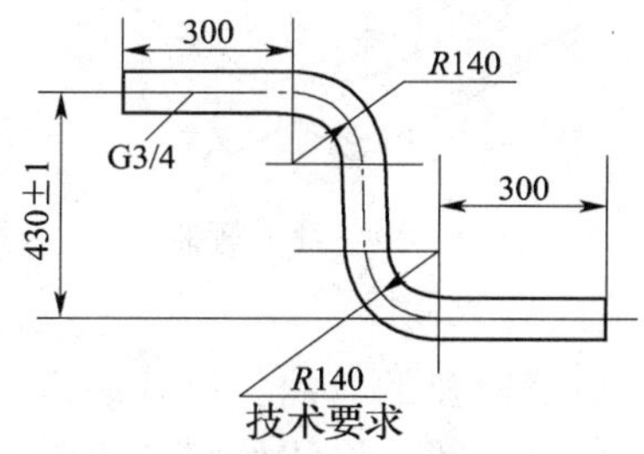

图 9－26　弯曲工件图

二、管子弯曲的特点

管子在外力矩作用下弯曲时，中性层外侧的材料受到拉应力，管壁变薄，内侧的材料受到压应力，管壁变厚，而且外侧拉应力的合力 N_1 和内侧压应力的合力 N_2 的作用方向都是沿弯形半径指向管子截面中心，使管子弯曲时在径向受压（见图 9－27a）。由于管子截面为圆环形，刚度不足，因此在自由状态下弯曲时，很容易发生压扁变形（见图 9－27b）。

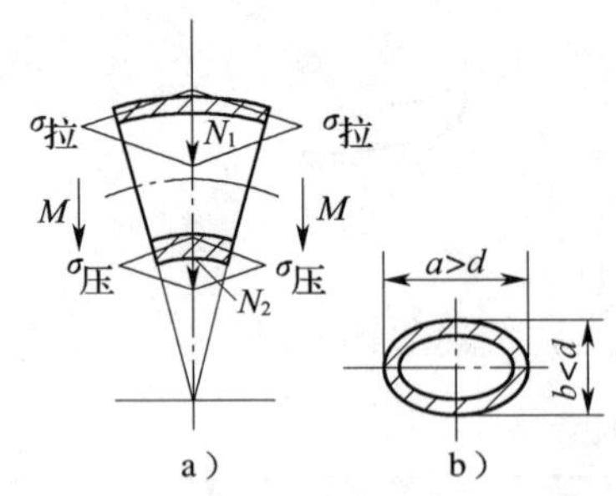

图 9－27　管子弯曲时的应力与变形

为了尽可能减小管子的压缩变形，以保证弯管质量，可在弯管时采取下列措施。

（1）在管子内塞满填充物后进行弯曲，如在管内装砂、松香（用于有色金属小直径管子）或弹簧（用于大弯形半径管子）等。

（2）用带圆形槽的滚轮压在管子外面进行弯曲。

（3）用特殊心棒穿入管子进行弯曲。

本工件采用最普通的装砂法弯曲。

三、弯曲步骤与方法

1. 准备工作

（1）准备砂子（普通河砂），并进行冲洗、干燥和筛选。

（2）准备平台、扳弯器或套管、装砂漏斗、羊角卡、定位楔桩、大锤、手锤等。

（3）准备焦炭炉、焦炭及加热用具。

（4）准备弯管胎具，可用钢板焊接而成，如图 9－28 所示。

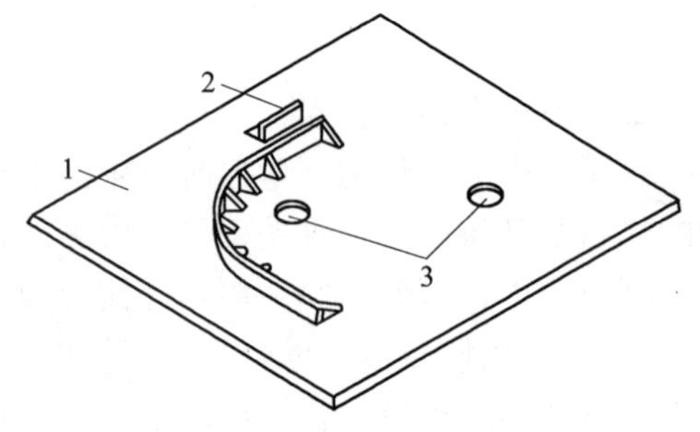

图 9－28　弯管胎具
1—底板　2—固定挡板　3—定位孔

2. 装砂

为了使砂子在管内填充紧密，用漏斗装砂的同时，要不断敲击管子。装满砂子的管子两端须用金属盖板封住，本工件管子较细，也可用木塞塞紧。为了使管内空气受热膨胀时能自由泄出，可在盖板上钻一排小气孔。

3. 划线

划线的目的是确定管子在炉中的加热长度和位置。划线时，按图样尺寸定出弯曲部位的中点位置，并由此向管子两端量出弯曲长度，再加上管子直径，这样确定的加热长度比较合适。

4. 加热

管子经装砂、划线后，便可利用焦炭炉进行分段加热。加热温度应缓慢、均匀，若加热不当，将影响弯管的质量。加热温度应在 1 050 ℃（工件颜色为橘黄色）左右。当管子加热到该温度时，应短时间保温（使管内砂子也达到相同的温度），这样可使管子在弯曲时不致冷却过快。

5. 弯曲

将加热好的管子置于胎具上，使管子的弯曲点与胎具上的对应点对正，并用定位楔桩固定好管子。然后利用扳弯器（或套管）把管子顺着胎具的弧面扳弯，使管子与胎具逐步贴严，如图 9－29 所示。

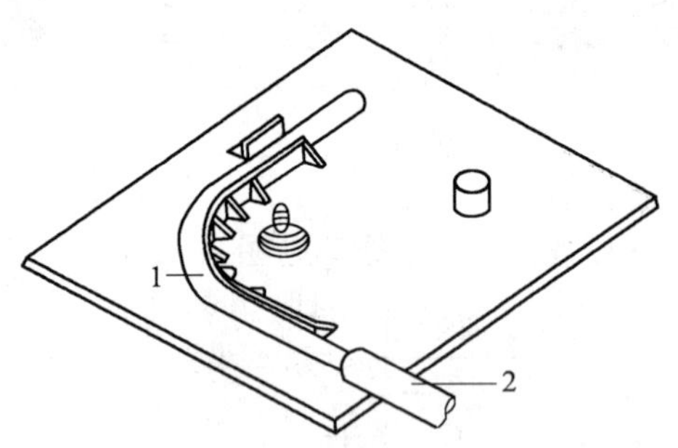

图 9－29　管子弯曲
1—工件　2—套管

管子每一段弧的弯曲，最好一次加热完成。增加加热次数，将使材料的力学性能变差，增加管子氧化层的厚度，导致管壁变薄。

弯好第一弧段后，再加热管子第二弧段

弯曲区域，并按上述方法，弯曲第二弧段，逐段进行，直至完成。加热或取放工件时要防止已弯成的弧段变形。

6. 检查

管子弯好后，需按图样要求进行质量检验，并对不合格处进行修整。

7. 清理

取下盖板（或木塞），倒出管内砂子，将管子清理干净。清理管内砂子时，不可用力敲击或磕撞管子，以免引起变形。

第十单元

机械弯形

课题一　滚　弯

一、柱面的滚弯

1. 柱面滚弯工件图（见图 10－1）

2. 柱面滚弯工艺分析

（1）柱面的几何特征是表面素线相互平行，因此在滚弯柱面工件之前，要求滚板机的上下轴辊应平行，不能带有斜度，否则会使滚出的工件带有锥度。

（2）用对称式三辊滚板机滚弯，要在滚弯前采取板料两端预弯或预留余量的方法消除板料两端的直边段。

（3）为了避免滚弯工件出现歪扭现象（见图 10－2），板料放入滚床后，要注意找正位置。找正的方法主要有利用挡板或轴辊上的定位槽找正，还可以用目测或直角尺找正。

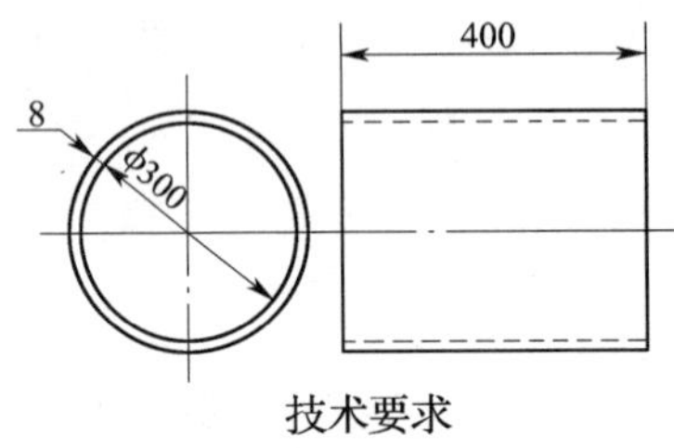

图 10－1　柱面滚弯工件图

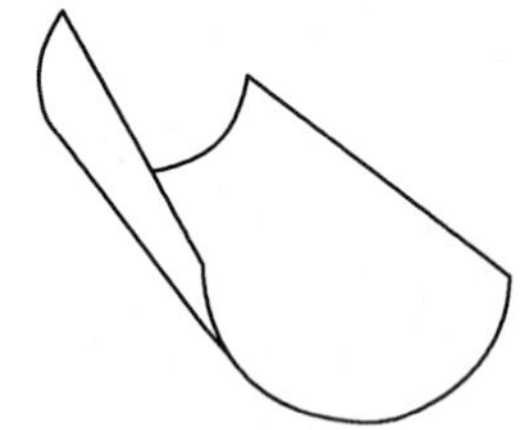

图 10－2　工件出现歪扭现象

（4）较大工件滚弯时，为了避免其自重引起的附加变形，应将板料分成三个区域，先滚压两端，再滚压中间，必要时还要用吊车予以配合。

3. 柱面滚弯的步骤与方法

（1）滚弯前应准备大锤、压弧锤、槽头胎具、工件内圆的卡形样板等工具。

（2）小圆筒一般整筒滚制，大圆筒则要分两半滚制。为了多掌握滚弯技术，本工件分两半滚制。

（3）检查滚板机的上下轴辊是否平行，若不平行，应将其调整平行。

（4）用手工方法预弯板料两端，预弯长度应略大于两下辊中心距的一半，一般为 180 ~ 200 mm。在预弯过程中，要用卡形样板进行检查，直至达到图样要求的工件曲率为止，如图 10 – 3 所示。

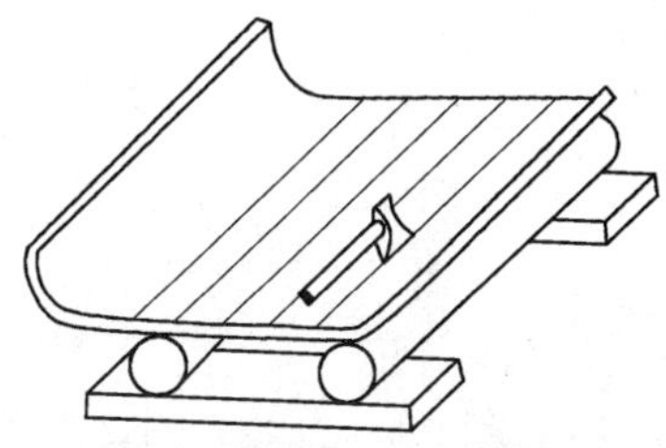

图 10 – 3　槽头预弯板料两端

（5）工件放入滚床后，利用滚板机轴辊上的定位槽进行找正。方法是将下辊的定位槽转到最上端位置，使放入滚板机的板料边缘与定位槽平行，如图 10 – 4 所示。

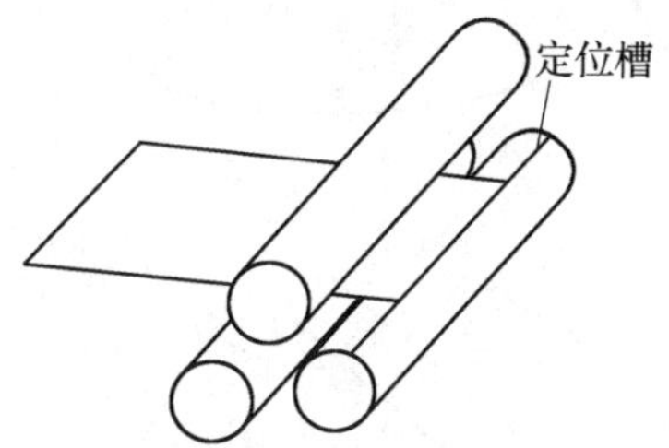

图 10 – 4　工件找正

（6）在滚弯过程中，由于弹复的影响，往往不能一次将工件滚压至要求的曲率。一般要凭经验初步调节上辊压下量，然后再滚压，并用样板测量。根据测量结果，对上辊压下量进一步调节，再滚压、测量，直至达到要求的曲率为止。

（7）滚压中若出现歪扭现象要及时修整。方法是用手工矫正，如图 10 – 5 所示。在矫正过程中，应根据工件的歪扭方向和程度，确定锤击位置，施加相应的锤击力，避免因矫正失当而引起工件反向歪扭或曲率过大。

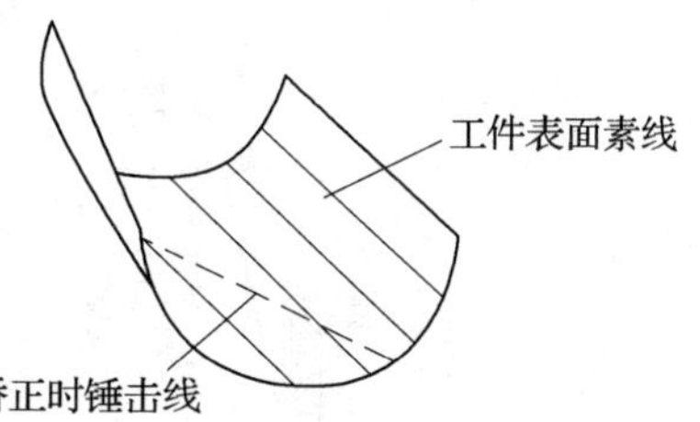

图 10 – 5　歪扭现象的修整方法

4. 滚弯件成形质量的检查

（1）用卡形样板沿圆筒的内表面上下边沿检查整个工件的曲率，若有不合格处，应及时修整。

（2）检查半圆筒两直边是否平行（即共面），方法如图 10 – 6 所示。若两直边都与平台贴合，说明两边平行；若不能与平台贴合，说明工件出现歪扭现象，要按图 10 – 5 所示的方法矫正。

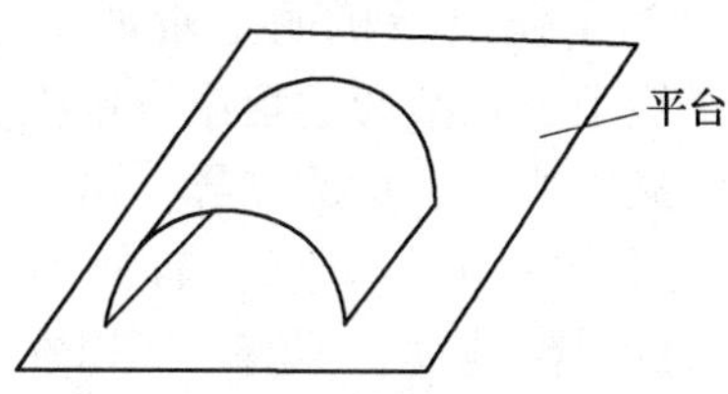

图 10 – 6　半圆筒两直边是否平行的检查方法

5. 装焊及矫正

两半圆筒滚制合格后，便可进行装配（见图 10 – 7）、焊接。焊接后还要对工件进行检验及必要的矫正。

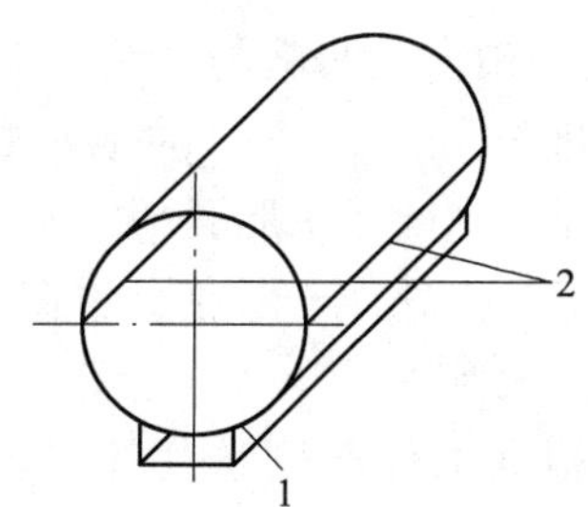

图 10 – 7　装配方法
1—槽钢　2—接口

二、锥面的滚弯

1. 锥面滚弯工件图（见图 10 – 8）

2. 锥面滚弯工艺分析

（1）锥面的几何特征是表面素线相交于

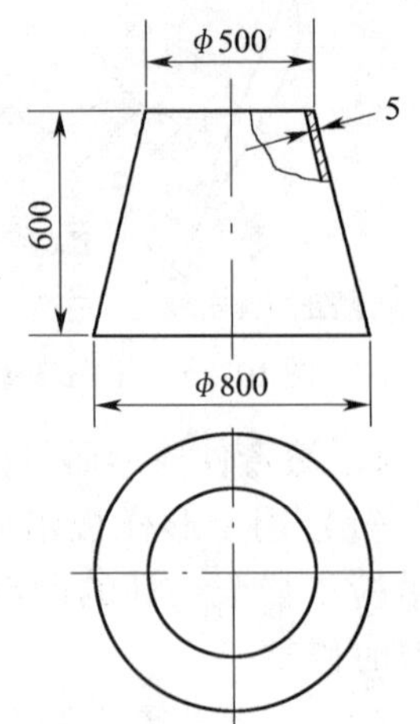

技术要求

1.用卡形样板检查大、小口的圆度，最大间隙不得大于1。
2.两直边不得出现歪扭现象。

图 10－8　锥面滚弯工件图

一点，每条素线上各点的曲率也不相同。所以在滚制时，滚板机的上下轴辊之间应具有一定的倾角。

（2）为了使滚板机的上辊始终近似压在锥面素线上，在滚弯过程中，锥面大、小口的进给速度应有一定的差异。由于滚板机的两下辊是平行的，单靠上辊倾斜，锥面大、小口的进给速度差不够，所以在上辊倾斜的基础上，还要采用分段滚制或小口减速等方法，使滚制过程中锥面大、小口的进给速度达到需要的差值。

（3）滚弯过程中，锥面大、小口的曲率都要进行测量，只有当两口的曲率均合格时，工件才算合格。

3. 锥面滚弯的步骤与方法

（1）准备好大、小口的卡形样板，大锤，压弧锤，锥面槽头胎具等工具。为使工件滚弯后不合格处便于矫正，锥筒采用两块拼接，分别滚弯。

（2）根据工件厚度选用手工槽头的方法预弯板料两端，具体操作与柱面槽头相近。

（3）采用分段滚弯法进行滚弯，如图 10－9 所示。滚弯前利用锥面素线将板料分为若干小段。滚弯时将上轴辊与小段的中位素线对正压下，在小段范围内来回滚压。滚弯完一段后，随即移动板料，按上述方法再滚压下一段。通过分段挪动板料，补偿锥面两口进给速度差的不足。分段越多，锥面成形越好。

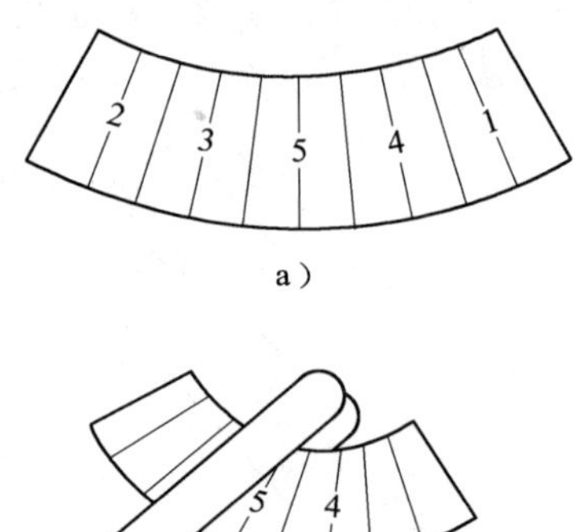

图 10－9　锥面的分段滚弯

锥面滚弯也要先滚弯板料两端部分，再滚弯板料中间部分。滚弯过程中要经常用样板检查工件大、小口的曲率，以控制滚弯过程。

4. 滚弯件成形质量的检查

（1）用卡形样板检查工件大、小口的曲率，通常在两小段之间易出现曲率不合格的现象，可采用手工弯曲的方法进行修整。

（2）检查两直边是否平行，如出现锥面歪扭要进行修整，其方法与柱面歪扭的修整方法相同。

5. 锥筒装焊

锥筒采用立装法装配，如图 10－10 所示。装配时，将两个半锥筒立放在平台上，使两直边对齐后施以定位焊。定位焊后再检查一下各部分尺寸及接口处的曲率，然后进行焊接。

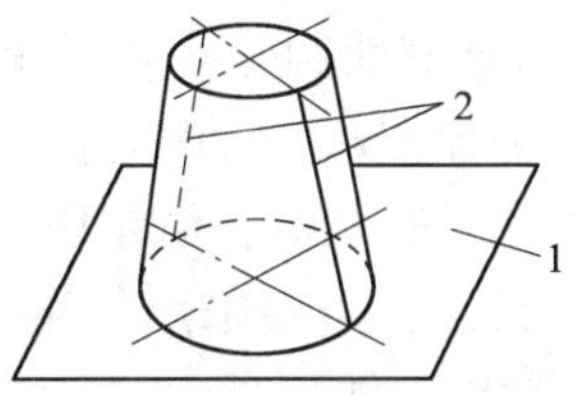

图 10－10　锥筒的装配方法

1—平台　2—接口

课题二　压弯

在压力机床上使用弯曲模具进行弯曲成形的加工方法称为压弯。压弯分为冷弯、热弯和折弯。

一、冷弯

1. 料斗压弯

（1）料斗压弯工件图（见图 10－11）

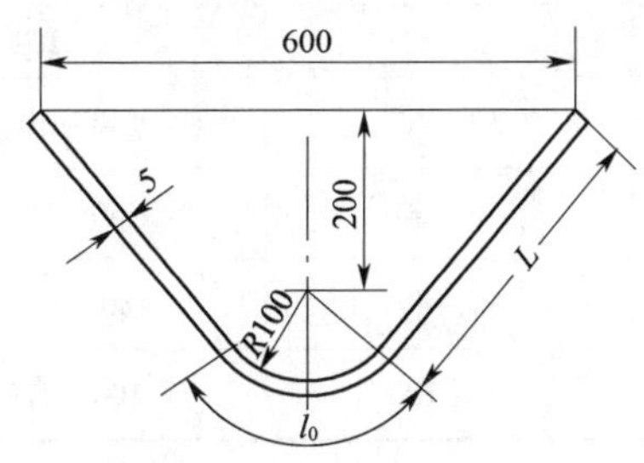

图 10－11　料斗压弯工件图

工件数量为 500 件，料宽为 600 mm，材质为 Q235A，压力机床最大工作压力为 2 000 kN。

（2）板料压弯时的变形过程分析

压弯成形时，材料的弯曲方式有三种：自由弯曲、接触弯曲和矫正弯曲，如图 10－12 所示。若材料弯曲时，仅是工件与凸模、凹模在三条线接触，弯曲圆角半径 r_1 是自然形成的，这种弯曲方式称为自由弯曲；若材料弯曲到直边与凹模表面平行，而且在长度 ab 上相互靠紧时停止弯曲，弯曲件的角度等于模具的角度，而弯曲圆角半径 r_2 仍靠自然形成，这种弯曲方式称为接触弯曲；若材料弯曲到与凸模、凹模完全靠紧，弯曲圆角半径 r_3 等于模具圆角半径 $r_{凸}$ 时，才结束弯曲，这种弯曲方式称为矫正弯曲。

（3）计算压弯力，并确定弯曲方式

由于工件的相对弯曲半径较大$\left(\frac{r}{t}=\frac{100}{5}=20\right)$（$r$ 为工件弯曲半径，t 为工

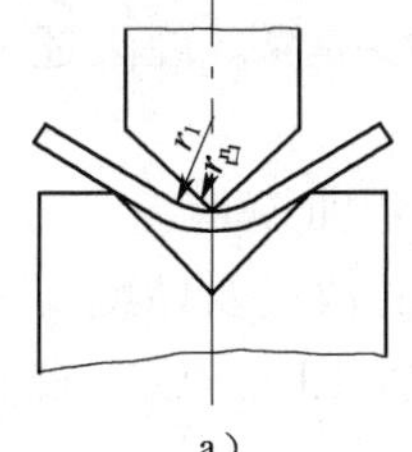

a）

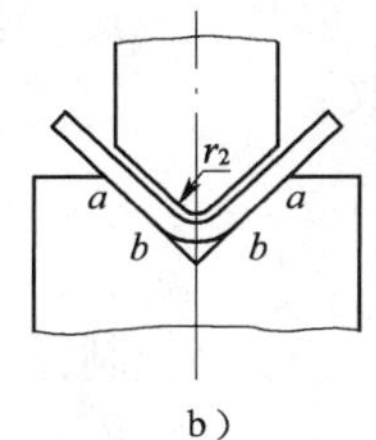

b）

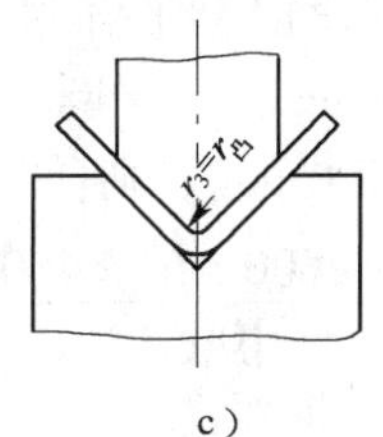

c）

图 10－12　材料压弯时的三种弯曲方式

a）自由弯曲　b）接触弯曲　c）矫正弯曲

件厚度)，而且弯曲圆弧较长，会有较大的弯曲回弹。为保证弯曲件的几何精度，采用矫正弯曲是比较有利的，但是压力机床的最大工作压力已定，需要采用何种弯曲方式，还应在计算出工件所需压弯力之后才能确定。

1）计算压弯力

若采用矫正弯曲，由表 10－1 可知，压弯力计算公式为：

$$F = qA$$

根据表 10－2 取 $q = 100\ \text{N/mm}^2$，并根据工件图样所给出的尺寸，初步取矫正部分投影面积 $A = 150 \times 600\ \text{mm}^2$。则：

$$F = 100 \times 150 \times 600\ \text{N} = 9.0 \times 10^6\ \text{N}$$

表 10－1　压弯力经验公式

弯曲方式	经验公式	弯曲方式	经验公式
V 形自由弯曲	$F = \dfrac{cbt^2\sigma_b}{2L}$	U 形自由弯曲	$F = Kbt\sigma_b$
V 形接触弯曲	$F = \dfrac{0.6cbt^2\sigma_b}{r_凸 + t}$	U 形接触弯曲	$F = \dfrac{0.7cbt^2\sigma_b}{r_凸 + t}$
V 形矫正弯曲	$F = qA$	U 形矫正弯曲	$F = qA$

注：F—压弯力，N；b—弯曲件的宽度，mm；t—弯曲件的厚度，mm；L—凹模槽口两支点距离，mm；$r_凸$—凸模半径，mm；σ_b—材料的抗拉强度，MPa；c—系数，取 $c = 1 \sim 1.3$；K—系数，取 $K = 0.3 \sim 0.6$；A—矫正部分投影面积，mm^2；q—单位矫正力，N/mm^2，见表 10－2。

表 10－2　单位矫正力 q 值　N/mm^2

材料	材料厚度/mm			
	<1	1～3	3～6	6～10
铝	15～20	20～30	30～40	40～50
黄铜	20～30	30～40	40～60	60～80
10～20 钢	30～40	40～60	60～80	80～100
Q235A、25～30 钢	40～50	50～70	80～100	100～120

若采用接触弯曲，由表 10－1 可得压弯力计算公式为：

$$F = 0.6\frac{cbt^2\sigma_b}{r_凸 + t}$$

根据工件图样所给尺寸可知，$b = 600\ \text{mm}$，$t = 5\ \text{mm}$。$\sigma_b = 400\ \text{N/mm}^2$，取 $c = 1.3$，$r_凸 + t = 100\ \text{mm}$。则：

$$F = 0.6 \times \frac{1.3 \times 600 \times 5^2 \times 400}{100}\ \text{N} = 46\ 800\ \text{N}$$

2）确定弯曲方式

从上面的计算结果可知，压力机床的工作压力介于该件所需的接触弯曲力和矫正弯曲力之间，不能采用矫正弯曲。但若使机床滑块在坯料发生接触弯曲时，未达到下死点位置，则可获得带有一定矫正成分的弯曲方式，有利于减小弹复。经上述分析，确定采用接触弯曲。

（4）制作弯曲模具

根据工件的数量及精度要求，确定采用制作方便、节省工时、成本较低的焊接结构模具。

1）解决弹复问题

根据该件相对弯曲半径较大、弯曲弧较长的特点，采用减小模具圆角半径的方法修正模具形状，解决弹复的问题。凭经验取修正后的圆角半径 $r_凸 = 95$ mm。修正模具形状时，应使修正前后的弯曲圆弧长度相等，并使直边与圆弧相切，如图 10－13 所示。

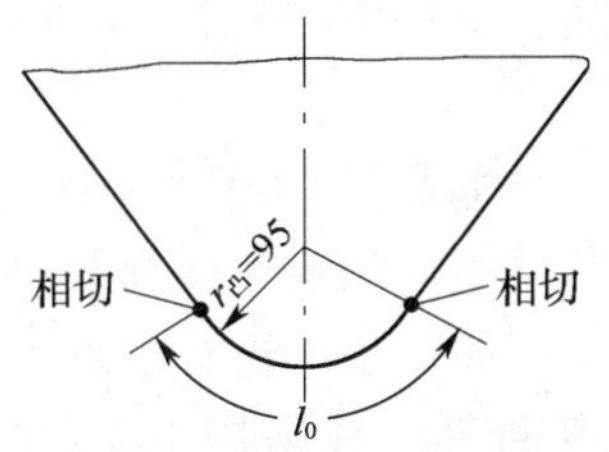

图 10－13　修正模具形状

实际压弯时，弹复值一般还需要做小的调整。由于压弯件数量不大，模具制作后再次修正不合适，可以通过调整实际压力大小，改变压弯力中矫正力所占的比例，来调整弹复值。

2）确定模具工作部分尺寸

模具凸模圆角半径 $r_凸$ 已经确定，$r_凸$ = 95 mm，其他尺寸根据表 10－3 选取。模具工作部分尺寸如图 10－14 所示。

3）模具结构

如图 10－15 所示，模具采用焊接结构，为保证弯曲件平整，凸模的圆弧部位由一圆钢构成，凹模上其他将与坯料接触的部位铺上钢板。利用定位挡板实现压料前的坯料定位，利用托料板防止弯曲中可能出现的坯料偏移。

表 10－3　　弯曲模工作部分尺寸及系数 *c*

L /mm	板厚											
	<0.5 mm			0.5～2 mm			2～4 mm			4～7 mm		
	l /mm	$r_凹$ /mm	c	l /mm	$r_凹$ /mm	c	l /mm	$r_凹$ /mm	c	l /mm	$r_凹$ /mm	c
10	6	3	0.1	10	3	0.1	10	4	0.08	—	—	—
20	8	3	0.1	12	4	0.1	15	5	0.08	20	8	0.06
35	12	4	0.15	15	5	0.1	20	6	0.08	25	8	0.06
50	15	5	0.2	20	6	0.15	25	8	0.1	30	10	0.08
75	20	6	0.2	25	8	0.15	30	10	0.1	35	12	0.1
100	—	—	—	30	10	0.15	35	12	0.1	40	15	0.1
150	—	—	—	35	12	0.2	40	15	0.15	50	20	0.1
200	—	—	—	45	15	0.2	50	20	0.15	65	25	0.15

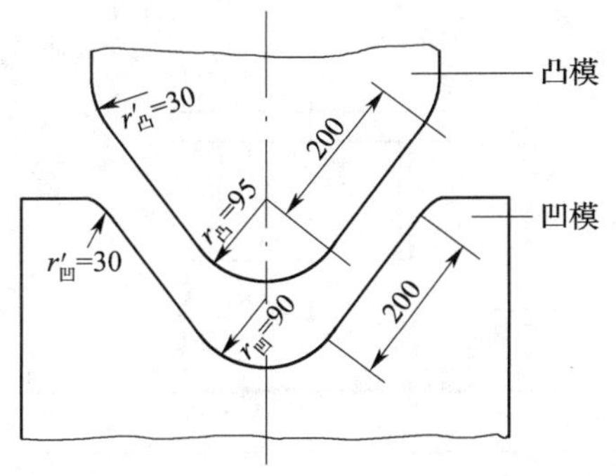

图 10－14　模具工作部分尺寸

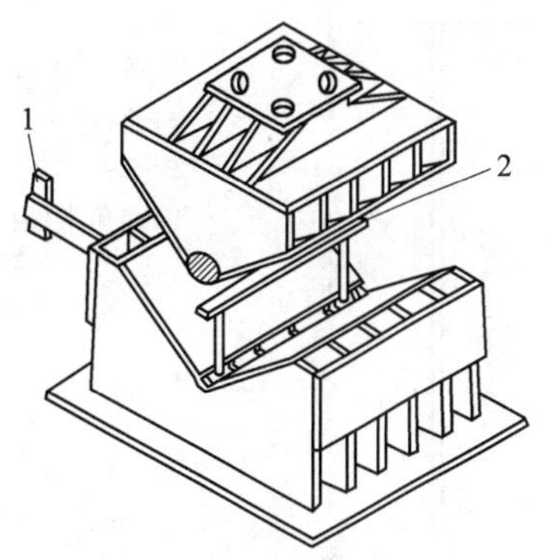

图 10－15　弯曲模具的结构

1—定位挡板　2—托料板

在确定模具骨架中立板的数量、厚度和分布形式时，应考虑保证模具具有足够的强度和刚度，并使压力分布均匀。

此外，模具结构还要考虑其在压力机床上的安装、固定问题。

（5）弯曲模具的安装与找正

首先将凸模与压力机床的滑块连接，然后将凹模置于压力机床的工作台上，与凸模大致找正。再将几块厚度与模具间隙（可取等于工件厚度 t）相适应的板块，分别放在凹模两侧的平面上，缓缓落下凸模，并调整凹模位置，使两者吻合，且保证间隙均匀，然后将凹模固定在压力机床的工作平台上。

（6）压弯方法

1）正式压弯前，应先试压几次，以检查模具的定位、弹复值和间隙，待试压合格后，才能正式压弯。

2）正式压弯时，要注意坯料定位的准确性，掌握好实际压弯力。

3）压力机床的使用，要严格遵守安全操作规程，并根据实际压弯中可能出现的问题采取相应的措施。

2. U 形件压弯

（1）U 形压弯工件图（见图 10－16）

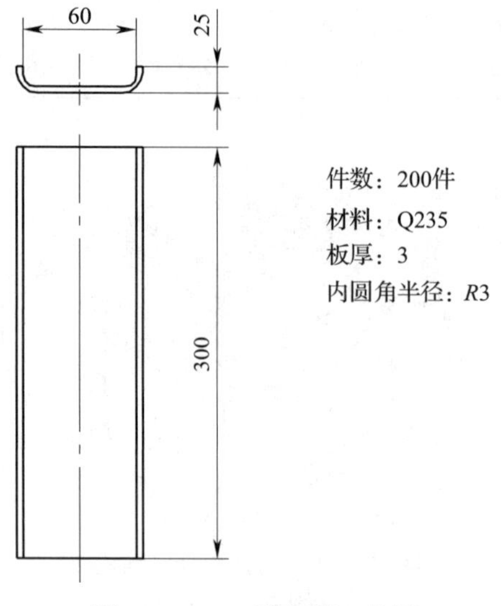

图 10－16　U 形压弯工件图

（2）弯曲模具的设计

1）阅读弯曲件产品图样，分析弯曲件工艺。该工件是典型的 U 形弯曲件，其尺寸公差为未注公差，在处理这类零件公差等级时均按 IT14 级要求。弯曲弧的内圆角半径 R 为 3 mm，大于最小弯曲半径（$r_{\min}=0.5t=0.5\times3\text{ mm}=1.5\text{ mm}$），故此工件形状、尺寸、精度均能满足弯曲工艺的要求，可用弯曲模具进行成形加工。

2）弯曲模具总体方案的确定

①模具类型的确定。模具类型应根据工件的形状、尺寸要求来选择。此工件属于典型的 U 形弯曲件，故采用 U 形件弯曲模具结构。

②模具结构形式的确定。U 形件弯曲模具在结构上分为顺出件与逆出件两大类型，此工件拟采用逆出件模具结构形式。另外，再根据此 U 形件的形状并不复杂及精度要求不太高，选择最简单且常用的无导向装置的单工序弯曲模具。

③绘制 U 形件弯曲模具结构简图（见图 10－17）。根据所确定的弯曲模具结构形式，把弯曲模具工作部分的主要结构画出来，其目的是为了分析所确定的结构是否合理，毛坯弯曲后能否满足产品的技术要求，根据分析结果对模具结构简图中的不合理之处进行修正，为最后确定弯曲模具结构做好准备。

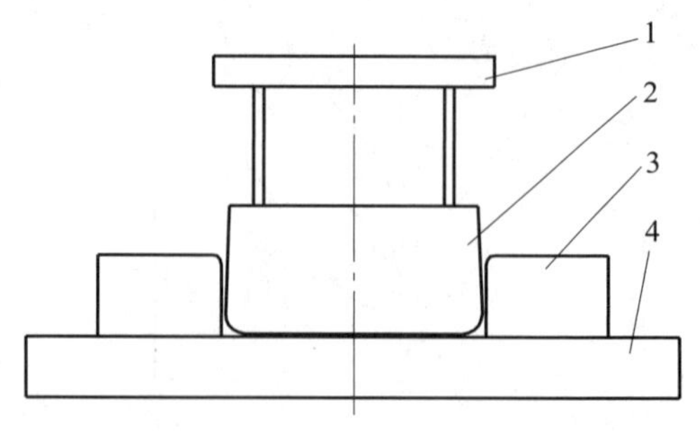

图 10－17　U 形件弯曲模具结构简图

1—凸模座　2—凸模　3—凹模　4—凹模底座

a. 模具的构思。该弯曲模具采用钢结构焊接而成，除了凸模、凹模的工作面采用切削加工外，其余零件都属毛坯件而不用加工。为解决弯曲弹复问题，将凸模壁做出等于弹复角的倾斜度。

b. 模具的特点。该弯曲模具的结构比较简单，制作容易，而且在压力机床上安装、调整也很方便。由于该模具采用了钢结构焊接而成，因此可缩短模具的制造周期，降低生产加工成本。采用逆出件弯曲模具结构形式，能使工件底部保持平整。由于采用了矫正弯曲方式，工件在弯曲结束时能得到可靠的矫正，并且又将凸模壁做出等于弹复角的倾斜度，因此可完全解决工件的回弹问题。

c. 模具的工作过程。工作时，先将板料放在凹模的上平面中（凹模的上平面设有定位板），启动压力机床并使凸模下行，凸模将与板料接触并将板料带入凹模内，在凸模与凹模的共同作用下，使板料产生弯曲变形，当凸模运行到了下死点并保压后，即对弯曲件施加矫正力，弯曲工作结束。弯曲结束后，可采取手工操作的方法将弯曲件从凹模中取出。

3）弯曲工艺计算

①弯曲件展开长度计算。因为弯曲件的内圆角半径 $r=3$ mm，所以弯曲件的展开长度应按直边段长度与圆弧段长度之和进行计算。圆弧段的展开长度应按弯曲前后中性层长度不变条件进行计算。

圆弧段中性层的曲率半径 $R_{中}$ 为：

$$R_{中}=r+kt=3+0.35\times3\ \text{mm}=4.05\ \text{mm}$$

圆弧段中性层的长度为：

$$A=\frac{(180^\circ-\beta)\ \pi}{180^\circ}R_{中}$$

$$=\frac{(180^\circ-90^\circ)\times3.14}{180^\circ}\times4.05\ \text{mm}=6.36\ \text{mm}$$

该弯曲件的展开长度尺寸（中性层长度）为：

$$L=\Sigma l+\Sigma A$$

$$=(25-3-3)\times2+(60-3\times2)+6.36\times2\ \text{mm}\approx105\ \text{mm}$$

②工件回弹问题的解决。该工件采用矫正弯曲方式，只需考虑弯曲角回弹的问题，查表 10－4，按下列经验公式计算其回弹角：

$$\Delta\alpha=0.434\ r/t-0.36=0.434\times(3/3)-0.36(^\circ)$$

$$=0.074\ (^\circ)$$

通过计算表明，在制作凸模时，应将凸模壁做出弹复角等于 0.074°的倾斜度。

表 10－4　　V 形件矫正弯曲时的回弹角 $\Delta\alpha$

材料 \ 弯曲角 α	30°	60°	90°	120°
08、10、Q195	$\Delta\alpha=0.75\ r/t-0.39$	$\Delta\alpha=0.58\ r/t-0.80$	$\Delta\alpha=0.43\ r/t-0.61$	$\Delta\alpha=0.36\ r/t-1.26$
15、20、Q215、Q235	$\Delta\alpha=0.69\ r/t-0.23$	$\Delta\alpha=0.64\ r/t-0.65$	$\Delta\alpha=0.434\ r/t-0.36$	$\Delta\alpha=0.37\ r/t-0.58$
25、30、Q255	$\Delta\alpha=1.59\ r/t-1.03$	$\Delta\alpha=0.95\ r/t-0.94$	$\Delta\alpha=0.78\ r/t-0.79$	$\Delta\alpha=0.46\ r/t-1.36$
25、Q275	$\Delta\alpha=1.51\ r/t-1.48$	$\Delta\alpha=0.84\ r/t-0.76$	$\Delta\alpha=0.79\ r/t-1.62$	$\Delta\alpha=0.51\ r/t-1.71$

③压弯力的计算。本工件采取矫正弯曲方式，由表 10－1 可知压弯力应为：

$$F=qA=80\times10^{-3}\times300\times60\ \text{kN}$$

$$=1\,440\ \text{kN}\quad(\text{取}\ q=80\ \text{MPa})$$

压力机床公称压力为：

$$F_0=1.3\ F=1.3\times1\,440\ \text{kN}=1\,872\ \text{kN}$$

④选择压力机床。根据计算出的公称压力数值，选择 2 000 kN 压力机床，如 J23－200、Y32－200 等型号的压力机床。

4）弯曲模具工作部分尺寸计算

①凸模圆角半径计算。该弯曲件的弯曲圆角半径较小，其相对弯曲半径 $r/t=3/3=1<5$，所以属于大变形程度的弯曲。弯曲结束后，弯曲件圆角半径的变化很小，可以不予考虑，故凸模圆角半径 $r_{凸}$ 可取弯曲件的内圆角半径，即 $r_{凸}=3$ mm。

②凹模圆角半径计算。该弯曲件两边弯曲高度相同，属于对称弯曲，所以凹模两边的圆角半径 $r_{凹}$ 应取大小一致。该弯曲件厚度 $t=3$ mm，故凹模圆角半径 $r_{凹}=2t=2\times3$ mm $=6$ mm。

③凹模工作部分深度的确定。该弯曲件直边高度为 25 mm，可以看作直边高度不大，但对弯曲件两边的直线要求还是较高的，所以凹模工作部分的深度应大于弯曲件的直边高度。

根据板厚 $t=3$ mm，查表 10－5 得出凹模超出弯曲件直边高度部分的深度值 $h_0=5$ mm。则凹模的总深度 $h=25+5+3$ mm $=33$ mm。

表 10－5　U 形件弯曲凹模的 h_0 值　　mm

材料厚度 t	≤1	1～2	2～3	3～4	4～5	5～6	6～7	7～8	8～10
h_0	3	4	5	6	8	10	15	20	25

④凸模、凹模间隙的确定。该弯曲件为 U 形件，所以弯曲模具凸模、凹模的单边间隙一般可按经验公式计算。

$$Z=t_{max}+ct=3+0.08\times3\text{ mm}=3.24\text{ mm}$$

（由表 10－6 查得 $c=0.08$）

表 10－6　U 形件弯曲模具凸模、凹模的间隙系数 c 值

弯曲高度 H /mm	弯曲件宽度 $B\leq2H$				弯曲件宽度 $B>2H$				
	材料厚度 t/mm								
	<0.5	0.6～2	2.1～4	4.1～5	<0.5	0.6～2	2.1～4	4.1～7.5	7.6～12
10	0.05	0.05	0.04	—	0.10	0.10	0.08	—	—
20	0.05	0.05	0.04	0.03	0.10	0.10	0.08	0.06	0.06
35	0.07	0.05	0.04	0.03	0.15	0.10	0.08	0.06	0.06
50	0.10	0.07	0.05	0.04	0.20	0.15	0.10	0.06	0.06
70	0.10	0.07	0.05	0.05	0.20	0.15	0.10	0.10	0.08
100	—	0.07	0.05	0.05	—	0.15	0.10	0.10	0.08
150	—	0.10	0.07	0.05	—	0.20	0.15	0.10	0.10
200	—	0.10	0.07	0.07	—	0.20	0.15	0.15	0.10

⑤凸横、凹模横向尺寸及公差。由于该工件标注内形尺寸，所以以凸模为基准。

尺寸 60 mm 的公差按 IT14 级选取，故 $\Delta=0.74$ mm。

$\delta_{凸}$ 为凸模的制造公差，按 IT8 级选取，故 $\delta_{凸}=0.046$ mm。

$\delta_{凹}$ 为凹模的制造公差，按 IT9 级选取，故 $\delta_{凹}=0.074$ mm。

凸模横向尺寸：

$$L_{凸}=(L_{min}+0.75\Delta)_{-\delta_{凸}}^{\ 0}$$
$$=(60+0.75\times0.74)_{-0.046}^{\ 0}\text{ mm}=60.56_{-0.046}^{\ 0}\text{ mm}$$

凹模横向尺寸：

$$L_{凹}=(L_{凸}+2Z)^{+\delta_{凹}}_{0}$$

$$=(60.56+2\times 3.24)^{+0.074}_{0}\ \text{mm}$$

$$=67.04^{+0.074}_{0}\ \text{mm}$$

5）模具闭合高度计算。模具闭合高度应该是上模座厚度、凸模连接板高度、凹模厚度、凹模底座厚度及安全距离之和。

$$H=H_{上}+H_{凸}+H_{凹}+H_{底}+L$$

$$=20+150+33+30+25\ \text{mm}=258\ \text{mm}$$

式中 L 为安全距离，一般取 20 ~ 25 mm，本模具取为 25 mm。

6）U 形件弯曲模具装配图的设计。绘制 U 形件弯曲模具装配图如图 10－18 所示。

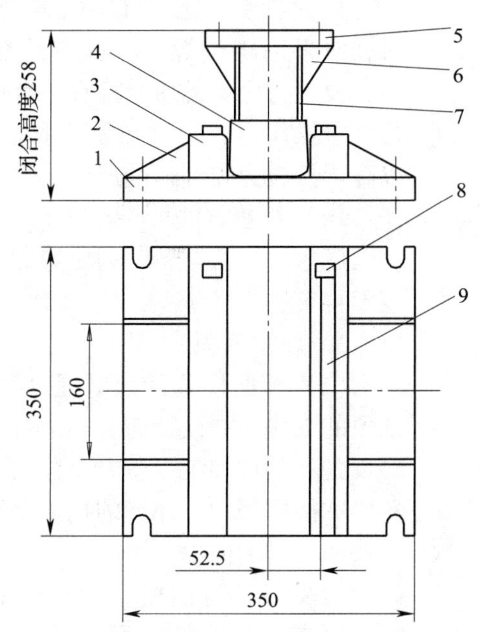

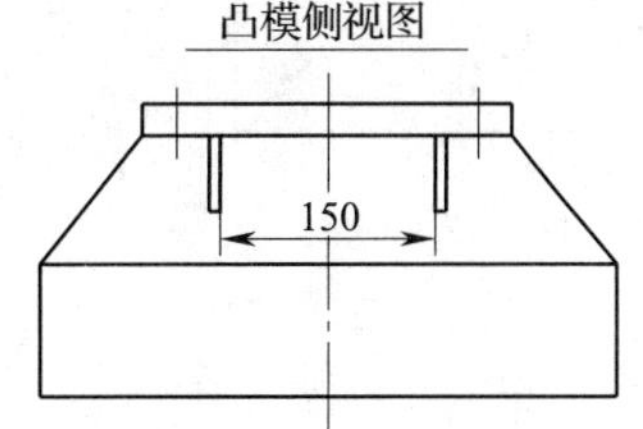

序号	名称	件数	备注
9	定位挡板	1	
8	定位挡板	2	
7	连接板	2	
6	肋板	4	100 × 30
5	凸模座	1	
4	凸模	1	切削加工
3	凹模	2	切削加工
2	肋板	4	100 × 30
1	凹模底座	1	

图 10－18　U 形件弯曲模具装配图

7）凸模、凹模零件图的设计绘制

①凸模如图 10－19 所示。

②凹模如图 10－20 所示。

③凸模座如图 10－21 所示。

④凹模座如图 10－22 所示。

⑤连接板如图 10－23 所示。

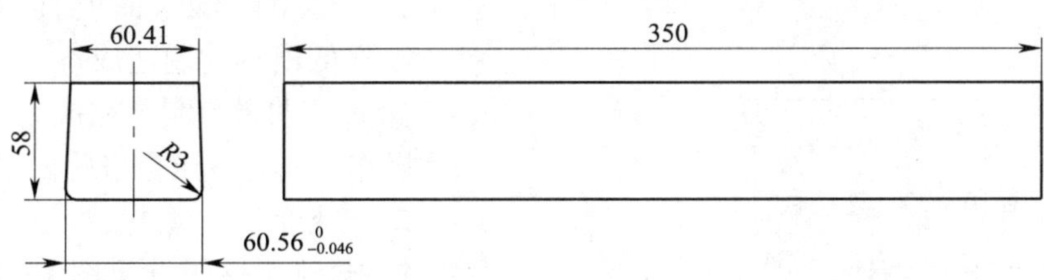

图 10－19　凸模

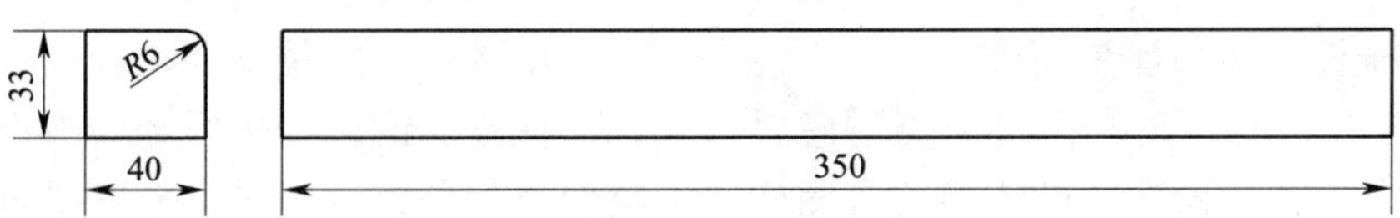

图 10－20　凹模

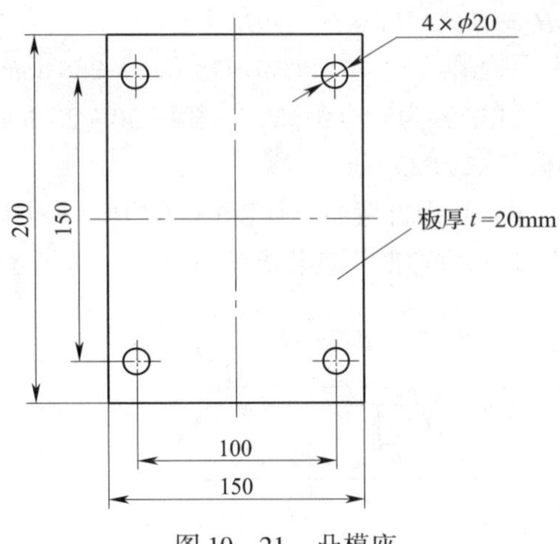

图 10－21 凸模座

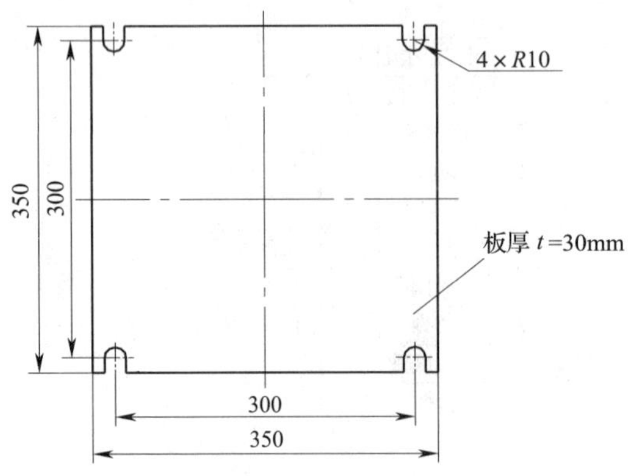

图 10－22 凹模座

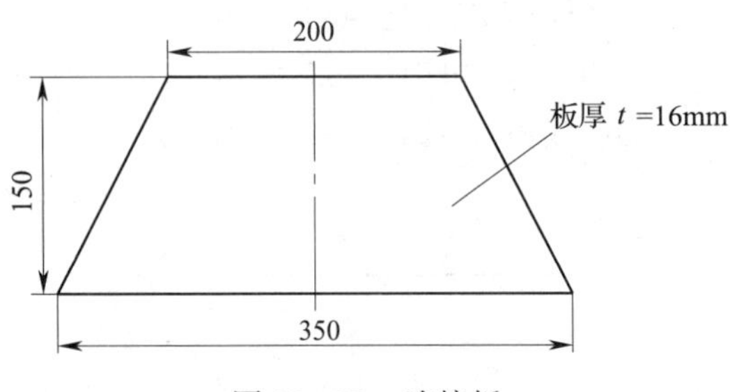

图 10－23 连接板

（3）弯曲模具的制作

1）由于弯曲模具中凸模、凹模的几何形状及尺寸精度要求较高，所以凸模、凹模一般采用机械设备切削加工而成。

2）在制造弯曲模具时，必须要考虑材料的回弹值，以便使所弯曲的零件符合图样规定的要求。虽然在设计时已经进行了回弹值的计算，但由于影响回弹的因素有很多，模具设计时要达到准确控制回弹是不可能的，这就要求在制造模具时，要反复试模和修正，直到弯出合格的零件为止。

3）在组装凹模时，一定要确保凹模的横向尺寸为 $67.04^{+0.074}_{0}$ mm，以满足设计要求，同时还要保证两凹模互相平行。

4）组装凸模、凹模的各个组成零件时，应采用定位焊，所有零件都组装完成后，要进行全面的质量检查，合格后方可进行焊接操作。焊接时必须采取相应的措施，以防焊接应力与变形的产生。

（4）压弯方法

压弯的方法与料斗的压弯方法一致，这里不再赘述。

3. 注意事项

（1）弯曲模具的设计是一项复杂而又细致的工作。在设计前，必须对本部门的成形设备和其他加工设备有充分的了解，此外还要掌握本部门操作者的技术水平，这是设计弯曲模具的前提。

（2）设计弯曲模具的结构形式、强度时必须考虑弯曲件的形状、材质和生产批量，以保证弯曲模具既能制造出合格的弯曲件，又具有一定的使用寿命。

（3）弯曲模具的制造精度要依据弯曲件的精度而定，在保证弯曲件制造精度的前提下，应尽量降低弯曲模具的制造精度等级，以降低模具的制造成本。

（4）弯曲模具制造完成后，必须先进行试压操作，只有试压合格后，才可正式压弯。

二、热弯

1. 热弯工件图（见图 10－24）

材质为 20 钢，料宽为 400 mm。

2. 计算压弯力，并确定弯曲方式

由于工件的精度要求较高，采取冷压方式，在弯曲的过程中凭经验减小圆角半径解决弹复问题，难以满足精度要求。因此，要达到工件的精度要求，则需反复几次修改模具，这样会大大增加工作量。如果采用加热

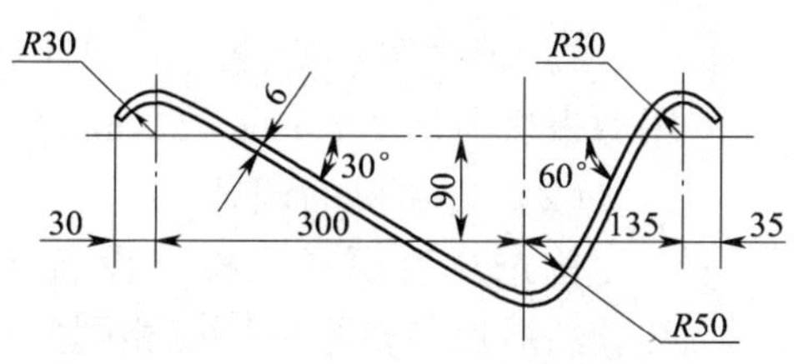

图 10－24　热弯工件图

弯曲，由于材料屈服强度降低，可以减小压弯力，可用矫正弯曲方式，消除工件弯曲弹复，很容易达到工件精度要求。

采用矫正弯曲，根据表 10－1 得压弯力为：

$$F = qA$$

按图 10－24 所给尺寸，取 $R50$ 投影面积为 400×75（mm^2）；$R30$ 的投影面积为 400×45（mm^2）。又根据表 10－2 取 $q = 80\ N/mm^2$。所以该件冷压时所需的压弯力为：$F = 80 \times 400 \times (75 + 2 \times 45)N = 5\ 280\ 000\ N$。

材料加热到 800～900 ℃时，强度降到常温状态的 20%。那么，加热后所需的实际压弯力为 1 056 kN。由此选择 2 000 kN 压力机床，弯曲方式为加热矫正弯曲。

3. 模具的设计及制作

根据工件的形状及精度，选择无导向单工序的铸制弯曲模具。由于工件的弹复已被克服，所以模具工作部分的形状可按工件形状进行设计。其他需要考虑的因素与冷压模具的设计相同。弯曲模具的形状及各部分尺寸如图 10－25 所示。

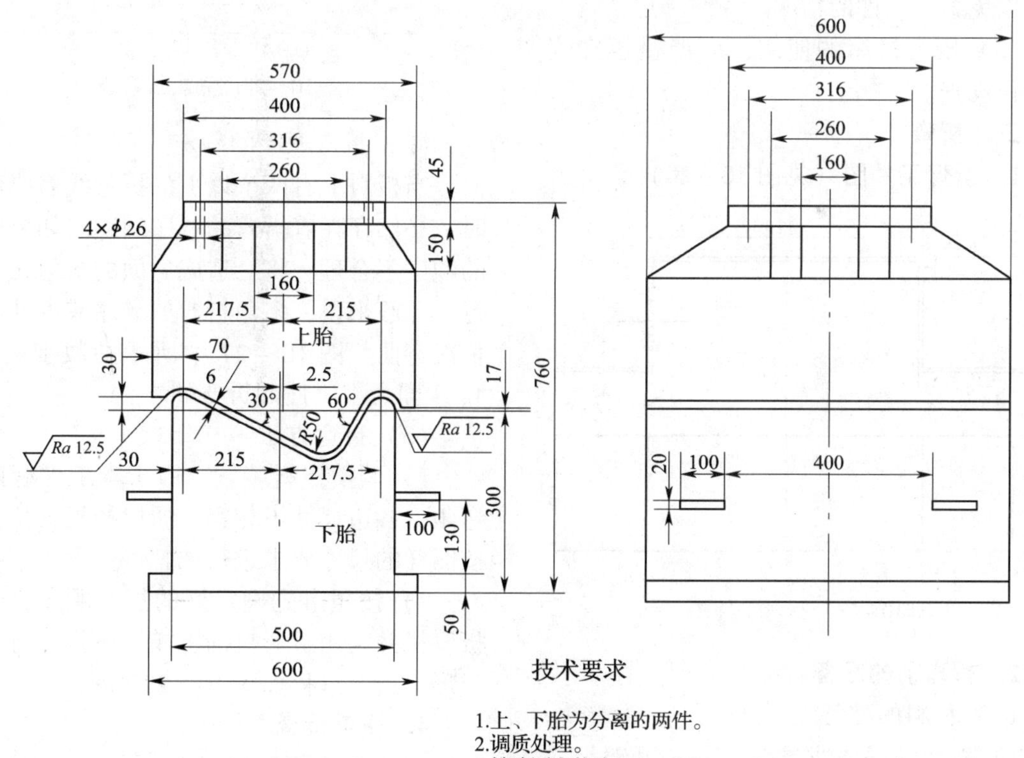

图 10－25　弯曲模具的形状及各部分尺寸

4. 模具的安装与找正

热弯模具的安装及找正方法与冷弯时相同。

5. 材料的加热

压弯前板料要进行加热，一般采用地炉加热。加热时，当板料温度达到 800 ~ 900 ℃（呈淡樱红色）时改为缓火焖烧，并在板料上盖以薄板，目的是使板料受热均匀，以免在压弯过程中由于受热不均匀，板料发生偏移现象。要随时注意控制好加热温度，防止出现烧废材料及温度过低的现象。

6. 压弯方法

（1）正式压弯前，应先试压几次，检查模具及工件的定位情况。待试压合格后，才能正式压弯。

（2）压弯后的工件，由于温度较高，强度不足，取下及放置时，要注意避免变形，以免影响工件的精度。

（3）压力机床的使用，应严格遵守安全操作规程。

三、折弯

1. 折弯工件图（见图 10 – 26）

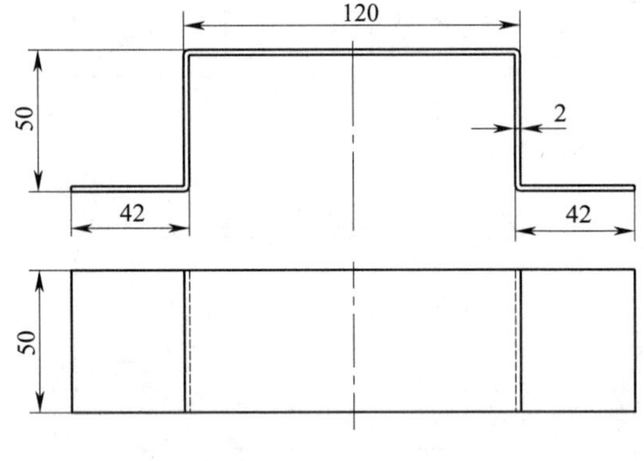

图 10 – 26　折弯工件图

2. 折弯前的准备

（1）材料的准备

1）按照图样要求准备 2 mm 厚钢板一块。

2）计算用料长度：$L=(42-2)\times 2+(50-2\times 2)\times 2+(120-2\times 2)\text{mm}=288\text{ mm}$。

3）根据图样所给尺寸和计算出的尺寸用剪板机剪切 288 mm × 50 mm 钢板一块。

（2）折弯机的调试

首先开启设备，检查设备运转是否正常。然后用与折弯件厚度相同的板料进行预折，检查折弯角度是否合适。若折弯角度没有达到要求，调整上模下压的深度，直到折弯角度达到要求为止。

3. 折弯步骤与方法

（1）划线

将板料表面清理干净，并划出折弯线，如图 10 – 27 所示。

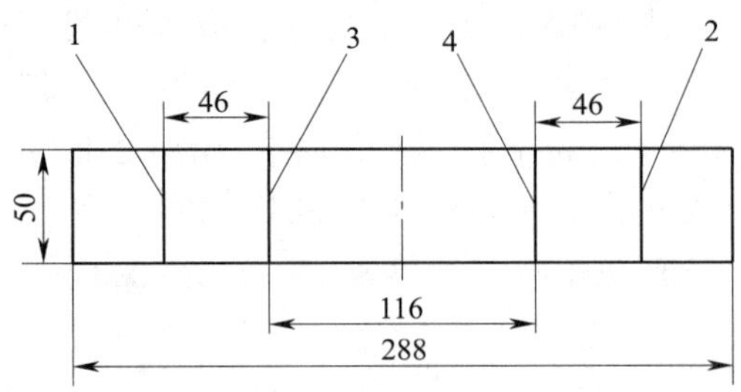

图 10 – 27　划出折弯线

（2）折弯顺序的确定

当板料上有两个以上的折弯线需要弯曲时，必然存在着折弯的顺序问题。如果折弯的顺序不合理，将会造成后面的折弯无法进行。一般来说，多角折弯的顺序应由外向内依次弯曲。图 10 – 27 中所示的数字 1、2、3、4 即为本工件的折弯顺序。

（3）折弯方法

1）调整挡料装置。由于本工件有四个弯角，各边尺寸不相等，所以挡板的位置应按图样的尺寸要求进行调整。

2）按照事先确定好的折弯顺序，开启折弯机并利用折弯机的上模、下模进行折弯成形。折弯过程如图 10 – 28 所示。

4. 质量检查

（1）检查折弯件的各项尺寸是否符合图样要求。

（2）检查折弯件的各个弯角是否满足 90°要求。

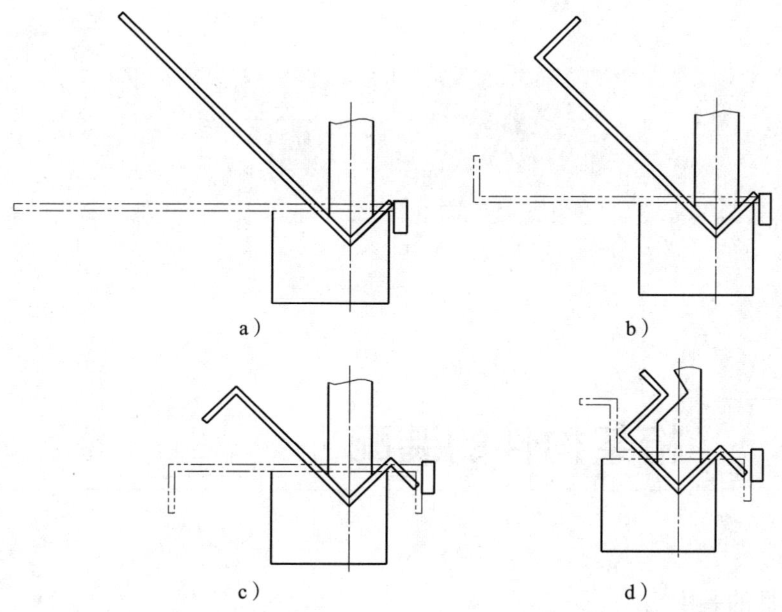

图 10－28　折弯过程

第十一单元

装　　配

课题一　桁架构件的装配

一、角钢框的装配

1. 装配工件图（见图11-1）

2. 装配步骤与方法

（1）准备工作

1）熟悉工件图样，了解工件的结构特点、数量和装配技术要求，确定装配方法。本工件为简单平面框架，数量为一件，装配技术要求比较高。根据上述条件，确定采取平台上划线定位装配。

2）准备好平台、大锤、手锤、划线工具等。

3）准备好钢卷尺、钢直尺、直角尺等量具。

4）制作所需的定位挡铁。

5）检查角钢零件的规格、尺寸、数量是否与图样要求相符。

（2）在装配平台上划出装配定位线。因工件为内折弯角钢框，装配定位应以外框线为依据，所以装配平台上仅划角钢框外框线，如图11-2所示。然后沿定位线在适当位置焊好定位挡铁。

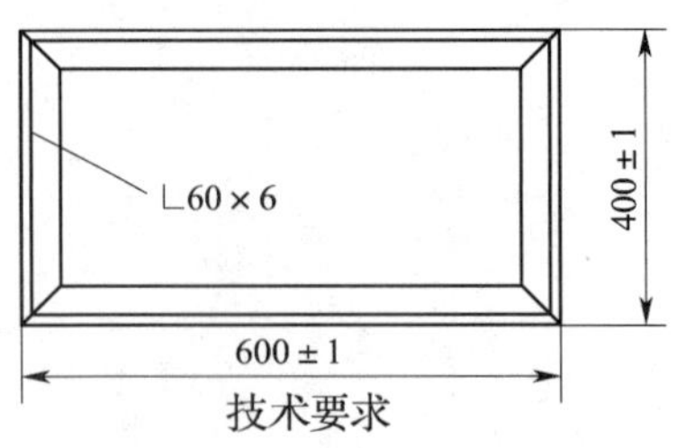

图11-1　装配工件图

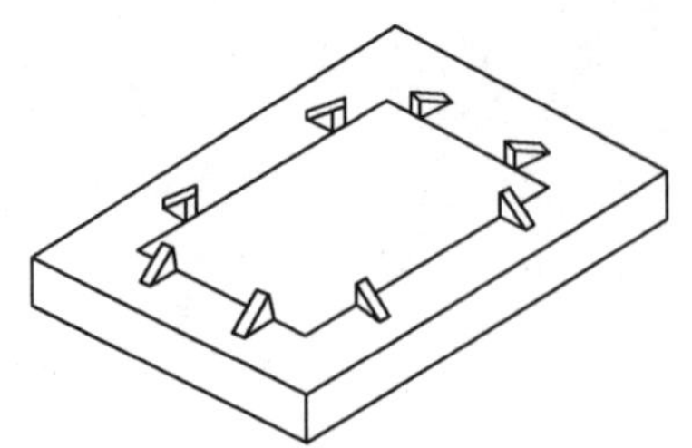

图11-2　在平台上划出定位线

（3）按装配定位线将角钢零件摆放定位，如图11-3所示。通常情况下，这种简单框架的装配，可以靠零件自重来保证定位的可靠性，而不必采取特殊的夹紧装置。

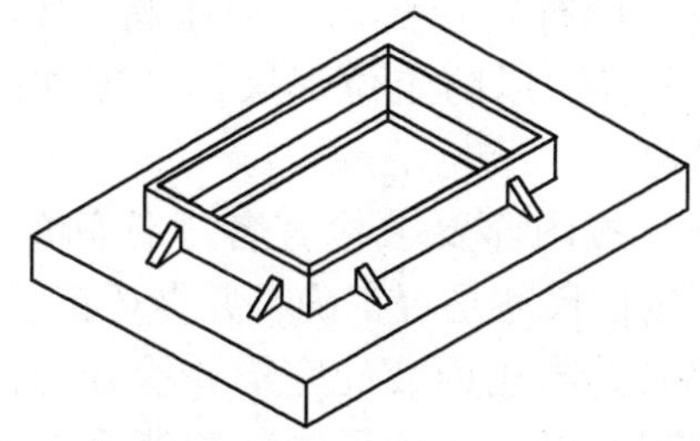

图 11－3　角钢零件摆放定位

（4）初步定位焊时的注意事项

1）因为零件未用夹具夹紧，故定位焊引弧时不要使零件移动，以免焊成零件错位。

2）定位焊接时，每条对接缝只能焊一点，且焊缝不能过大。否则，定位焊后将无法调整零件间的位置和角度。

（5）测量检查并矫正

1）用钢卷尺检验角钢框长度、宽度尺寸。

2）用直角尺检验角钢框四角的垂直度。

3）目测角钢框平面的平整程度，也可用钢直尺放在角钢框平面上，检验角钢框的平面度，如图 11－4 所示。

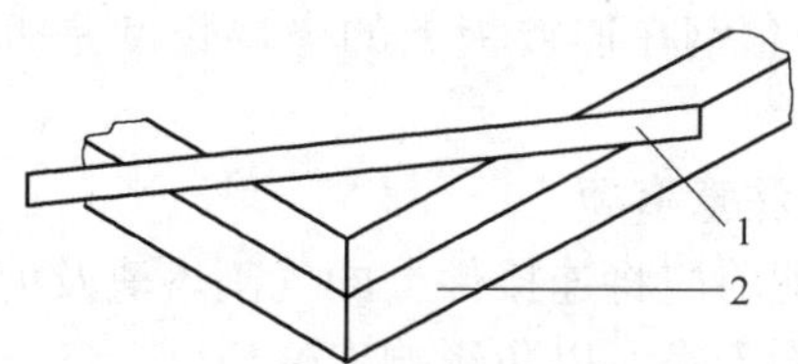

图 11－4　用钢直尺检验角钢框平面度

1—钢直尺　2—角钢框

经检验发现的不合格之处要予以矫正。如果零件错位或尺寸不对，应断开焊缝重新定位、点焊；若框架角度不正确，可将其立在装配平台上，撞击矫正，如图 11－5 所示；角钢框平面不平整时，可在平台上锤击矫正，如图 11－6 所示。

（6）角钢框经检查、矫正后，即可完全定位焊，这时每条焊缝至少应焊接两点，若仅焊一点，将达不到完全定位的目的。

（7）工件施行完全定位焊后，要按照图样要求进行全面质量检验。

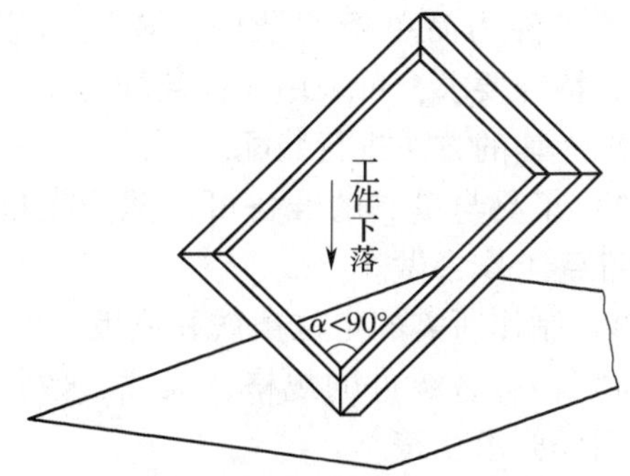

图 11－5　矫正框架角度

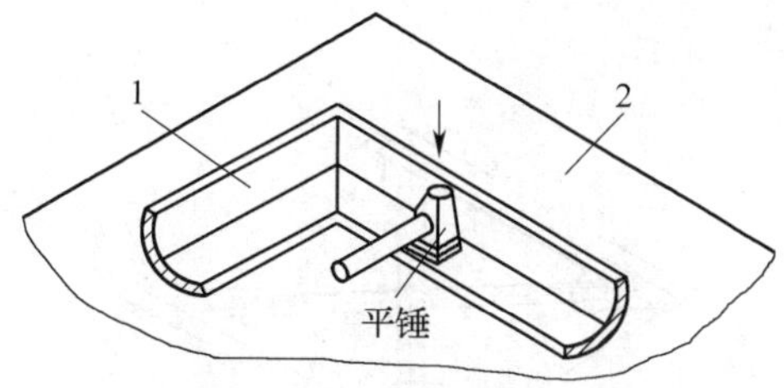

图 11－6　矫正框架平面度

1—工件　2—平台面

3. 注意事项

装配平台表面应清扫干净，否则极易造成角钢框平面错位不平。

二、简单桁架的装配

1. 装配工件图（见图 11－7）

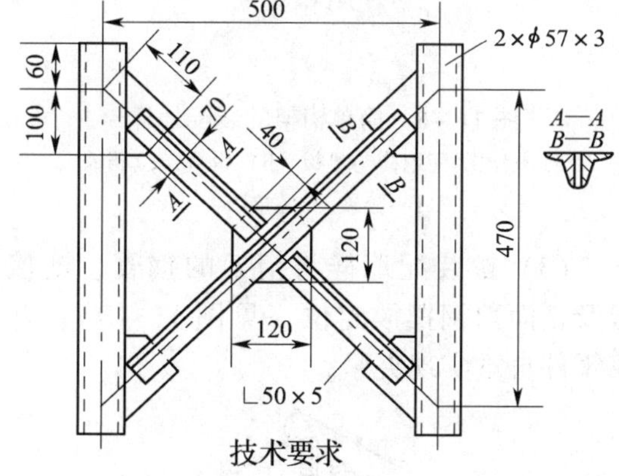

图 11－7　装配工件图

2. 装配步骤与方法

（1）准备工作

1）识读工件图样，进行简单的工艺分

析。本工件为简单桁架结构，装配工艺简单，无特殊要求，可采用地样装配为主、仿形装配为辅的方法进行装配。

2）工具与量具的准备可参照角钢框的装配准备工作去做。

3）制作所需的定位挡铁和垫板。

4）检查各零件的规格、尺寸、数量是否与图样要求相符。

（2）在装配平台上划出装配地样，并按图样上的位置设置定位挡铁与垫板，如图11－8所示。

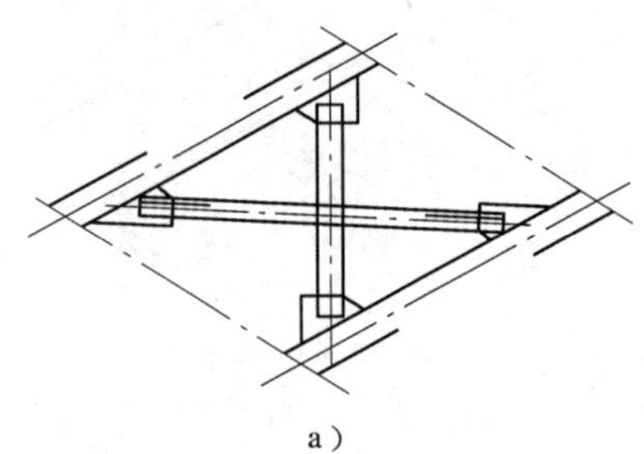

a）

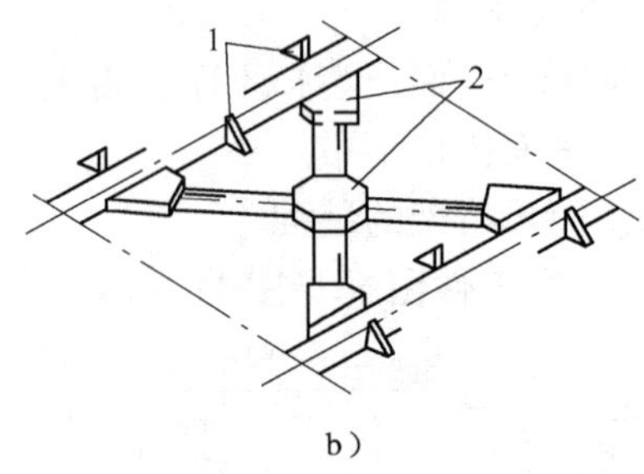

b）

图11－8 简单桁架的装配地样

a）划出装配地样与垫板 b）设置定位挡铁

1—挡铁 2—垫板

（3）按装配地样将桁架的钢管、连接板及正面角钢摆放定位（见图11－9），并靠零件自重实现夹紧。

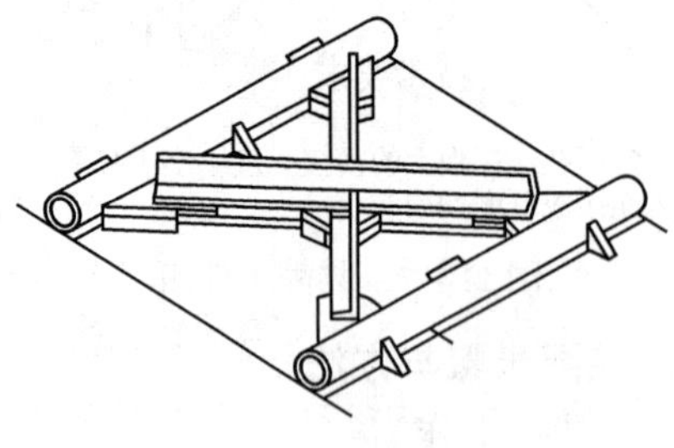

图11－9 桁架主体及正面零件的装配

（4）施行定位焊时，应手持工具压住需焊的零件，以防定位焊操作中零件移动，造成错位。

（5）按图样要求检查各零件间的连接关系、定位尺寸是否正确，并做矫正。

（6）桁架正面装配完毕并检查合格后，将其翻转180°，用仿形法装配背面的角钢，如图11－10所示。

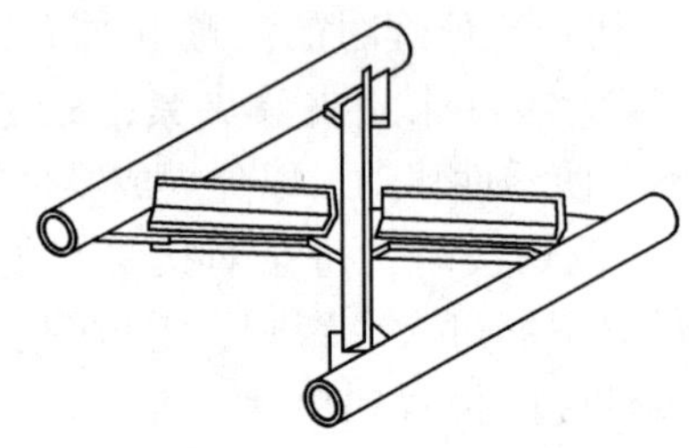

图11－10 仿形法装配背面的角钢

（7）对背面零件进行定位焊及检查、矫正。

（8）对装配好的桁架进行全面质量检验。检验的要点如下。

1）两钢管平行度的准确性。

2）轴线尺寸500 mm及高度尺寸470 mm的准确性。

3）角钢在连接板上的搭接长度是否符合要求。

3. 注意事项

装配前应将连接件上的气割熔渣及剪切毛刺清除干净，以免影响定位精度。

三、屋架的装配

1. 装配工件图（见图11－11）

2. 装配步骤与方法

（1）准备工作

1）识读工件图样，进行简单的工艺分析。本工件是典型的承重桁架结构，杆件数量多，尺寸大，装配技术要求高。根据上述条件，确定采用地样装配和仿形装配相结合的方法。

2）对杆件、板件的规格、尺寸、直线度、平面度及表面质量做必要的检验和矫正，并核对零件数量。

3）其他准备工作与前述两个工件相同，可参照进行。

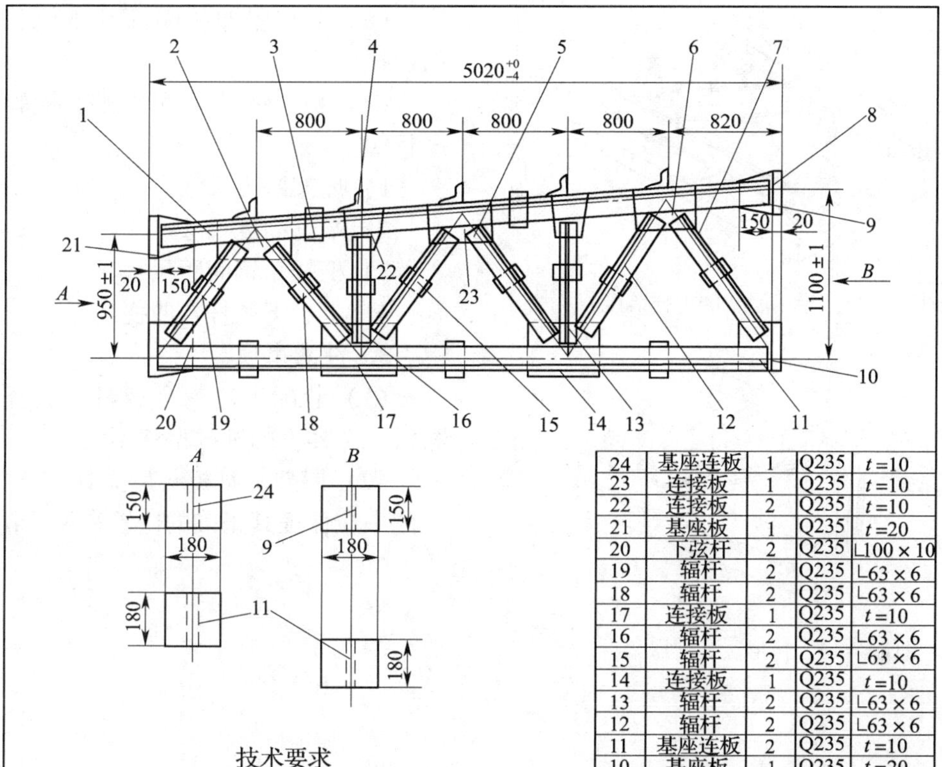

24	基座连板	1	Q235	$t=10$
23	连接板	1	Q235	$t=10$
22	连接板	2	Q235	$t=10$
21	基座板	1	Q235	$t=20$
20	下弦杆	2	Q235	∟100×10
19	辐杆	2	Q235	∟63×6
18	辐杆	2	Q235	∟63×6
17	连接板	1	Q235	$t=10$
16	辐杆	2	Q235	∟63×6
15	辐杆	2	Q235	∟63×6
14	连接板	1	Q235	$t=10$
13	辐杆	2	Q235	∟63×6
12	辐杆	2	Q235	∟63×6
11	基座连板	2	Q235	$t=10$
10	基座板	1	Q235	$t=20$
9	基座连板	1	Q235	$t=10$
8	基座板	2	Q235	$t=20$
7	辐杆	2	Q235	∟63×6
6	连接板	1	Q235	$t=10$
5	辐杆	2	Q235	∟63×6
4	檩托	5	Q235	∟63×6
3	夹板	13	Q235	$t=10$
2	连接板	1	Q235	$t=10$
1	上弦杆	2	Q235	∟100×10
序号	名称	数量	材料	备注
制图		屋架		
描图				
审核				

技术要求

1.弦杆上挠度应为跨度的3/1000~2/1000。
2.装配中各杆件重心线偏差应小于2。
3.各搭接焊缝长度不小于40。
4.全部焊缝均采用焊条电弧焊焊接。
5.表面涂防锈漆两遍。

图 11－11　装配工件图

（2）在装配平台上划出屋架装配图样，如图 11－12 所示。划图样时，一定要保证各部分尺寸的准确，而且在连接节点处，弦杆和腹杆的轴线要交于一点。图样划好后，可沿图样外轮廓线焊上若干定位挡铁，用以辅助图样作装配定位。

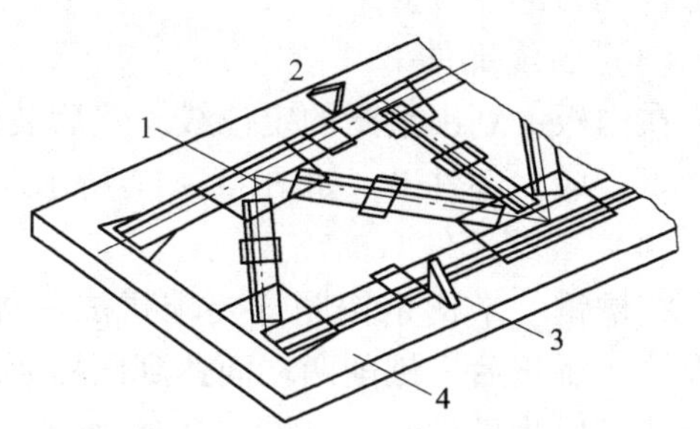

图 11－12　屋架装配图样

1—图样　2、3—挡板　4—平台

（3）按图样位置放好连接板、夹板，再放置上、下弦杆及腹杆，测量矫正后，用定位焊固定，如图 11－13 所示。

（4）装好半扇屋架后，按图样要求检查装配质量，不合格处需进行修正，难以修正时应断开焊缝重新装配。

（5）将检验合格的半扇屋架翻转 180°，用仿形装配法，对称地装配屋架另一面的各杆件，组成完整屋架，如图 11－14 所示。

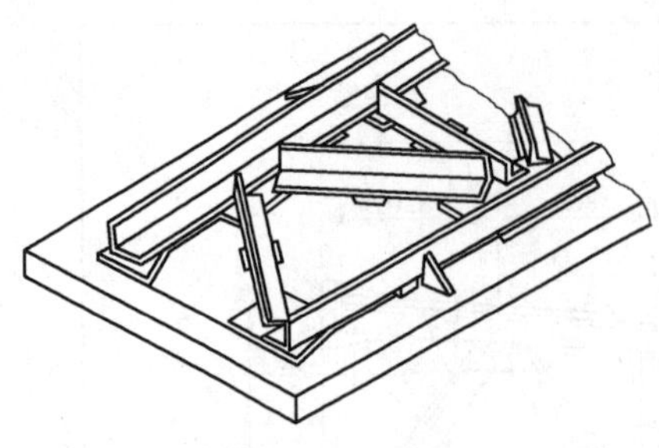

图 11－13　半扇屋架的地样装配

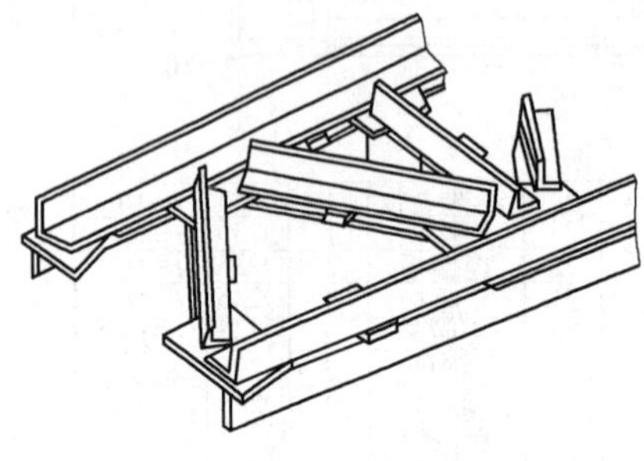

图 11－14　仿形法装配屋架

（6）装配屋架的端部基座板和上弦杆的檩托。

（7）检验屋架装配质量。检验的主要项目如下。

1）屋架跨度尺寸。

2）端部高度尺寸。

3）檩托角钢间距尺寸。

4）上、下弦杆弯曲挠度。

3. 注意事项

（1）装配中应保证弦杆、腹杆重心线相对于图样上的轴线偏移不大于 2 mm。

（2）屋架基座板与屋立柱有连接关系，装配中应保证其正确的位置和尺寸精度。

课题二　板架构件的装配

一、悬架的装配

1. 装配工件图（见图 11－15）

2. 装配步骤与方法

（1）准备工作

1）识读工件图样，进行工艺分析。本工件为板式悬架，由外板 1、垫圈 2、内板 3、槽钢 4、半槽钢 5、支承板 6 和肋板 7 组成。由于本工件整体刚度不高，焊接过程中将产生较大的变形，若采取整体一次总装，焊接变形将难以矫正，而且一次总装将使支承板 6 和肋板 7 的焊缝受空间位置限制而无法焊接，因此应采取部件分装后再进行总装的装配方法。

部件划分方法是：支承板 6、肋板 7、垫圈 2 与外板 1 组成部件 A；内板 3 与垫圈 2 组成部件 B；槽钢 4 与半槽钢 5 组成部件 C。

2）其他准备工作与前一课题相同。

（2）装配部件 A

如图 11－16 所示，在外板上划出支承板、肋板、垫圈的定位线，然后按线装焊并矫正，成为部件 A。

（3）装配部件 B

在内板上划出垫圈的定位线，然后装焊并矫正，成为部件 B，如图 11－17 所示。

（4）装配部件 C

将槽钢、半槽钢按图样要求拼成一体，经焊接、矫正后，刨削两端面达到图样要求的尺寸，成为部件 C，如图 11－18 所示。

（5）总装

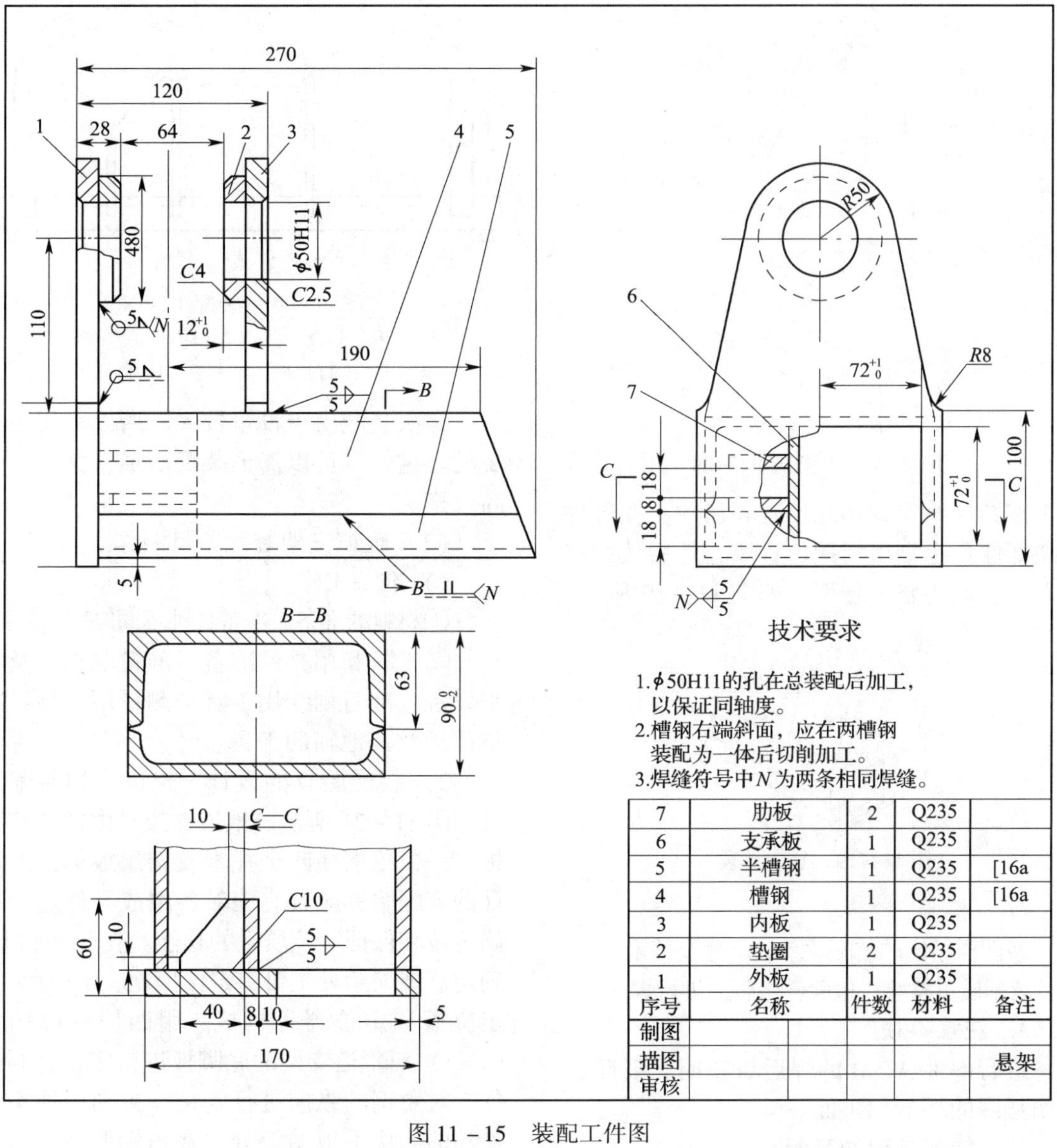

技术要求

1.ϕ50H11的孔在总装配后加工，以保证同轴度。
2.槽钢右端斜面，应在两槽钢装配为一体后切削加工。
3.焊缝符号中N为两条相同焊缝。

序号	名称	件数	材料	备注
7	肋板	2	Q235	
6	支承板	1	Q235	
5	半槽钢	1	Q235	[16a
4	槽钢	1	Q235	[16a
3	内板	1	Q235	
2	垫圈	2	Q235	
1	外板	1	Q235	
制图				
描图				悬架
审核				

图 11－15　装配工件图

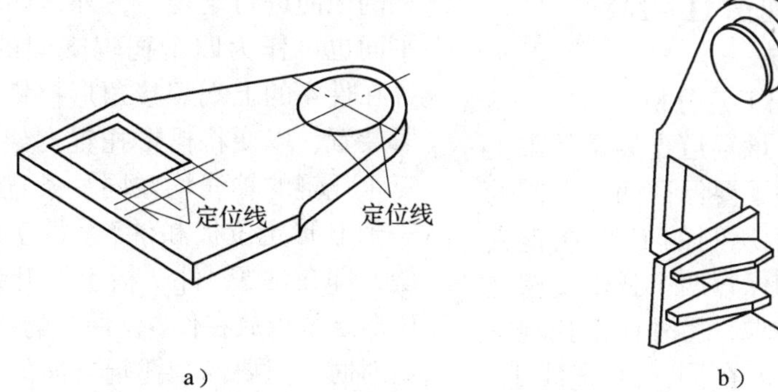

a）　　　　b）

图 11－16　部件 A 的装配

a）在外板上划出支承板、肋板、垫圈的定位线　b）装配后的部件 A

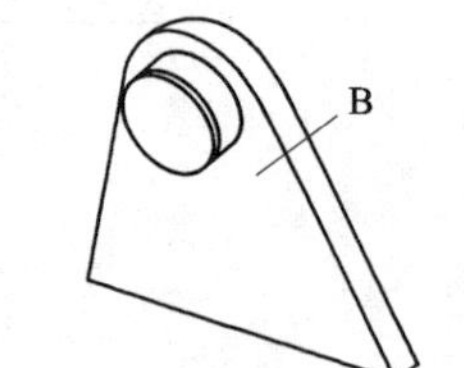

图 11－17　部件 B 的装配

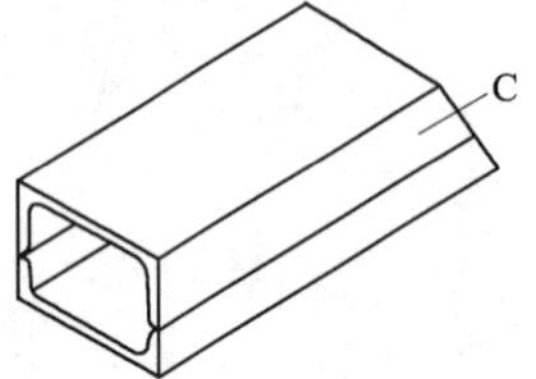

图 11－18　部件 C 的装配

按图样给定的相互位置和尺寸，在部件 A 和部件 C 上划出装配位置线，然后按线进行总装，成为整体悬架，如图 11－19 所示。

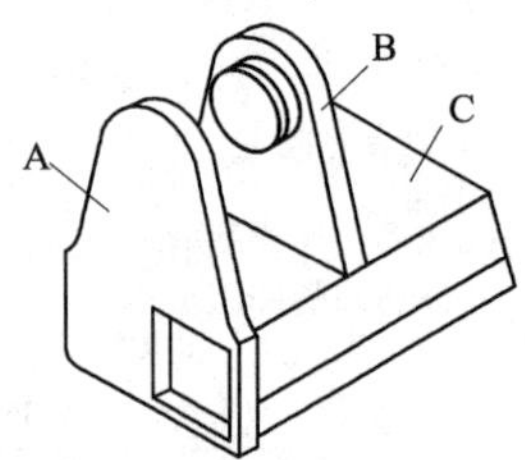

图 11－19　悬架总装

（6）检验

按图样给定的装配关系、尺寸及技术要求，进行装配质量检验。检验合格后，进行焊接。

3. 注意事项

进行部件 A、B 的焊后矫正时，要防止碰伤垫圈的切削加工面。

二、辊道支架的装配

1. 装配工件图（见图 11－20）

2. 装配步骤与方法

（1）辊道支架装配工艺分析

从装配图样可知，该辊道支架是用来支承轴辊的，装配时，除了要保证两个压制的槽钢形托辊支架和两个压制的 U 形托辊支架的垂直度外，还要确保每两个托辊支架之间的中心距符合图样要求，另外四个托辊支架的 U 形槽的中心必须在同一条直线上，这是保证轴辊能够顺利地安装和平稳运转的必要条件。

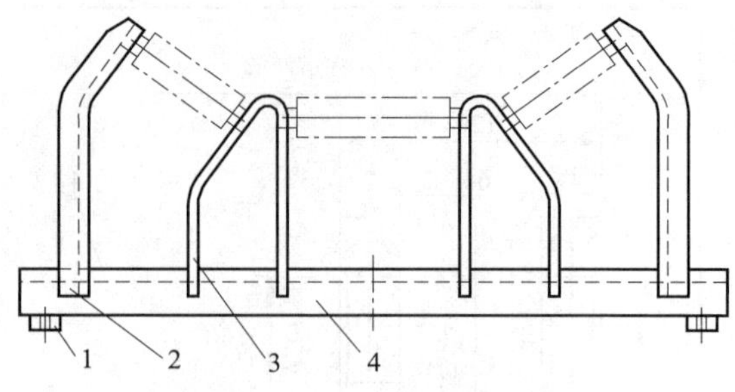

图 11－20　装配工件图

1—底脚板　2—压制槽形托辊支架

3—压制 U 形托辊支架　4—角钢

本次装配由于批量较大，所以采用胎型装配。这样既可以保证装配质量，又可以提高效率。

（2）辊道支架装配胎具制作

1）准备工作

①材料的准备。准备各种不同厚度的钢板。

②工具和用具的准备。准备电焊机及气割设备；准备划线用工具与测量用量具；准备锤子及其他辅助工具。

2）装配胎具的设计。辊道支架装配胎具如图 11－21 所示。辊道支架是由两块底脚板、一根角钢和四个托辊支架组成的，所设计的装配胎具应具有能对各组成零件进行准确定位和保证装配质量的功能。在此基础上，确定该装配胎具主要由定位挡铁、平板胎架、定位板和定位器等构成。用四块定位挡铁（件 3）对辊道支架的底脚板进行定位，利用件 2 对角钢的纵向进行定位，再利用件 4 和件 6 的四块平板胎架分立在角钢两侧，对角钢的横向进行定位，另外这四块平板胎架的平面也可作为四个托辊支架的定位基准面，并在件 4 的上端焊接角形挡铁，构成斜楔夹紧装置，以便将槽形托辊支架夹紧。为保证三个托辊的轴线均在同一条直线上，特设置一个 U 形定位板和件 5、件 7 组成的定位系统，即在件 5、件 7 板上端开设 U 形槽，将 U 形定位板放在件 5、件 7 的三个 U 形槽内，组对时，只要四个托辊支架的 U 形槽进入 U 形定位板内，即能满足上述要求。四个托辊支架的垂直度由件 4、件 6 的垂直度来保证。

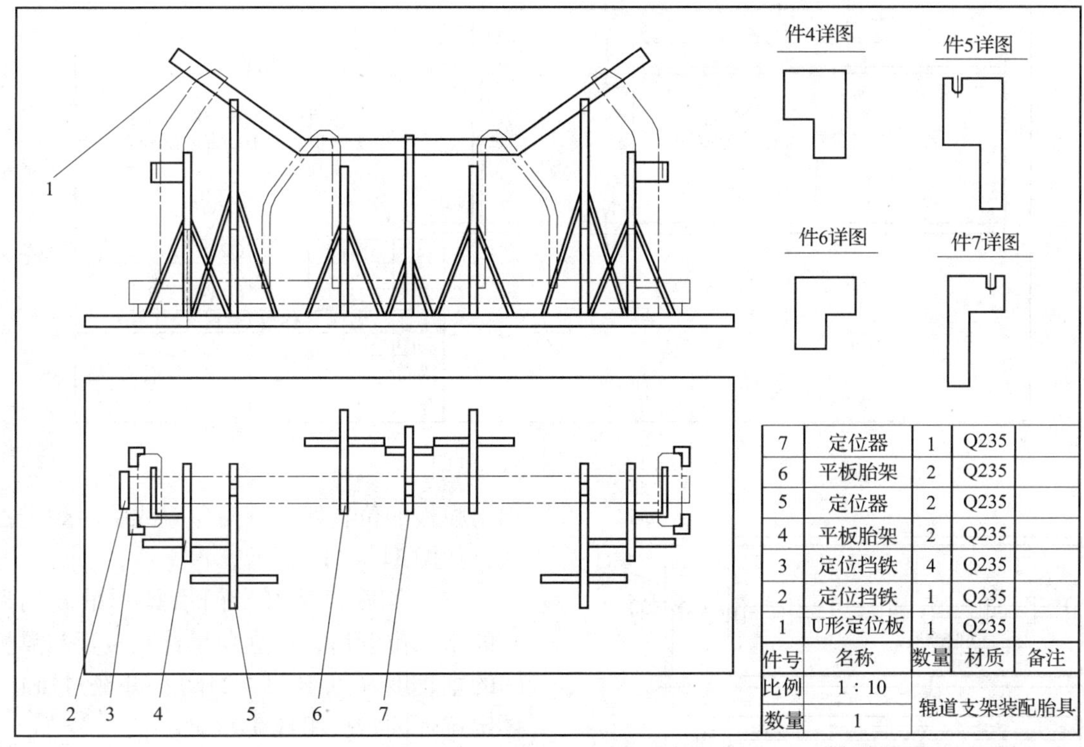

图 11－21　辊道支架装配胎具

3）装配胎具的制作

①首先以装配胎具的底板为装配基准面，在板面上划出辊道支架的底脚板、角钢、托辊支架的位置线。

②按照所划的各种位置线，组对各挡铁、平板胎架、定位器等元件。

③检验各平板胎架、定位元件的位置、垂直度是否合格，并组对斜拉撑。

④焊接装配胎具，从而完成装配胎具的制作。

（3）装配

将各零件按胎具的位置摆放好，然后进行定位焊固定即可。

3. 注意事项

（1）用来制作装配胎具的底板必须平整，应具有较高的平面度。另外，为防止变形，底板不能采用薄板。

（2）辊道支架的装配质量是靠装配胎具来保证的，所以确保装配胎具的高质量和高精度是一个主要问题。制作装配胎具时要求每一道工序都要严肃、认真，每道工序的公差值都必须控制在允许的范围内，最终保证所制作的装配胎具能够满足产品的质量要求。

三、工字梁的装配

1. 装配工件图（见图 11－22）

2. 装配步骤与方法

（1）准备工作

1）识读工件图样，进行工艺分析。本工件为较大的板架结构，每道焊缝都很长，极易产生焊接变形，装配中应特别注意变形问题。

因工件数量少，不宜采用专用胎型装配，而应采用挡铁定位装配法。工件装配焊接时，须采用刚性固定法来防止产生过大的焊接变形，如图 11－23 所示。

此外，零件间接触面长，也是工字梁的结构特点。零件接触面质量的好坏，对工字梁的装配质量有较大的影响。为保证装配质量，在装配前，应严格检查工字梁腹板的边缘质量，并对不合格处进行修整。

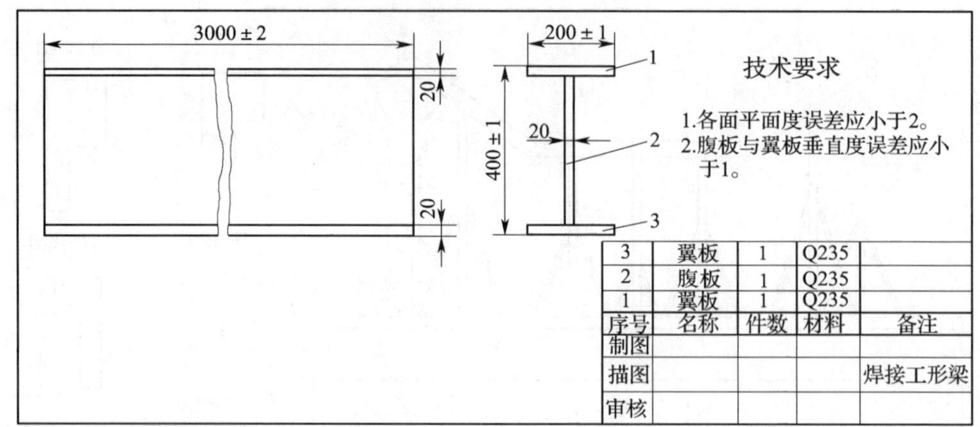

图 11－22　装配工件图

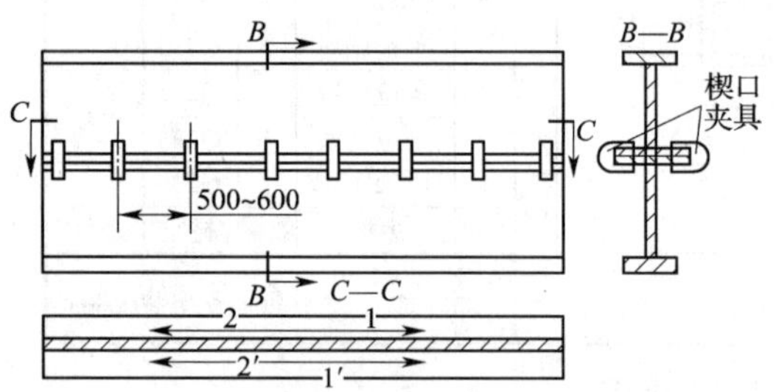

图 11－23　刚性夹紧防止工字梁的变形

2）准备挡铁、吊具等。

其他准备工作与装配角钢框时相同。

（2）将翼板（两块）分别放在平台上，划出腹板的位置线，并沿位置线临时焊上挡铁，如图 11－24a 所示。

（3）当腹板装好专门吊具并吊放到翼板的指定位置后，用直角尺检查腹板与翼板间的垂直度（见图 11－24b），并经过矫正，再定位焊固定，组成 T 形梁。

（4）拆去腹板上的吊具，并将已装成 T 形梁的工件翻身，与另一翼板装配成工字梁，如图 11－24c 所示。同样，要矫正好腹板与翼板的垂直度，才能采用定位焊固定，完成工字梁的装配。

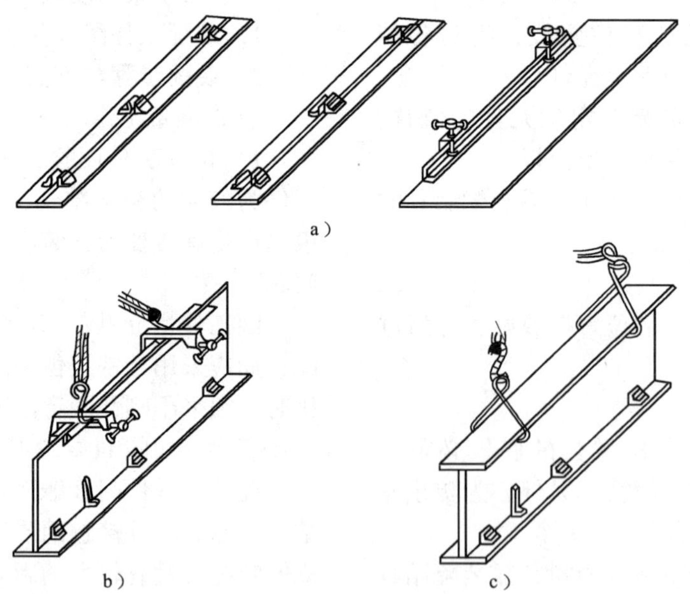

图 11－24　工字梁装配过程

a）翼板上划位置线并临时焊上挡铁　b）用直角尺检查腹板与翼板间的垂直度　c）装配成工字梁

（5）按图样要求对装配的工字梁进行全面质量检验。

3. 注意事项

（1）吊装零件时，吊具一定要装牢固，以保证装配工作安全进行。

（2）零件吊装就位后，应使吊钩钢丝绳处于铅垂位置，以免因钢丝绳和吊钩的摆动而影响装配定位。

课题三　容器构件的装配

一、两圆筒正交组合件的装配

1. 装配工件图（见图 11－25）

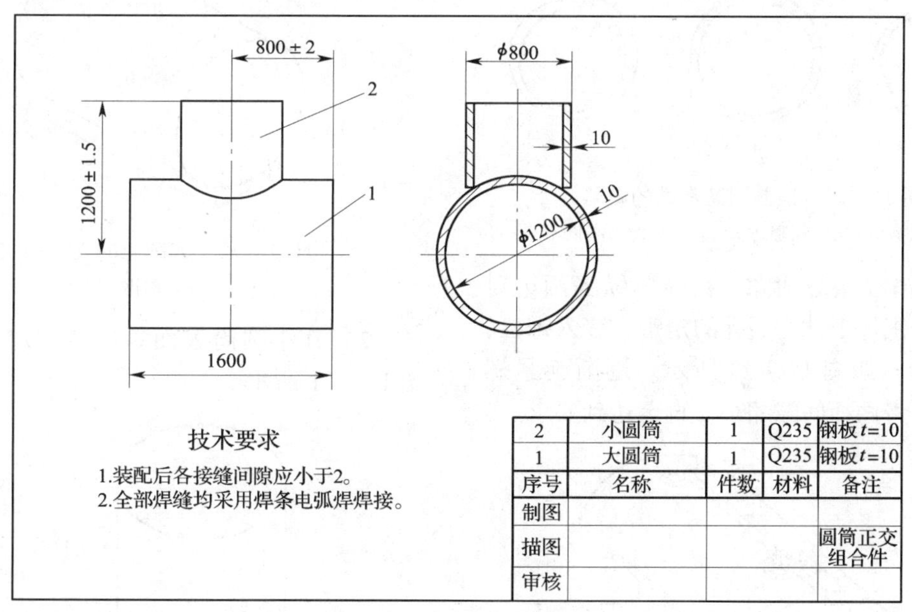

图 11－25　装配工件图

2. 装配步骤和方法

（1）准备工作

1）识读工件图样，进行工艺分析。本工件为两圆筒正交，属容器结构，装配工艺较复杂。因工件为单件加工，故选择自由装配。装配中应重点保证大圆筒端面与小圆筒轴线间的距离，以及两圆筒间的垂直度。

2）准备装配夹具，如图 11－26 所示。其他准备工作与前一课题相同。

（2）圆筒纵缝的对接

滚制成的圆筒常会存在板边搭头、间隙过大、两板边高低不平等缺陷，如图 11－27 所示。圆筒纵缝对接时，应分别采取措施加以解决。

1）放开板边搭头。先以卡形样板测量圆筒各处曲率，找出曲率大于样板曲率处，用大锤击打其外壁，使圆筒曲率变小，直至与样板曲率相符。当圆筒各处曲率均达到标准时，板边搭头则自然放开。

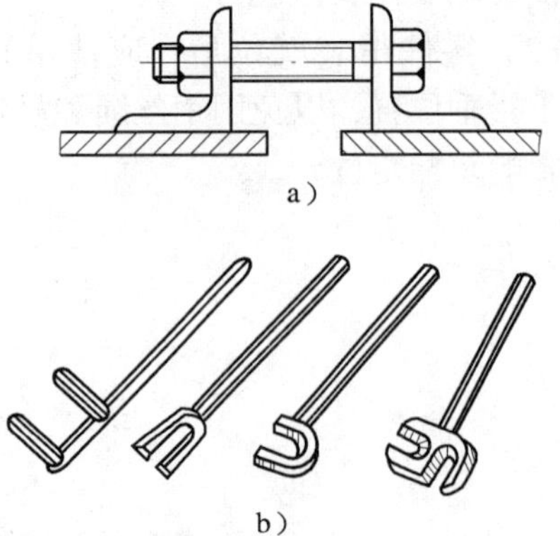

a）

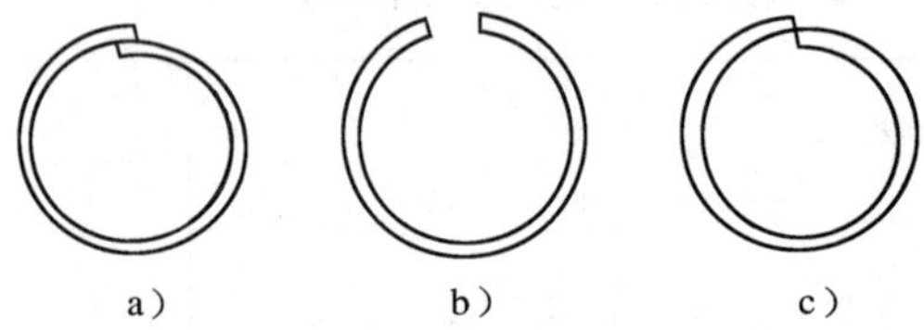

b）

图 11－26　装配夹具

a）螺旋夹具　b）杠杆夹具

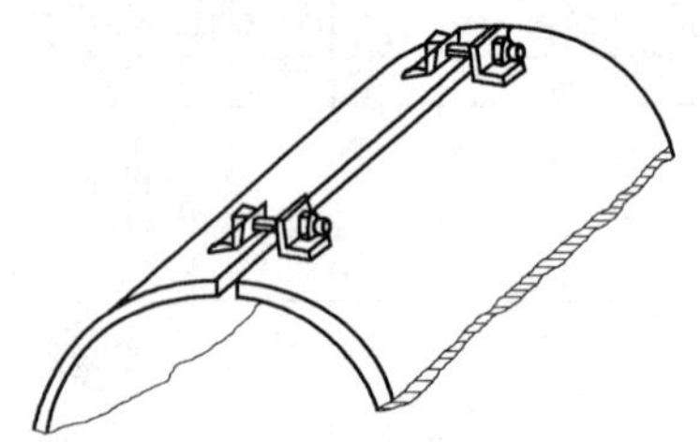

a）　b）　c）

图 11－27　滚制圆筒常见的缺陷

a）板边搭头　b）间隙过大　c）两板边高低不平

2）消除接缝间隙。在筒体纵缝两边对应处，分别焊上钻有通孔的角钢，穿入螺栓，拧上螺母，如图 11－28 所示。逐渐旋紧螺母，即可将两板间隙缩小，直至达到要求。

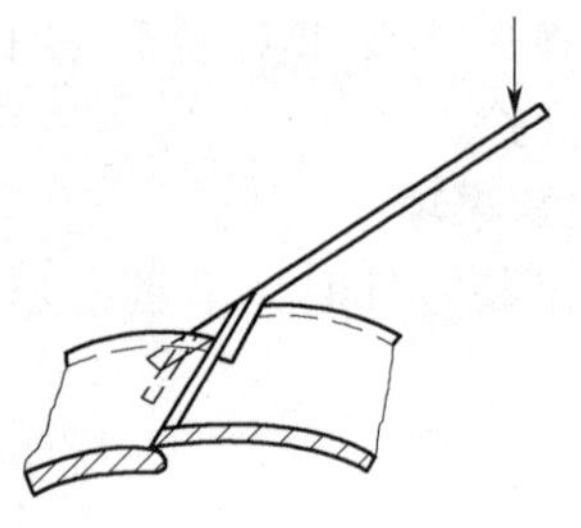

图 11－28　消除接缝间隙

3）调平两板边高度。将杠杆夹具插在圆筒端部板缝处，压动杠杆，如图 11－29 所示，便可调平圆筒纵缝两板边的高度。

经上述装夹调整，确认圆筒纵缝对接处已平顺接合，便可施行定位焊。

两圆筒纵缝对接后，均应进行质量检验和矫正。

（3）两圆筒组合装配

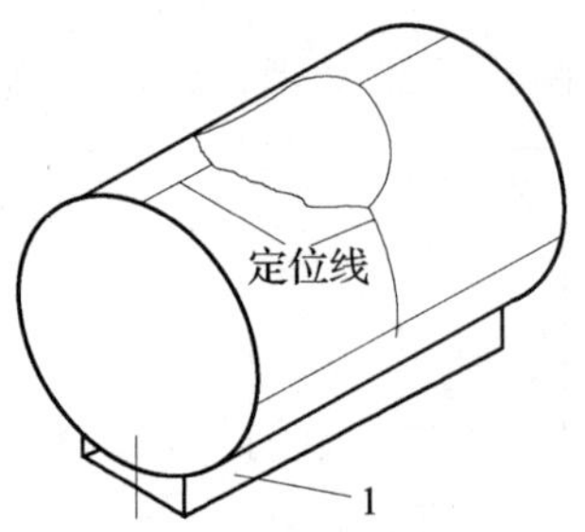

图 11－29　调平两板边高度

1）将大圆筒卧置于装配平台上，并选一规格合适的槽钢作为支承，使大圆筒保持稳定，如图 11－30 所示，然后在圆筒外壁上划出装配定位线。

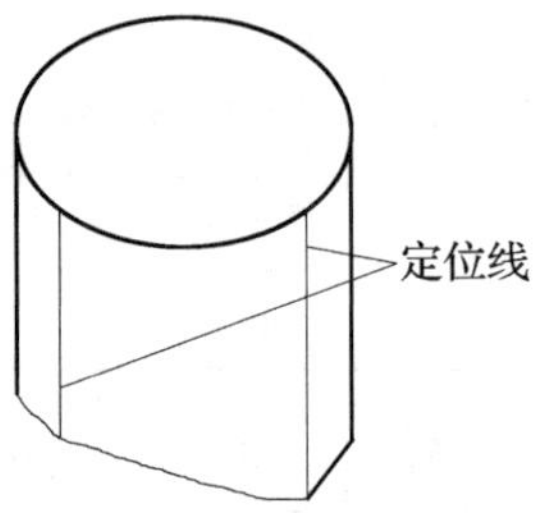

图 11－30　大圆筒的支承形式

1—槽钢

2）在小圆筒表面划出装配定位线，如图 11－31 所示。

图 11－31　在小圆筒表面划出装配定位线

3）将小圆筒放在大圆筒上，并按定位线找正位置。用两圆筒表面的定位线，矫正小圆筒轴线至大圆筒端面的尺寸（属间接测量）；小圆筒端面至大圆筒轴线的尺寸，可通过测量大圆筒上端定位线上定位点至小圆筒端面的尺寸来矫正（亦属间接测量）；两圆筒间的垂直度，则可用直角尺直接测量矫正，如图 11－32 所示。

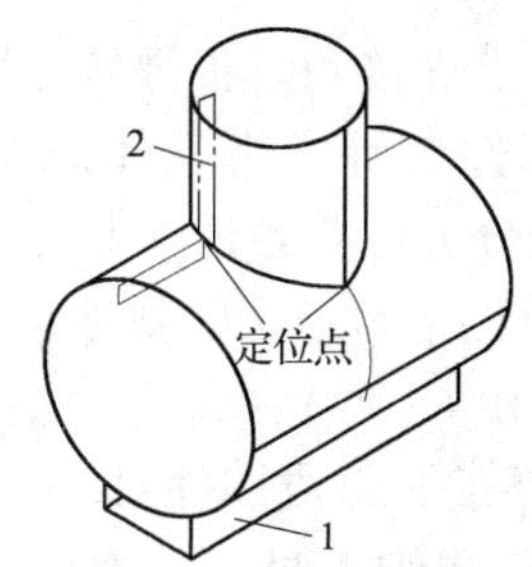

图 11－32　两圆筒组合装配

1—槽钢　2—直角尺

4）两圆筒之间的相对位置、尺寸矫正好后，便可施行定位焊。这时，应使焊接点对称分布，以免因焊接变形而影响工件准确定位。

（4）装配质量检验

1）检查工件的位置、尺寸精度是否符合图样要求。

2）检查各接缝间隙是否符合要求。

3. 注意事项

（1）大圆筒卧置时，应观察其圆度是否发生变化，若圆筒因自重而发生变形，则应在圆筒内加临时支承防止变形，以免影响装配精度。

（2）两圆筒组合装配中，若局部接缝间隙大，不可通过强行装夹来缩小间隙，以免引起筒体变形或产生很大的装配应力。

二、炉门冷却壁的装配

1. 装配工件图（见图 11－33）

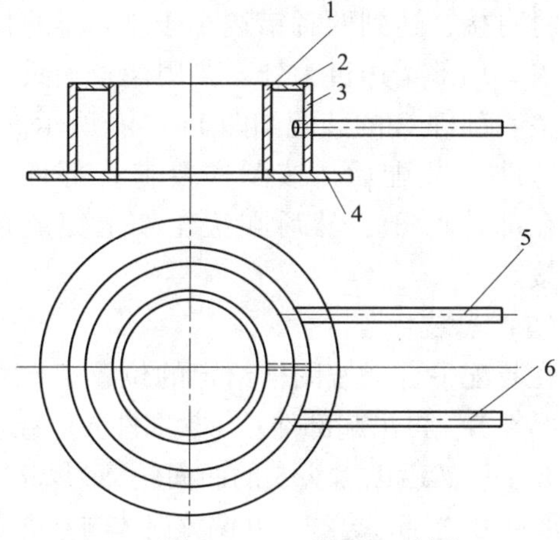

图 11－33　装配工件图

1—内套　2—上法兰　3—外套

4—下法兰　5—进水管　6—出水管

2. 装配步骤与方法

（1）准备工作

1）识读工件图样，进行简单的工艺分析。本工件为简单的容器结构，装配工艺简单，无特殊要求，可采用划线定位直接进行装配。

2）工具与量具的准备，可参照前述装配准备工作去做。

3）制作进水管、出水管所需的定位样板。

4）检查各零件的规格、尺寸、数量是否与图样要求相符。

（2）装配方法

1）按尺寸切割上、下法兰。

2）滚制内、外套筒并找圆。

3）将下法兰平放在装配平台上，以下法兰的内孔为定位基准，将内套与下法兰进行定位焊固定，如图 11－34 所示。定位焊点的数量不能少于四个。

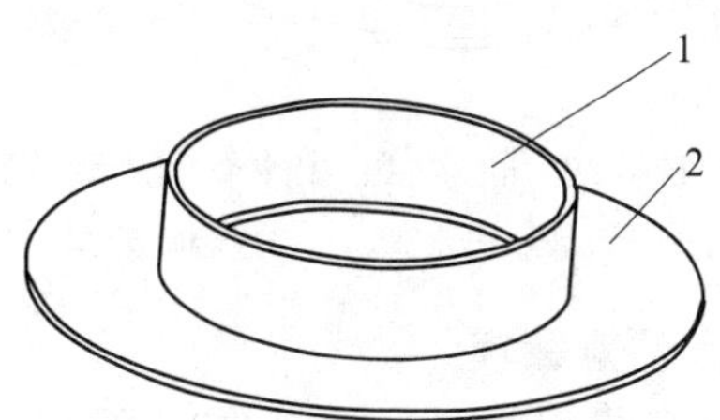

图 11－34　内套与下法兰连接

1—内套　2—下法兰

4）以内套的上端为定位基准，将上法兰与内套定位焊固定，如图 11－35 所示。

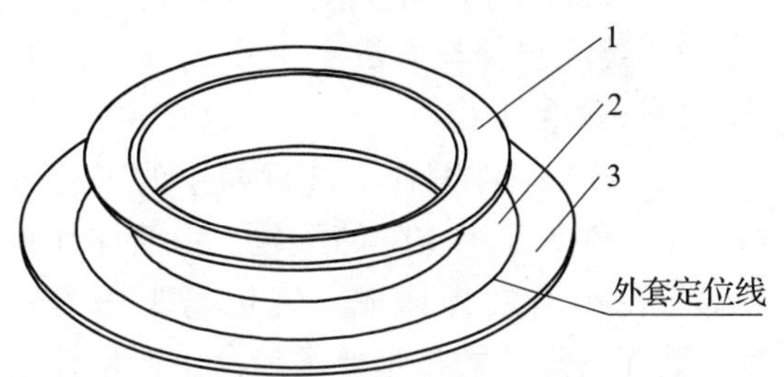

图 11－35　上法兰与内套连接

1—上法兰　2—外套　3—下法兰

5）以上法兰的外圆和下法兰的定位线为基准，将外套进行定位焊固定，如图 11 －36 所示。

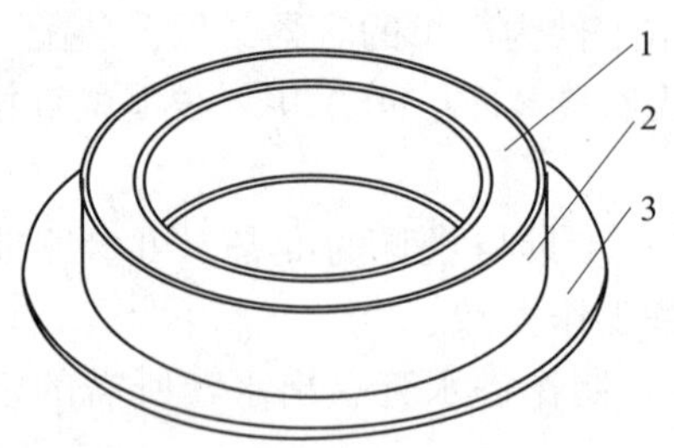

图 11－36　外套与上、下法兰的连接
1—上法兰　2—外套　3—下法兰

6）利用定位样板将进水管、出水管与外套连接，进行定位焊固定，如图 11 －37 所示。

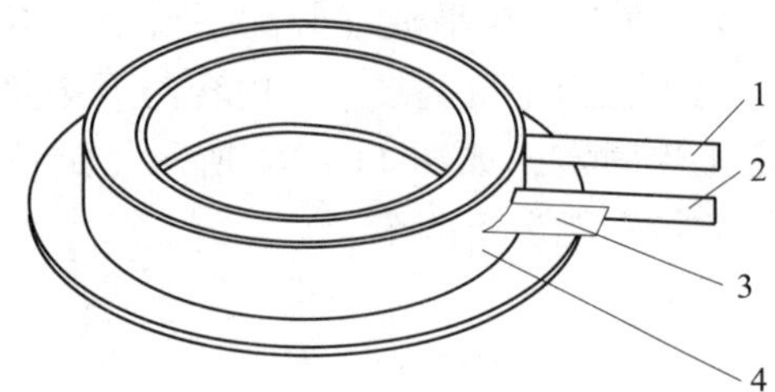

图 11－37　进水管、出水管与外套连接
1—进水管　2—出水管　3—定位样板　4—外套

3. 注意事项

（1）装配前要保证各零件的尺寸符合要求，否则影响装配质量。

（2）装配后要检查各部分尺寸是否符合要求。

三、气包的装配

1. 装配工件图（见图 11－38）

2. 装配步骤与方法

（1）准备工作

1）识读工件图样，进行简单的工艺分析。本工件为压缩空气储气包，由筒体和封头等零件组合装焊而成。气包属于压力容器，装配、焊接的技术要求较高。严格控制筒体与封头对接环缝的间隙，以及筒体与封头的同轴度，是主要的装配工艺要求。

为了便于焊接和矫正焊接变形，本工件应采取先部件装焊，再整体总装的装配方法。部件划分方法是：法兰 2 和钢管 3 组成部件 A（2 件）；立板 6、斜立板 7、底脚板 8 组成部件 B（3 件）；封头（上）1、筒体 4、封头（下）5 组成部件 C。

2）准备装配夹具，其中应有数量较多的楔条夹具。

3）准备装焊滚轮架，以规格较大的槽钢或工字钢代替滚轮架亦可。

其他准备工作与前两个课题相同。

（2）装配部件 A

按图样要求装配法兰 2、钢管 3，使两者保持垂直，然后以定位焊固定，进行焊接。

（3）装配部件 B

先在斜立板 7 上划出立板 6 的位置线，将两者按线装配定位，矫正好垂直度，实施定位焊固定，如图 11 －39a、图 11 －39b 所示。然后，在底脚板 8 上划出立板 6、斜立板 7 的位置线，再按线定位，矫正好立板 6 与底脚板 8 的垂直度，施定位焊固定，成为部件 B，如图 11 －39c 所示。

（4）装配部件 C

将筒体 4 卧放在滚轮架上，装配封头 1、封头 5 和筒体 4。由于封头刚度高，不易产生变形，故装配中应以封头为基准，进行环缝对接，达到两者错边小于 1 mm 的技术要求。局部错边过大处，要用楔条夹具予以调整。部件 C 的装配如图 11 －40 所示。

部件 C 装配后，按图样要求将部件 A 装配在部件 C 上，然后在滚轮架上完成环缝焊接。

（5）总装

在装配平台上按图样给定的位置、尺寸固定部件 B，再吊起部件 C（含部件 A）置于部件 B 上，然后以封头 5 的曲面轮廓为基准，修正部件 B 上部接合线，并调整筒体与基准面（平台面）的垂直度和接管方向，矫正后定位焊接，完成气包总装，如图 11 －41 所示。

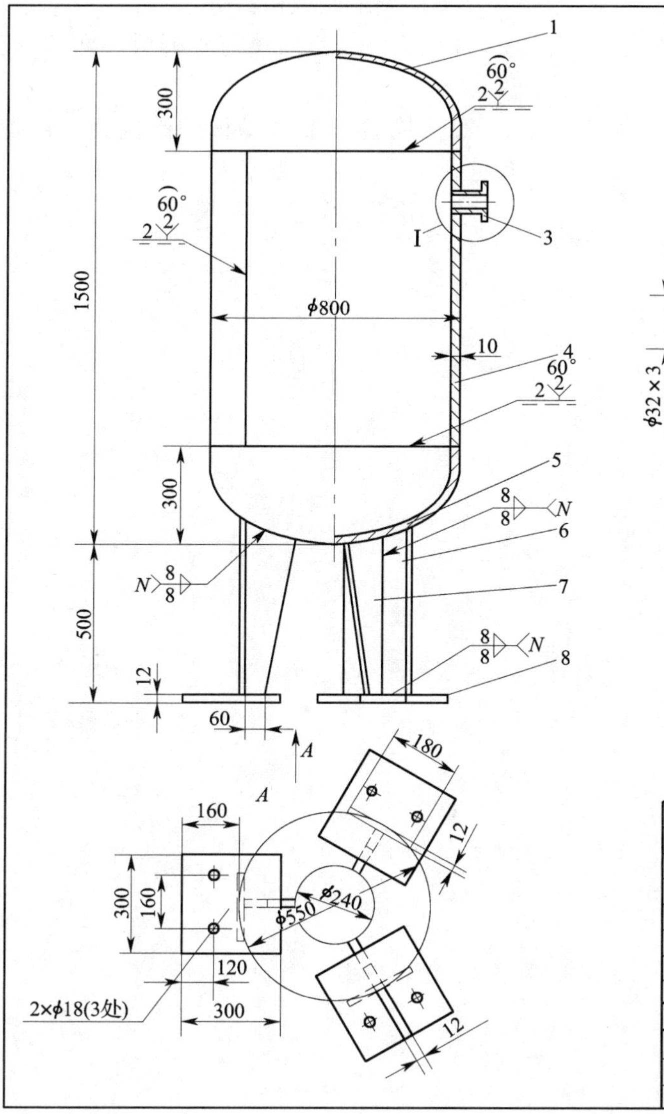

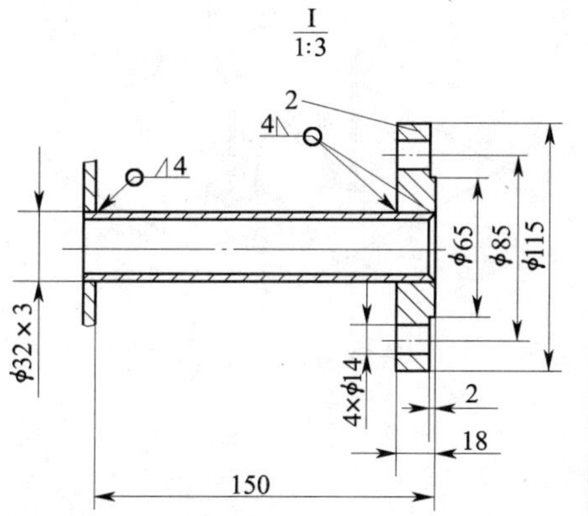

I
1:3

技术要求

1.法兰2上4×ϕ14孔均匀分布。
2.装配后封头与筒体错边应小于1。
3.全部焊缝均采用焊条电弧焊焊接。
4.焊后水压试验，试验压力为1.2MPa。
5.焊接符号中N为3条相同焊缝。

序号	名称	数量	材料	备注
8	底脚板	3	Q235	
7	斜立板	3	Q235	
6	立板	3	Q235	
5	封头(下)	1	Q235	
4	筒体	1	Q235	
3	钢管	2	Q235	ϕ32×3
2	法兰	2	Q235	
1	封头(上)	1	Q235	

制图		比例	1:15	
描图		件数	1	气包
审核		质量		

图 11－38 装配工件图

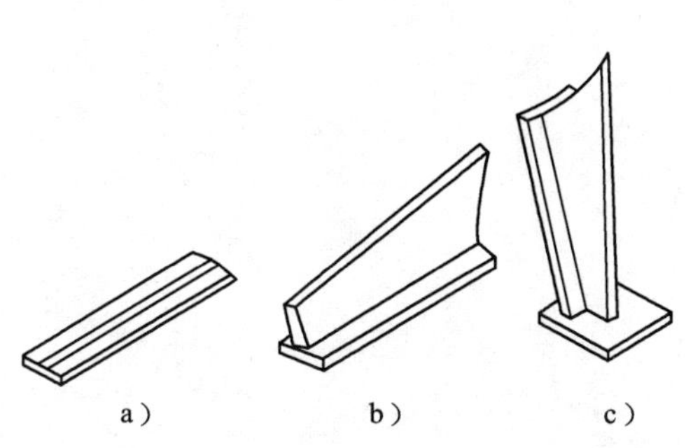

图 11－39 气包部件 B 的装配

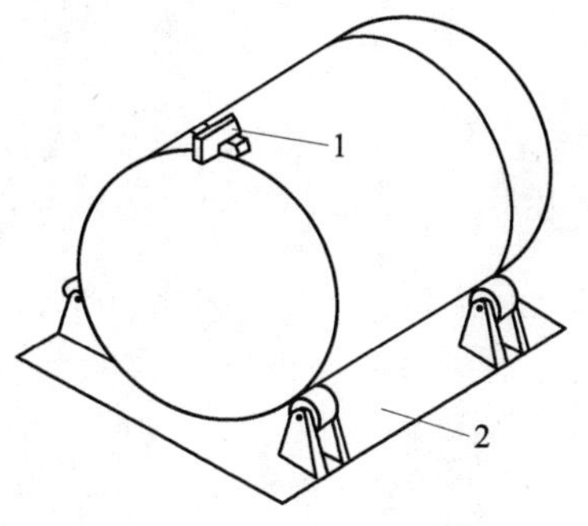

图 11－40 部件 C 的装配

1—夹具 2—滚轮架

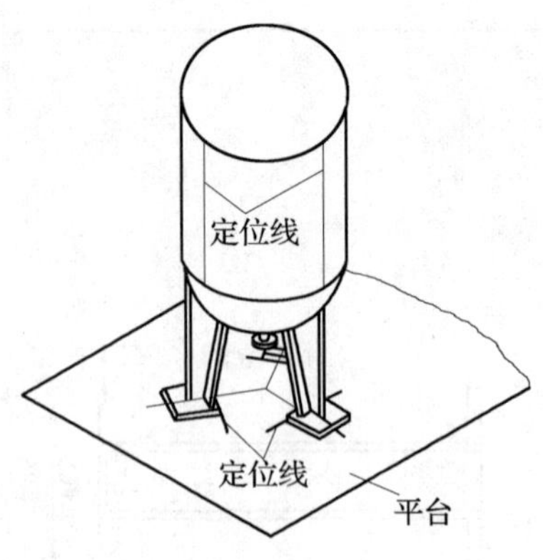

图 11－41　气包总装

（6）装配质量检验

1）检验气包筒体与底脚板平面的垂直度。

2）检验三个底脚板的平面度、位置、尺寸。

3）检验接管方向和尺寸。

第十二单元

复合作业（二）

课题一　离心式通风机机壳的制作

一、离心式通风机机壳图样（见图 12－1）

二、离心式通风机机壳制作工艺分析

1. 壳体的展开与制作

壳体如图 12－2 所示，已知基圆直径为 D，各圆弧半径分别为 R_1、R_2、R_3、R_4、R_5，尺寸分别为 a、b、c、h、f，蜗板宽度为 B，板厚为 t。

（1）侧板作图步骤

1）作正方形，边长为 a，得 O_1、O_2、O_3、O_4各点。

2）分别以 O_1、O_2、O_3、O_4点为圆心，R_2、R_3、R_4、R_5为半径画弧。

3）画出半径为 R_1的小圆弧段，使之与 R_2圆弧连接。

4）画出 h、b、i 各线段，侧板外形即确定。

（2）蜗板展开

蜗板宽度 B 为已知，因此蜗板展开主要是求蜗板的展开长度。由图 12－2 不难看出，蜗板长度是由直线段 i、曲线 S（$S=S_1+S_2+S_3+S_4+S_5$）加上直线段 h 组成的，即蜗板的展开尺寸为$\left[i+S+\left(h-\frac{a}{2}\right)\right]\times B$ 的矩形。

1）i 线段的求法

①可直接从放样图中量出。

②可用计算法求得，公式为：

$$i=f-R_1 \tag{12-1}$$

2）S 曲线的求法

①可按放样板厚中心线量出 S。

②可用计算法求得，公式为：

$$S_1=\frac{\pi}{2}\left(R_1+\frac{t}{2}\right) \tag{12-2}$$

$$S_2=\frac{\pi\left(R_2-\frac{t}{2}\right)}{180^\circ}\beta \tag{12-3}$$

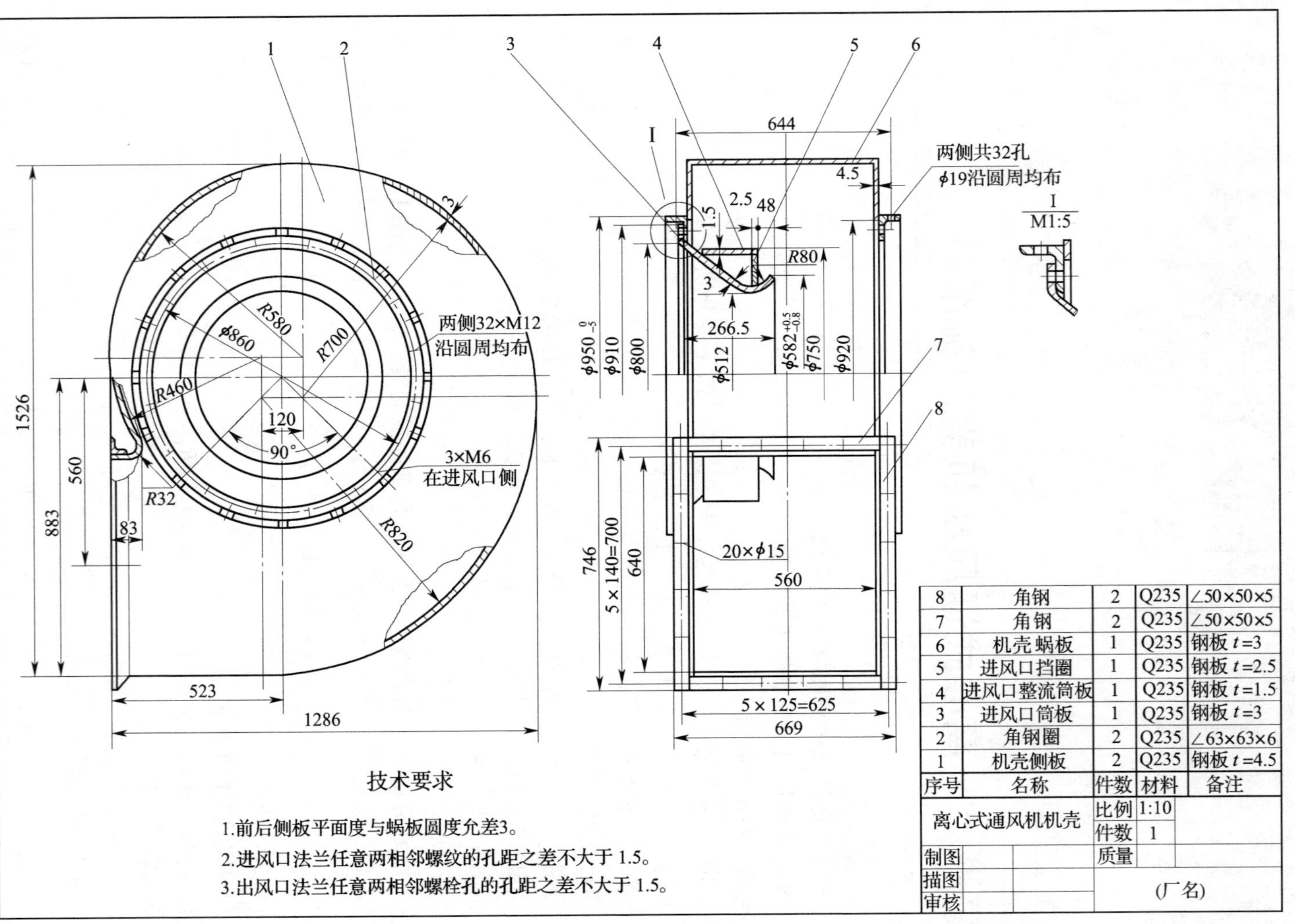

图 12－1　离心式通风机机壳图样

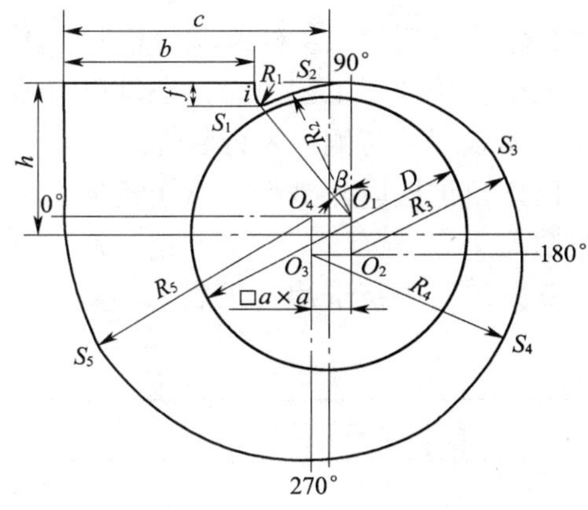

图 12－2　壳体

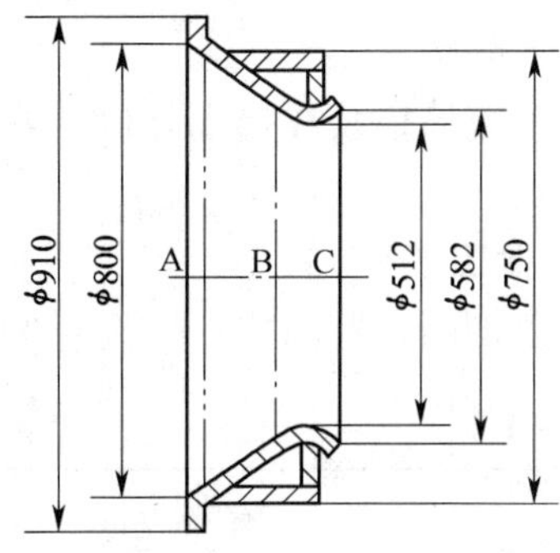

图 12－3　进风口

式中　$\beta = \arcsin \dfrac{c + \dfrac{a}{2} - b - R_1}{R_2}$。

$$S_3 = \frac{\pi}{2}\left(R_3 - \frac{t}{2}\right) \qquad (12-4)$$

$$S_4 = \frac{\pi}{2}\left(R_4 - \frac{t}{2}\right) \qquad (12-5)$$

$$S_5 = \frac{\pi}{2}\left(R_5 - \frac{t}{2}\right) \qquad (12-6)$$

$$S = S_1 + S_2 + S_3 + S_4 + S_5 \qquad (12-7)$$

（3）下料

在钢板上划好蜗板和侧板的下料尺寸线，并注意板料的合理使用，然后进行剪切或切割。

（4）加工、组装和焊接

1）侧板下料后要矫平，并清理边缘毛刺。蜗板要滚弯，滚弯时可用样板检查圆弧曲率是否符合要求。

2）准备好零件后即可进行组装。组装时蜗板的曲率应以侧板的形状为准，装好后依次定位焊固定。

3）用手工焊接，焊缝大小要符合要求，并要保证焊缝接口处的密封性。

2. 进风口制作工艺

进风口如图 12－3 所示，由进风口筒板、整流筒板和挡圈构成。

（1）工艺分析

由图 12－3 可以看出，进风口筒板是由锥形筒翻边而成。为便于制造，应将此件分为 A、B、C 三件（以图 12－3 中双点画线为界）。其中 A 件为一法兰圈，可由钢板切割而成；B 件为一圆锥筒，可以滚制而成；C 件为一弧形外弯筒板。整体制作较困难，可分成两片压制，然后拼接而成。整流筒板为一圆筒，其筒壁的长度尺寸可由放样确定。挡圈为一圆环，其外径为已知，内径也可通过放样确定。此外，由于进风口筒板的件 C 两端直径都明显大于挡圈的内径，为便于装配，可将挡圈分段下料，待总装时再拼接。

（2）制作的工艺过程

1）放样展开。先根据图样放出整个进风口结构的实样，然后依据实样所确定的各零件的投影、尺寸及接合位置，进一步展开各零件，并制作号料及加工成形样板。

2）号料、切割下料。用各零件样板在原材料上号料、划线，并按线准确切割下料。

3）加工成形。分别采用滚弯、压形、切割等成形方法，完成各零件的加工。

4）拼接、整修。拼接进风口筒板、整流筒板的对接缝，将进风口各零件整修、矫正，使其符合图样尺寸及公差要求。

5）进风口结构的装配过程

①把法兰圈平放在装配平台上，将进风口筒板装入法兰圈，保持进风口筒板与法兰圈的同轴度，并采用定位焊固定。

②在进风口筒板外壁，划出拼装挡圈的

位置线，然后按所划位置线拼装挡圈，并且采用定位焊固定。

③将整流筒板装在挡圈外侧，并且采用定位焊固定。

3. 其他工艺

进口角钢圈在弯曲成形并经矫圆后，应先进行钻孔与攻螺纹，经检验合格后，再与壳体装配。从加工工艺考虑，进口角钢圈必须在壳体装配前与侧板先行装焊。

出口角钢框应先拼焊成形并经矫正后再划线钻孔。

三、工艺分析卡片（见表 12－1）

表 12－1　　工艺分析卡片

姓名		学号		班级		填写日期	
工件概况							
数量	1	材质	Q235	质量		外形尺寸	1 526 mm×1 286 mm
工时定额		实际工时		材料定额		实际消耗材料	
1. 确定工序，画出工序流程图							

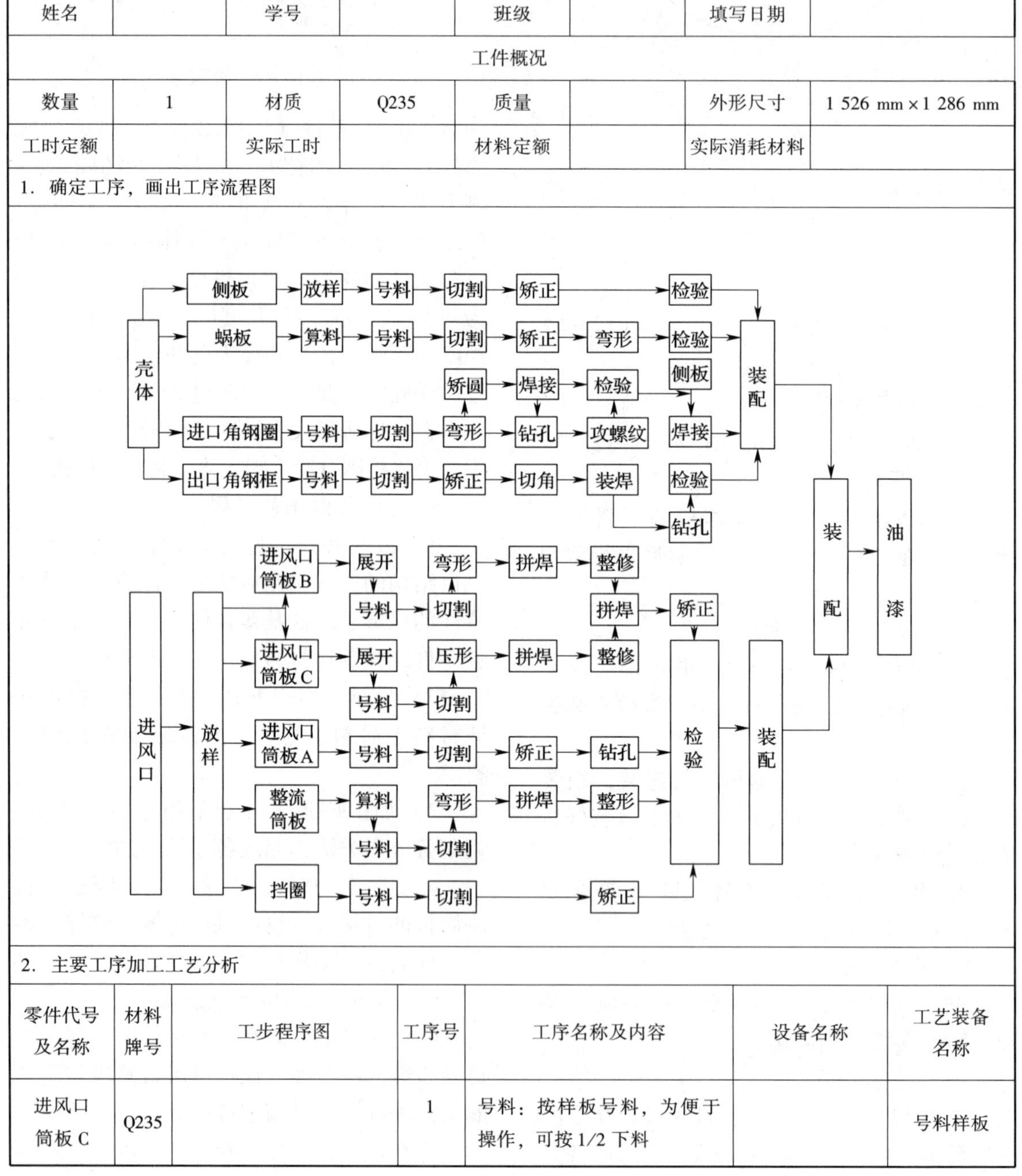

2. 主要工序加工工艺分析						
零件代号及名称	材料牌号	工步程序图	工序号	工序名称及内容	设备名称	工艺装备名称
进风口筒板 C	Q235		1	号料：按样板号料，为便于操作，可按 1/2 下料		号料样板

续表

2. 主要工序加工工艺分析						
零件代号及名称	材料牌号	工步程序图	工序号	工序名称及内容	设备名称	工艺装备名称
进风口筒板 C	Q235		2	切割：按号料线准确地切割，切割线要平齐	氧乙炔气割炬	
			3	压形：将模具放入压力机床内，紧固，并分段冷压小口圆弧端 *R*80 处	压力机床	进风口压形模
			4	整形：整形 $\phi582$、$\phi512$ 圆弧，不许有明显锤痕	平台	圆弧样板
			5	拼装：将两块料拼成整圆形，接缝不许有错口现象存在		
			6	焊接：见焊接工艺	BX1－330	
			7	整形：表面无明显锤痕	平台	圆弧样板
备注						

课题二　车体构件的制作

一、车体构件图样（见图 12－4）

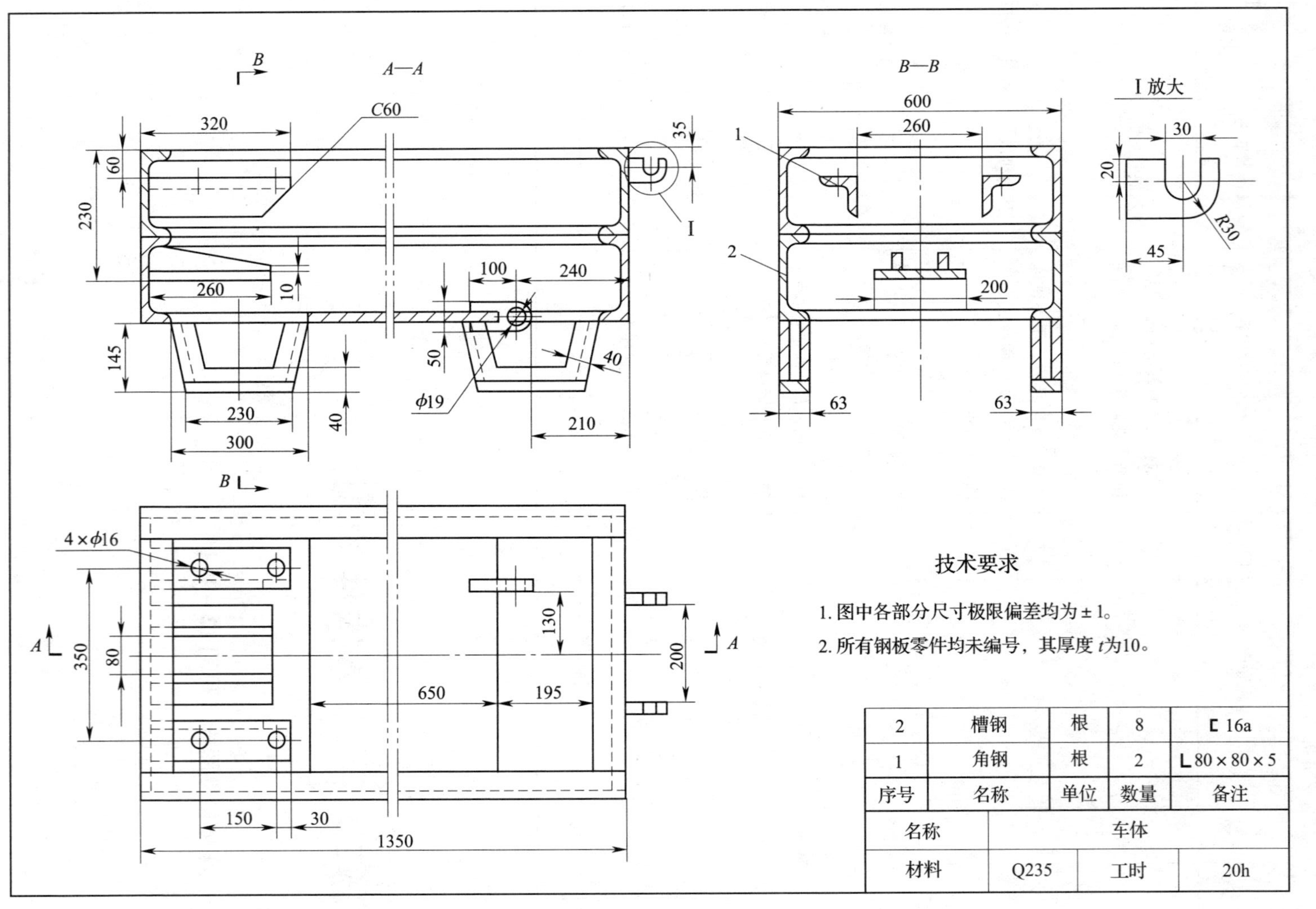

技术要求

1. 图中各部分尺寸极限偏差均为±1。
2. 所有钢板零件均未编号，其厚度 t 为10。

2	槽钢	根	8	⊏ 16a
1	角钢	根	2	∟80×80×5
序号	名称	单位	数量	备注
名称	车体			
材料	Q235	工时	20h	

图 12－4　车体构件图样

二、工艺分析卡片（见表 12－2）

表 12－2 工艺分析卡片

<table>
<tr><td>姓名</td><td></td><td>学号</td><td></td><td>班级</td><td></td><td>填写日期</td><td></td></tr>
<tr><td colspan="8">工件概况</td></tr>
<tr><td>数量</td><td></td><td>材质</td><td></td><td>质量</td><td></td><td>外形尺寸</td><td></td></tr>
<tr><td>工时定额</td><td></td><td>实际工时</td><td></td><td>材料定额</td><td></td><td>实际消耗材料</td><td></td></tr>
<tr><td colspan="8">1. 确定工序，画出工序流程图</td></tr>
<tr><td colspan="8">车体构件→放样→确定未定构件的尺寸→号料→切割→矫正→钻孔→检验→装配→检验→焊接→修整→油漆</td></tr>
</table>

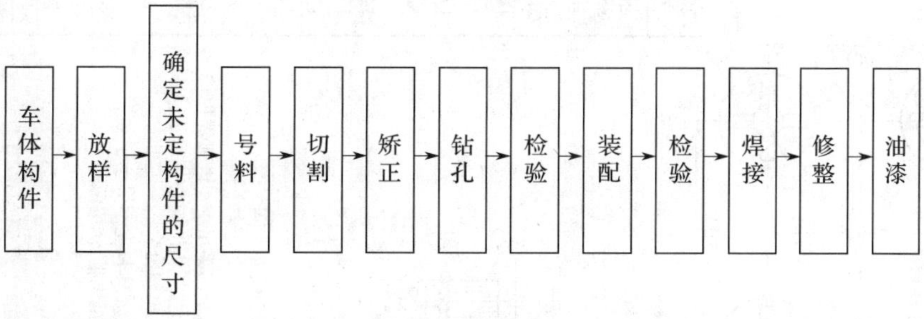

<table>
<tr><td colspan="5">2. 主要工序加工工艺分析</td></tr>
<tr><td>工序名称</td><td>材料牌号</td><td>工步号</td><td>工步名称及内容</td><td>设备名称</td></tr>
<tr><td>装配</td><td>Q235</td><td>1
2
3
4
5</td><td>检查：按图样要求检查各零件之间的位置关系、数量及尺寸，如果有误及时纠正
组装槽钢框（件 2）：采用地样装配法，并施以定位焊
划线：在槽钢上划出各零件的位置线
装配：按槽钢上的位置线，将各零件进行装配。装配过程中，要保证各零件的位置关系
检查：对组装好的车体结构进行全面检查，合格后方可焊接</td><td>BX1－330 型电焊机</td></tr>
<tr><td>备注</td><td colspan="4"></td></tr>
</table>

课题三 煤气管道支架的制作

一、煤气管道支架图样（见图 12－5）

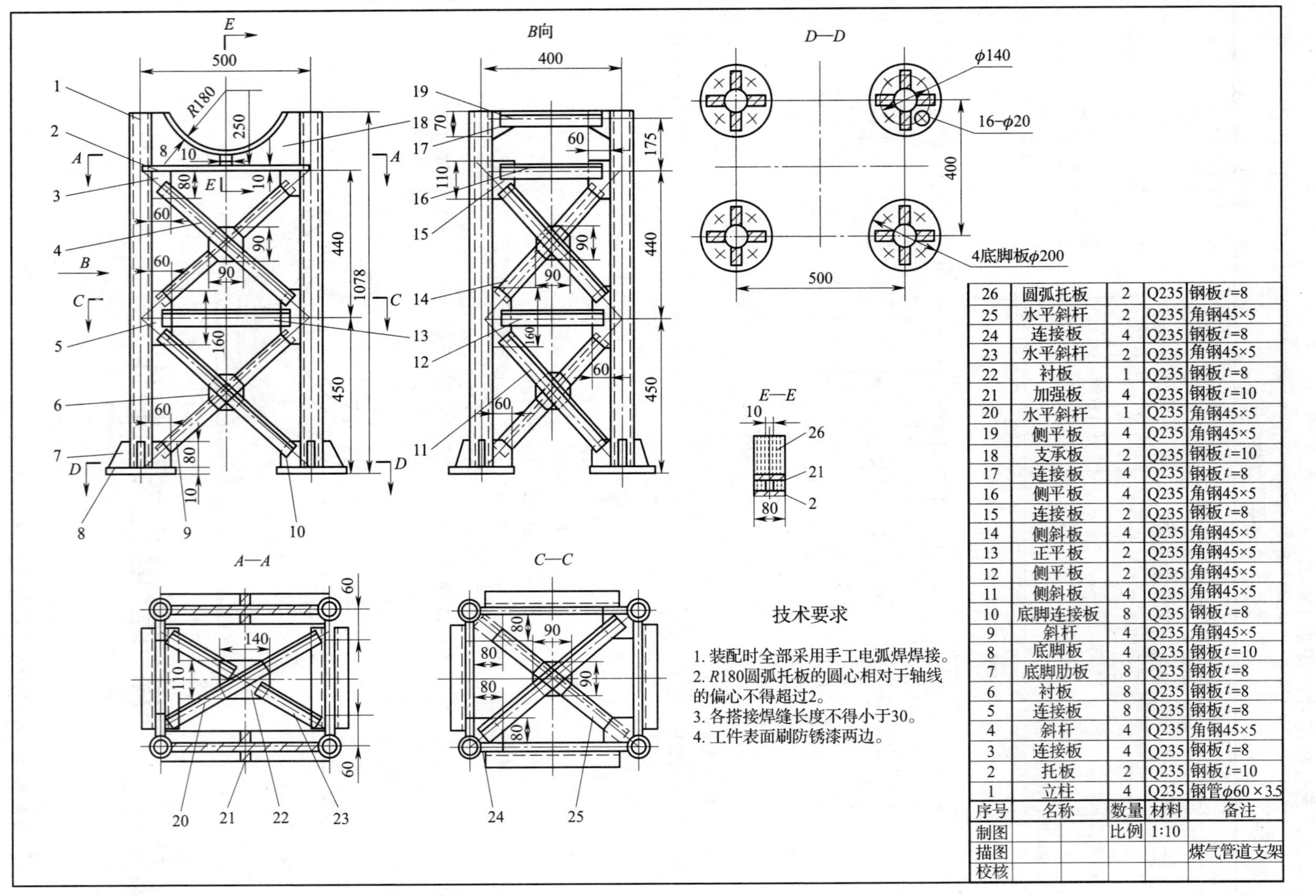

技术要求

1. 装配时全部采用手工电弧焊焊接。
2. $R180$圆弧托板的圆心相对于轴线的偏心不得超过2。
3. 各搭接焊缝长度不得小于30。
4. 工件表面刷防锈漆两边。

序号	名称	数量	材料	备注
26	圆弧托板	2	Q235	钢板t=8
25	水平斜杆	2	Q235	角钢45×5
24	连接板	4	Q235	钢板t=8
23	水平斜杆	2	Q235	角钢45×5
22	衬板	1	Q235	钢板t=8
21	加强板	4	Q235	钢板t=10
20	水平斜杆	1	Q235	角钢45×5
19	侧平板	4	Q235	角钢45×5
18	支承板	2	Q235	钢板t=10
17	连接板	4	Q235	钢板t=8
16	侧平板	4	Q235	角钢45×5
15	连接板	2	Q235	钢板t=8
14	侧斜板	4	Q235	角钢45×5
13	正平板	2	Q235	角钢45×5
12	侧平板	2	Q235	角钢45×5
11	侧斜板	4	Q235	角钢45×5
10	底脚连接板	8	Q235	钢板t=8
9	斜杆	4	Q235	角钢45×5
8	底脚板	4	Q235	钢板t=10
7	底脚肋板	8	Q235	钢板t=8
6	衬板	8	Q235	钢板t=8
5	连接板	8	Q235	钢板t=8
4	斜杆	4	Q235	角钢45×5
3	连接板	4	Q235	钢板t=8
2	托板	2	Q235	钢板t=10
1	立柱	4	Q235	钢管$\phi60\times3.5$
制图		比例	1:10	
描图				煤气管道支架
校核				

图 12-5　煤气管道支架图样

二、工艺分析卡片（见表 12－3）

表 12－3　　　　　　　　　　　　工艺分析卡片

<table>
<tr><td>姓名</td><td></td><td>学号</td><td></td><td>班级</td><td></td><td>填写日期</td><td></td></tr>
<tr><td colspan="8">工件概况</td></tr>
<tr><td>数量</td><td>1</td><td>材质</td><td>Q235</td><td>质量</td><td></td><td>外形尺寸</td><td>1 078 mm×560 mm</td></tr>
<tr><td>工时定额</td><td></td><td>实际工时</td><td></td><td>材料定额</td><td></td><td>实际消耗材料</td><td></td></tr>
<tr><td colspan="8">1．确定工序，画出工序流程图</td></tr>
<tr><td colspan="8"> 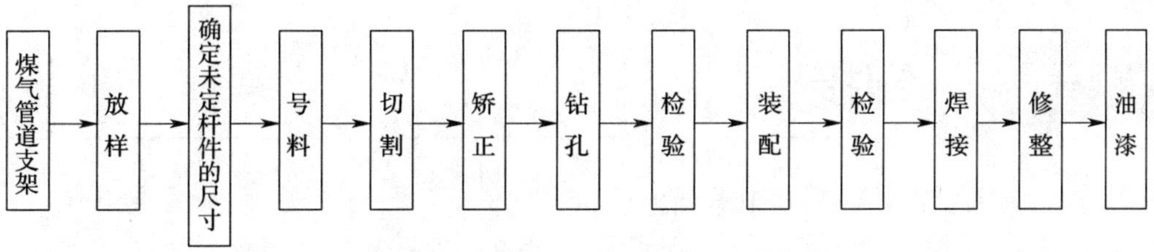煤气管道支架→放样→确定未定杆件的尺寸→号料→切割→矫正→钻孔→检验→装配→检验→焊接→修整→油漆</td></tr>
<tr><td colspan="8">2．主要工序加工工艺分析</td></tr>
<tr><td>工序名称</td><td>材料牌号</td><td>工步号</td><td colspan="4">工步名称及内容</td><td>设备名称</td></tr>
<tr><td rowspan="6">装配</td><td rowspan="6">Q235</td><td>1</td><td colspan="4">组装带弧板面（2 件）：采用地样装配法，并施以定位焊</td><td>BX1－330</td></tr>
<tr><td>2</td><td colspan="4">检验：按图样要求检查各零件间的连接关系、定位尺寸是否正确，有误应及时纠正</td><td></td></tr>
<tr><td>3</td><td colspan="4">在平台上划出四个底脚板的位置线，并将其固定</td><td>平台</td></tr>
<tr><td>4</td><td colspan="4">将已组装好的 2 件带弧板面放在底脚板的正确位置上，并施以定位焊，此时应特别注意两弧板轴线的同轴度问题</td><td></td></tr>
<tr><td>5</td><td colspan="4">组装两个侧平面及其他连接杆件：按图样要求组装侧平面及其他连接杆件，并施以定位焊</td><td>BX－330</td></tr>
<tr><td>6</td><td colspan="4">检验：对组装好的支架做全面检测，合格后再进行焊接</td><td></td></tr>
<tr><td>备注</td><td colspan="7"></td></tr>
</table>

第十三单元

连　接

课题一　铆接

一、铆钉枪的保养与使用

1. 铆钉枪的结构组成

铆钉枪是铆接的主要工具，由枪体、手把、开关、管接头等部分组成，如图 13－1 所示。枪体前端孔内可装备各式铆钉窝头或冲头，以便进行铆接或冲钉工作。铆钉枪使用前，要将窝头用多股细铁丝拴牢在手把上，以防止提起铆钉枪时窝头从枪体中滑出。铆钉枪使用时，压缩空气经风管进入铆钉枪。压缩空气的压力一般为 0.5～0.6 MPa。控制铆钉枪的开关，可以调节铆钉枪的过气量，以改变打击力度。

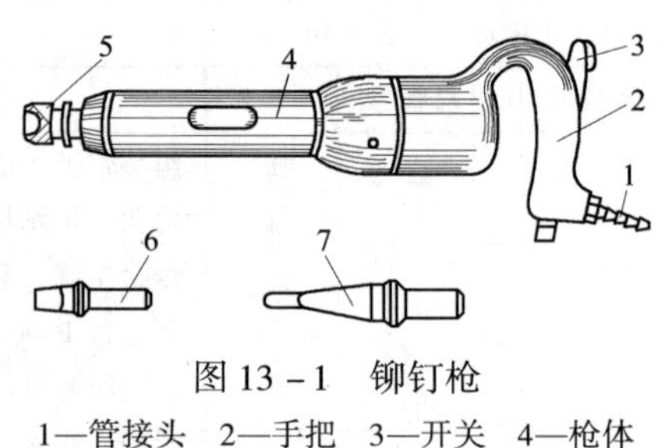

图 13－1　铆钉枪

1—管接头　2—手把　3—开关　4—枪体　5—窝头　6—铆平头　7—冲头

2. 铆钉枪的保养

（1）铆钉枪使用前须在进气风管接头处注入少量润滑油，使枪内部件在工作中保持良好的润滑。风管与铆钉枪连接前，必须将管内脏物吹干净。

（2）连续工作的铆钉枪，每隔 2～3 h 应向枪内注入一次润滑油，每 7 天拆卸清洗一次，并要及时更换已磨损的零件。

（3）铆钉枪工作风压应控制在 0.5～0.6 MPa 范围内，不宜过高或过低。工作压力过高会影响铆钉枪的寿命，过低则降低其工作能力。

（4）铆钉枪若长时间不用，可浸在煤油槽中存放，或者涂上防锈油装入木箱中保存。再次使用前，要彻底拆卸清洗。

3. 铆钉枪空枪操作

要想熟练掌握铆钉枪的操作技术，通常应先进行一段时间的空枪操作练习。

空枪操作时，选一较大木墩平稳地放置在平地上，将铆钉枪直立在木墩上，右手握住手把，左手扶持枪体，两手用力握住铆钉枪。然后，用右手拇指控制开关，调节进入枪体的压缩空气流量，进行模拟铆钉练习。施加于铆钉枪打击力度的大小，随进入枪体内的压缩空气流量的变化而变化。所以，熟练地控制开关，稳定地把握枪体，以求能自如地控制铆钉枪的打击力度和调节枪位，对掌握铆接技术至关重要，要反复、认真练习。此外，还要交替练习断续进风（又称“点发”）和连续送风（又称“连发”），以便为铆接作业打下基础。

4. 注意事项

（1）铆钉枪的拆洗、装配均应在清洁的场所进行，不应在工作地点或多尘环境下拆装铆钉枪。

（2）空枪操作时，要用力压住铆钉枪，以免窝头及枪体内活塞飞出，发生事故。

（3）操作中注意窝头的发热情况，过热时应浸入水中冷却。冷却后的窝头装入枪体前，应在其尾部涂上少许润滑油。

（4）检查风管与铆钉枪的连接情况，发现接头松动应及时紧固，防止风管脱落伤人。一旦发生风管脱落，应迅速关闭风源开关。

二、扔钉与接钉

铆接过程中，为使经过加热的铆钉迅速送到操作者手中，铆钉是以一扔一接的独特方式进行传递的。因此，扔、接钉技术是铆接技术中一个必不可少的环节，应该熟练掌握。

1. 扔钉技术

扔铆钉，要用烧钉钳夹持铆钉进行抛扔。扔钉前，操作者左手在上，右手在下，以双手握持烧钉钳夹住铆钉（见图 13－2a）。然后，左脚在前，右脚在后，两腿自然开立，并使身体略向右转。

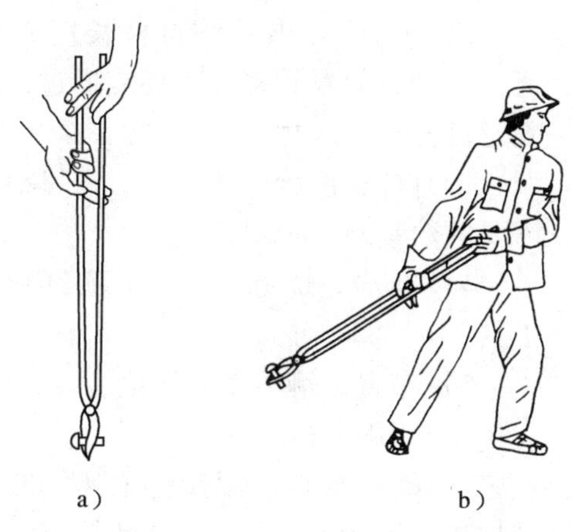

a） b） c）

图 13－2 扔钉技术动作

a）烧钉钳握法 b）扔钉时的后摆动作 c）抛扔铆钉

扔钉时，先将烧钉钳向身体的右后方摆动（见图 13－2b），摆动幅度大小根据扔钉距离而定。距离近，摆动幅度可小一些；距离远，摆动幅度则要大一些。烧钉钳后摆到需要的幅度后，双手用力将烧钉钳快速向前摆动，当其摆动到身体前方时，双手及时分开烧钉钳，将铆钉抛扔出去（见图 13－2c），钉飞出时与地面的夹角在 30°～45°。为节省抛扔力，扔钉时钳口张开的角度不宜过大。

2. 接钉技术

接钉时，操作者一手持接钉桶（见图 13－3a），一手拿穿钉钳（见图 13－3b），面向扔钉者站立。当铆钉扔过来时，应将接钉桶迎向飞来的铆钉。在铆钉落入桶内的瞬间，将接钉桶顺着铆钉运动的惯性做后撤动作，使铆钉在桶内得到缓冲，避免被弹出。

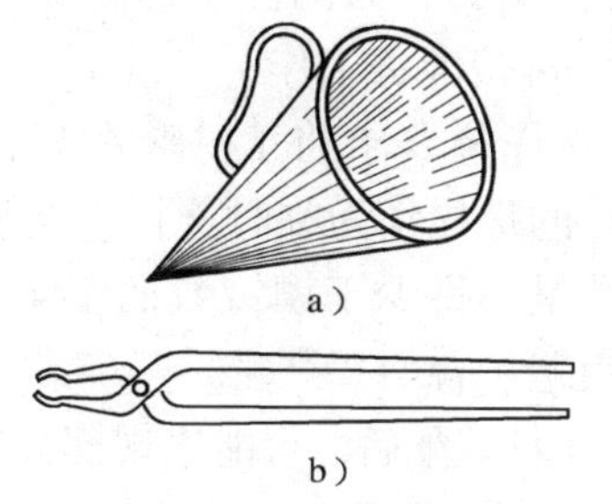

a）

b）

图 13－3 接钉工具

a）接钉桶 b）穿钉钳

铆接作业时，扔钉与接钉两操作者之间，要靠一些约定方法互相联系。例如，当接钉者向扔钉者索要铆钉时，可将穿钉钳在接钉桶上敲击两三下，以示需要铆钉。

3. 注意事项

（1）穿戴好劳动保护用品。

（2）扔、接钉训练中，扔钉者要在得到接钉者发出索要铆钉的信号后，方可扔钉。

（3）接钉者不应面向阳光站立，以免阳光刺眼而不利于观察飞落的铆钉。

（4）接钉者脚下必须平整，周围不得有任何障碍物。

三、铆接作业

1. 铆接工件图（见图 13－4）

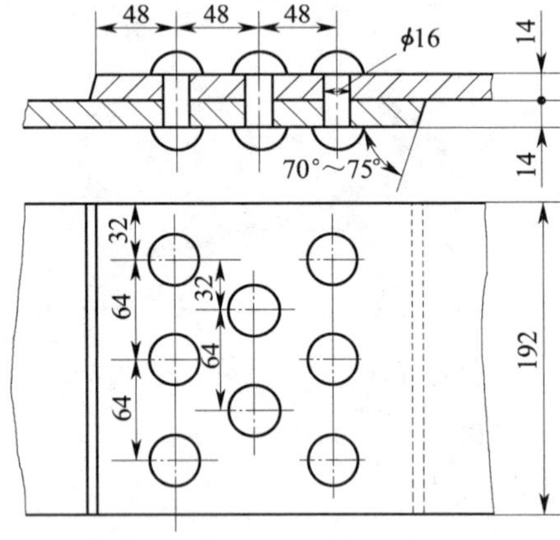

图 13－4　铆接工件图

2. 铆接步骤与方法

（1）作业组织

常规铆接作业为 4 人一组，其中 1 人负责烧钉并扔钉；1 人负责接钉与穿钉；1 人顶钉；1 人铆钉，共同协作完成铆接过程。

（2）铆接准备工作

1）按图样要求将工件装配好，用少量相应规格的螺栓作为临时连接。螺栓分布要均匀，数量不得少于铆钉数的 1/4。螺栓紧固后，板缝接合面要严密。

2）工件装配后，可能出现部分钉孔板孔位相错，此时必须用矫正冲或铰刀修整钉孔，使板孔同心，以便顺利穿钉。另外，在预加工中留有余量的钉孔，还要进行扩孔修理。

3）确定铆钉杆的长度。铆接质量的好坏与铆钉杆长度有很大关系。若钉杆过长，铆钉的墩头就过大，且钉杆容易弯曲；若钉杆过短，则钉杆镦粗量不足，钉头成形不完整，将会影响铆接强度和紧密性。铆钉杆长度应根据工件所用铆钉类型、连接件总厚度等因素来确定。工件中所采用的半圆头铆钉钉杆长度可按下式计算：

$$L=(1.65\sim1.75)d+1.1\sum t \qquad (13-1)$$

式中　L——铆钉杆长度，mm；

d——铆钉杆直径，mm；

$\sum t$——连接件总厚度，mm。

由上式计算出的铆钉杆长度只是近似值，当铆钉数量较多时，还应通过试铆最后确定钉杆长度。

铆钉杆长度准确确定后，便可根据工件需要的数量裁出铆钉。

4）准备好烧钉、接钉、顶钉和铆钉的工具。

5）布置好铆接作业场地。

（3）铆接作业

1）铆钉加热。用铆钉枪热铆时，铆钉需加热至 1 000 ℃左右。加热铆钉一般使用小焦炭炉，焦炭炉安放的位置不可远离铆接现场，以便于及时输送加热后的铆钉。加热时，铆钉在炉内要摆放有序，钉头朝外且稍高些，钉与钉之间应有间隔。然后提高炉温，快速加热，待铆钉加热至呈橙黄色时（900～1 000 ℃），应减少向炉内进风，改为缓火焖烧，使铆钉温度内外均匀。

接到索要铆钉的信号后，将加热好的铆钉迅速从炉中取出，扔送给接钉者，并及时向炉内空位补充待加热的铆钉，使铆接能连续进行。

2）接钉与穿钉。接钉与穿钉由一人完成，要根据作业进度适时索要铆钉，待接到烧好的铆钉后，用穿钉钳夹持铆钉迅速穿入钉孔。若铆钉上有氧化铁皮，则应先将铆钉在钉桶上敲掉氧化铁皮，再穿入钉孔。

3）顶钉。顶钉是在铆钉穿入钉孔后，用顶把顶住钉头的操作，常用的手顶把如图 13－5 所示。顶把上的窝头形状、规格均应与预制的铆钉头相符，为了更有利于铆接时钉头与工件表面贴靠紧密，顶把上的凹窝宜浅些。

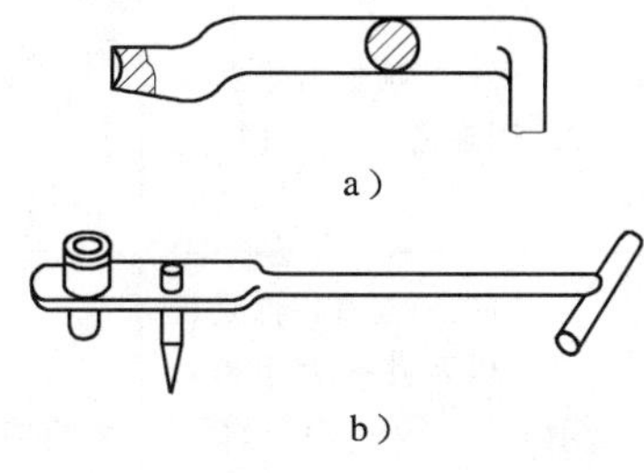

图 13－5　手顶把

a）抱顶把　b）压顶把

顶钉时，动作要正确而迅速。顶钉初始要用力，顶把窝头轴线应与铆钉轴线重合，待钉杆镦粗胀紧钉孔后，可适当减小顶钉力，同时根据铆钉成形中的实际情况，调节顶把角度，使铆接更加紧密。

对较小的铆接工件，也可将窝头固定在台架上，代替手顶把顶钉。铆接小台架如图 13－6 所示。

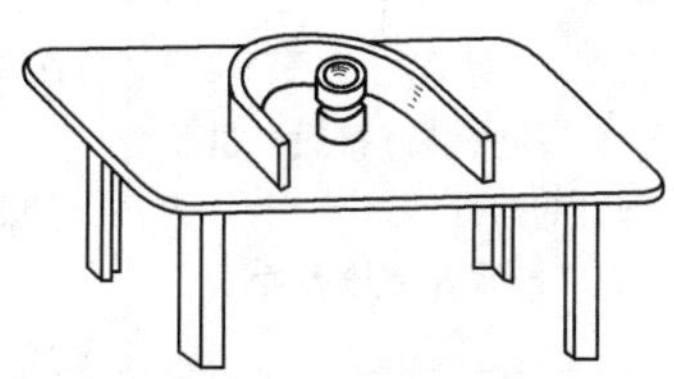

图 13－6　铆接小台架

4）铆接。铆接过程如图 13－7 所示，先用顶把把穿入钉孔的铆钉头部顶住，然后用铆钉枪前端的窝头罩在铆钉上端进行打击。开始时，风量要小一些，并采取断续送风法镦粗铆钉杆。待钉杆镦粗后，加大送风量，先将钉杆头打成蘑菇形，然后逐渐打成完整的钉头形状。如果出现钉杆弯曲或钉头偏斜时，可将铆钉枪对应倾斜适当角度进行矫正，待钉杆正位后再将铆钉枪扶正。铆钉成形后，铆钉枪还要略微倾斜地绕钉头旋转一周打击，迫使钉头周边与工件表面接合紧密。但应注意铆钉枪倾斜不得过大，以免窝头磕伤工件表面。

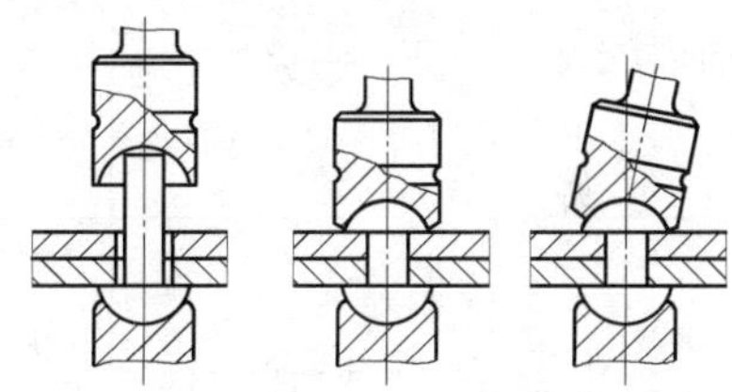

图 13－7　铆接过程

3. 铆接质量检验

（1）目测检查表面质量。铆钉的表面缺陷主要有铆钉成形差、裂纹、工件表面磕伤等。

（2）用小锤轻轻敲击铆钉头，凭声音判断铆钉是否松动。

（3）用量具（钢直尺、样板等）检查铆钉位置是否符合图样要求。

铆接中常见的缺陷及产生原因、预防措施和消除方法见表 13－1。

表 13－1　　铆接中常见的缺陷及产生原因、预防措施和消除方法

序号	缺陷名称	图示	产生原因	预防措施	消除方法
1	铆钉头偏移或钉杆歪斜		1. 铆接时铆钉枪与板面不垂直 2. 风压过大，使钉杆弯曲 3. 钉孔歪斜	1. 铆钉枪与钉杆应在同一轴线上 2. 开始铆接时，风门应由小逐渐增大 3. 钻孔或铰孔时刀具应与板面垂直	偏心≥0.1 d 时更换铆钉

续表

序号	缺陷名称	图示	产生原因	预防措施	消除方法
2	铆钉头四周未与板件表面接合		1. 孔径过小或钉杆有毛刺 2. 压缩空气压力不足 3. 顶钉力不够或未顶严	1. 铆接前先检查孔径 2. 穿钉前先消除钉杆毛刺和氧化皮 3. 压缩空气压力不足时应停止铆接 4. 加大顶把的顶钉力	更换铆钉
3	铆钉头局部未与板件表面接合		1. 罩模偏斜 2. 钉杆长度不够	1. 铆钉枪应保持垂直 2. 正确确定铆钉杆长度	更换铆钉
4	板件接合面间有缝隙		1. 装配时螺栓未紧固或过早地拆卸螺栓 2. 孔径过小 3. 板件间相互贴合不严	1. 铆接前检查板件是否贴合，以及孔径大小是否合适 2. 拧紧螺母，待铆接后再拆除螺栓	更换铆钉
5	铆钉形成凸头及磕伤板料		1. 铆钉枪位置偏斜 2. 钉杆长度不足 3. 罩模直径过大	1. 铆接时铆钉枪应与板件垂直 2. 正确计算钉杆长度 3. 更换罩模	更换铆钉
6	铆钉杆在钉孔内弯曲		铆钉杆与钉孔的间隙过大	1. 选用适当直径的铆钉 2. 开始铆接时，风门应小一些	更换铆钉
7	铆钉头有裂纹		1. 铆钉材料塑性差 2. 加热温度不适当	1. 检查铆钉材质，试验铆钉的塑性 2. 控制好加热温度	更换铆钉
8	铆钉头周围有过大的帽缘	a b	1. 钉杆太长 2. 罩模直径太小 3. 铆接时间过长	1. 正确选择钉杆长度 2. 更换罩模 3. 减少打击次数	$a \geqslant 3$ mm $b \geqslant 1.5 \sim 3$ mm，拆除更换
9	铆钉头过小，高度不够		1. 钉杆较短或孔径过大 2. 罩模直径过大	1. 加长钉杆 2. 更换罩模	更换铆钉
10	铆钉头上有伤痕		罩模击在铆钉头上	铆接时紧握铆钉枪，防止跳动过高	更换铆钉

课题二 螺纹连接

一、方法兰螺纹连接工件图（见图 13－8）

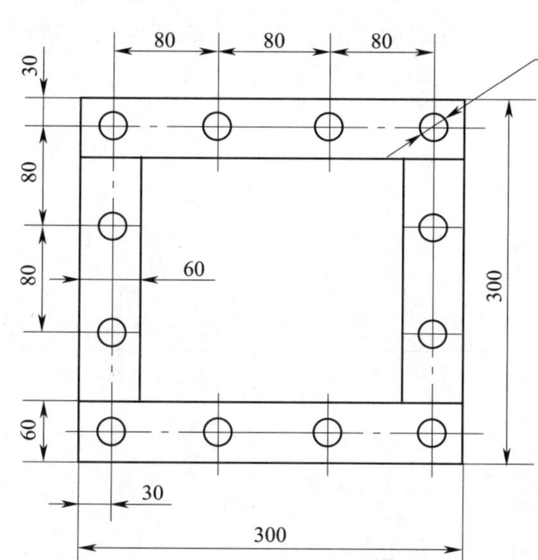

图 13－8 方法兰螺纹连接工件图

二、准备工作

1. 连接件的准备

按图 13－8 所示尺寸准备方法兰两个，并按图样要求钻好孔。

2. 工具的准备

准备活扳手两个（200 mm×24 in）。

3. 螺纹紧固件的准备

准备 M12×35 mm 的螺栓 12 个，M12 的螺母及弹簧垫圈各 12 个。

三、连接步骤与方法

1. 连接方法

将螺栓穿入连接件的孔中，加上弹簧垫圈后，用手拧上螺母，这时不能用扳手将螺母拧紧，否则会造成各螺母的松紧程度不一致。

2. 成组螺栓紧固顺序

如图 13－9 所示，按图中的数字顺序依次预紧螺母，即在用扳手紧固时，不能一次完成，第一次稍加用力即可。然后，按原顺序再紧固一次，这次紧固使螺母基本到位。最后还要按照顺序将螺母紧固到可靠为止。

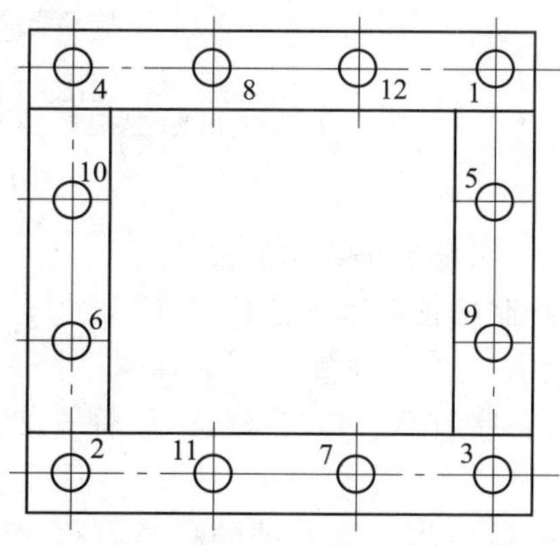

图 13－9 螺母紧固的顺序

四、质量检查

1. 目测螺栓头、螺母与工件之间是否存在间隙。

2. 检查两个工件之间是否存在间隙。

3. 检查各个螺母的松紧程度是否一致。

五、注意事项

1. 方法兰拼接时，焊道应磨平，以免在紧固时工件之间存在间隙。

2. 螺栓的光杆部分不能过长，以免紧固时出现不牢固现象。

3. 用活扳手时，开口的尺寸应与螺栓头六角的尺寸相适应，不能过大，否则易将螺栓六角头拧圆。

4. 拧紧力矩应根据螺栓直径的大小确定。过大易造成螺栓折断或脱扣现象，过小会出现紧固不可靠。

5. 工件在钻孔时，应保证孔中心与工件表面垂直，以免造成螺栓头、螺母与工件之间出现间隙。

课题三 胀 接

一、胀接工件图（见图 13－10）

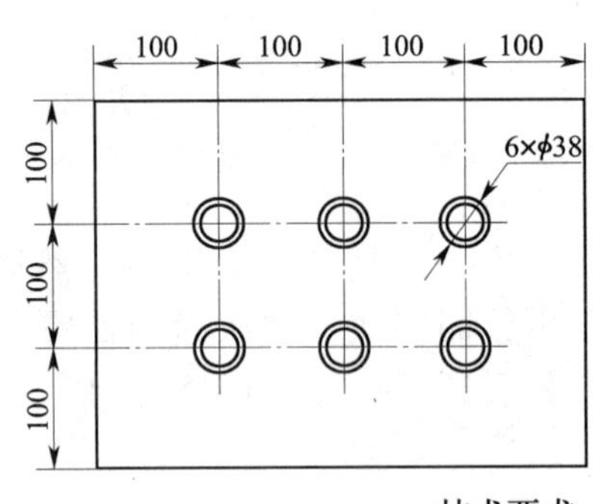

300
8
30

技术要求

1.保证胀接的牢固性，不得有松动现象。
2.不得出现过胀现象，不得出现管子胀裂。

图 13－10　胀接工件图

二、胀接的步骤与方法

1. 胀接前的准备工作

（1）工具的准备

准备胀管器、定尺样板、胀管支架、手锤等。

1）胀管器。胀管器的种类有很多，有螺旋式、前进式、后退式，还有自动胀管器和自动停止式胀管器等。根据胀管器主要零件的结构和特点，选择前进式胀管器。

2）定尺样板。根据被胀接件管及板的尺寸，制作管端露出板面距离的尺寸长度定尺样板。管子露出板面的距离为 8 mm，定尺样板如图 13－11 所示。

3）胀管支架。在胀接时，为了使工件得到稳定的固定，应制作胀管支架，如图 13－12 所示，将两个管子托架焊在水平钢板上，两个托架应处于水平位置，托架的高度应满足胀接操作的方便，一般托架的高度取 1 000～1 200 mm。

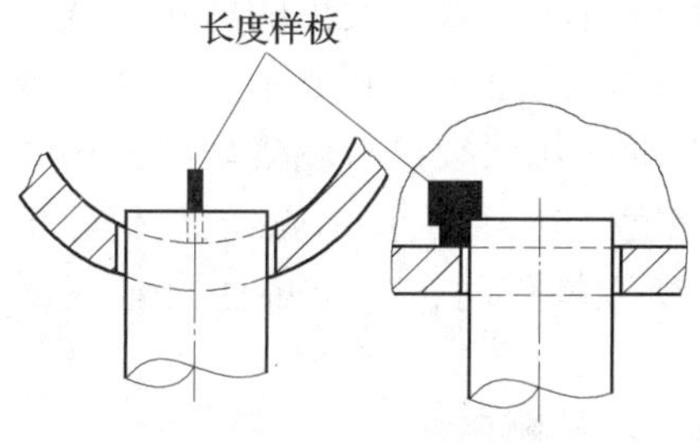

图 13 – 11 定尺样板

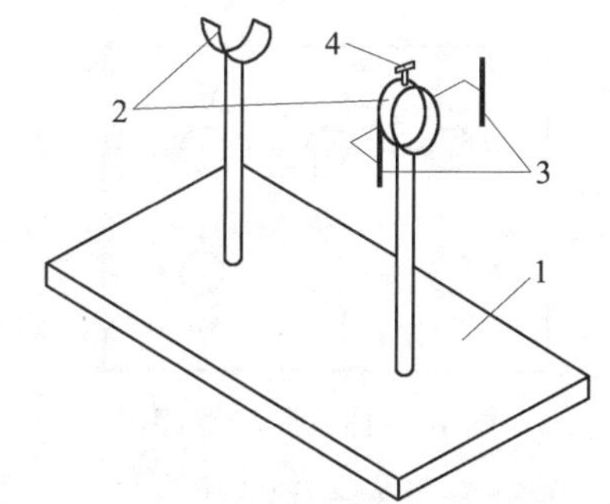

图 13 – 12 胀管支架

1—底板 2—托架 3—挡板 4—固定螺钉

（2）材料的准备

1）钢板。胀接的结构形式有光孔胀接和开槽胀接两种。根据实际情况，这里采用光孔胀接。先按图 13 – 10 的尺寸下料，后按图样中的尺寸进行钻孔。孔的直径应比管子外径小 1 ~2 mm。由于钻孔的精度只能达到 5 ~6 级，不能满足胀接的要求，因此孔应钻得小一些，然后再用铰刀进行铰孔，以提高孔内壁的精度，孔内壁的精度应为 6 ~ 7 级。

2）钢管。按图 13 – 10 中给定的钢管尺寸下料。在胀接过程中，要求管子产生较大的塑性变形，而使管孔壁仅产生弹性变形，同时管端在扳边或翻边时不产生裂纹，因此要求管子端部硬度必须低于管孔壁的硬度。当胀接管子的硬度高于管板的硬度，或管子硬度大于 HB300 时，应进行低温退火处理，以降低其硬度，提高塑性。退火温度，对碳钢管取 600 ~650 ℃，合金钢管取 650 ~700 ℃。

管子的退火长度，一般取管板厚度加 100 mm。退火时，将管子的另一端堵住，以防止因空气对流而影响加热。在加热过程中，还应该经常转动管子，使整个圆周受热均匀，避免局部过热。保温时间为 10 ~ 15 min，将取出后的管子埋在温热的干砂、石棉或硅藻土等保温材料中进行缓冷，待冷却到 50 ~60 ℃后取出空冷。

注意：退火温度不能超过其上限，以免降低管子金属的抗拉强度，影响胀接接头的强度；另外，加热用的燃料不能采用含硫量较高的烟煤，以免硫使管子金属产生脆性。

3）检查和清理管孔及管端。管子与管孔壁之间，不能有杂物存在，否则胀接后不但影响胀接强度，而且也很难保证接头的严密性。因此在胀接前，必须对管端及管孔加以清理。

清除管孔上的尘土、水分、油污及锈蚀等时，可先用纱头或废布将尘土、水分及油污擦净，然后再用砂布沿管子圆周方向打磨，直至全部呈现金属光泽为止。同时，不允许有锈斑和纵向贯穿的刻痕，及两端延伸到壁外的环向螺旋形刻痕的存在。另外，管孔边缘的锐边和毛刺也应刮除。管子经修磨后，尺寸应在允许的偏差范围内。

对清理的管子和管孔进行尺寸测量，将个别尺寸偏大或偏小的进行编号、分类，以便于选配（直径偏大的管子选配偏大的管孔）。经选配后，便能得到比较合理的间隙，因而保证胀接质量。

2. 管子初胀

在胀接过程中，有时不能做到一次全部胀好，所以一般要分两次进行，先初胀后复胀。管子初胀时，将清理好的管子深入管孔内，将管固定在管子托架 2 上（见图 13 – 12），将管板靠在挡板 3 上，使之与底板 1 垂直。由于托架 2 与底板 1 平行，所以，这时管与板垂直，然后用定尺样板检查管露出板的尺寸是否符合要求。当符合要求后，紧固托架的固定螺钉 4 使管子固定。

将胀管器涂好黄油，放入管内进行胀管。当管子不再在管孔内晃动后，用小锤击打，若不出现重响，证明管与孔壁贴紧无间隙，然后再适当胀大 0.2 ~ 0.3 mm，这样就达到了初胀的要求。

3. 管子复胀和扳边

管子经初胀后，各处尺寸基本固定，然后进行复胀。应注意的是，初胀结束后，仍需防止接合面再次被氧化的可能性，故初胀与复胀的间隔时间应尽可能地缩短。

复胀是将已经初胀的管接头再次进行胀紧，达到规定的胀接率。若管端还需扳边时，可采用前进式扳边胀管器进行。这样使胀紧和扳边工作同时完成，将管端扩成需要的喇叭形。

4. 胀紧程度的控制

胀紧程度应控制在一定的范围内，扩胀量不足和过胀都会影响接头的强度及密封性。胀紧量在工艺教材中已有详细介绍，这里不做重复。在实际工作中，可凭手臂感觉的力量或者听胀管器发出的声响及观察管子变形程度确定是否达到要求。另外，观察板孔的周围氧化层裂纹有剥落现象，这时说明胀紧程度已达到要求（凭经验才能准确判断）。所以操作时，一定多注意观察，积累经验。

5. 胀接顺序

胀接顺序如图 13 - 13 所示。

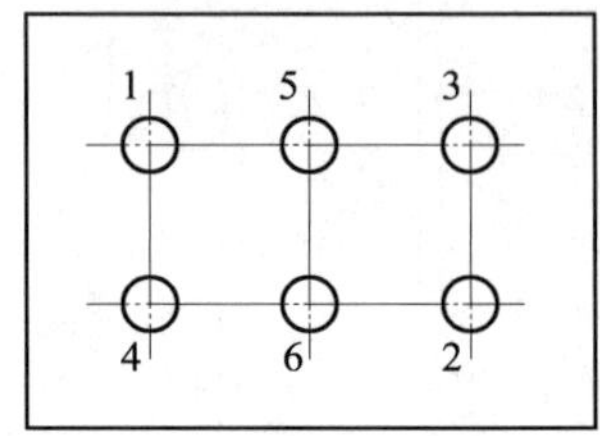

图 13 - 13　胀接顺序

三、胀接的质量检验

1. 检查胀紧的程度是否符合要求。

2. 检查管子与管板孔之间是否存在间隙。

3. 检查管子伸出的长度是否符合要求。

第十四单元

复合作业（三）

课题一　搅拌机槽体制作

一、搅拌机槽体图样（见图 14－1）

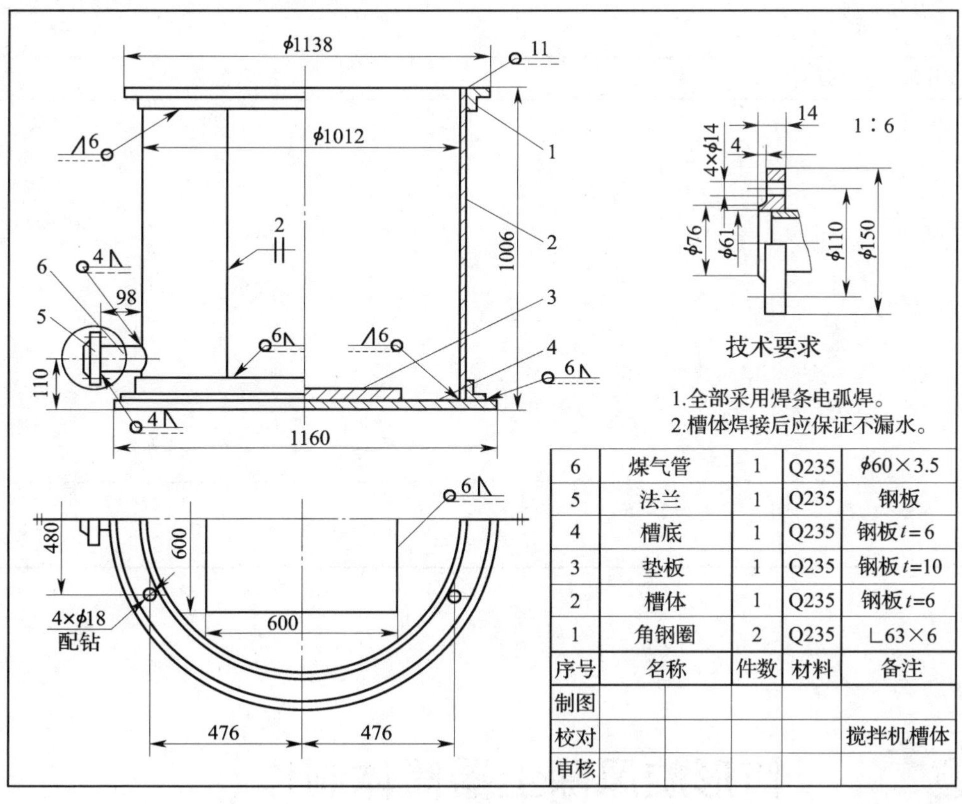

序号	名称	件数	材料	备注
6	煤气管	1	Q235	φ60×3.5
5	法兰	1	Q235	钢板
4	槽底	1	Q235	钢板 $t=6$
3	垫板	1	Q235	钢板 $t=10$
2	槽体	1	Q235	钢板 $t=6$
1	角钢圈	2	Q235	∟63×6

制图				
校对				搅拌机槽体
审核				

图 14－1　搅拌机槽体图样

二、工艺分析卡片（表 14－1）

表 14－1　　　　工艺分析卡片

<table>
<tr><td>姓名</td><td></td><td>学号</td><td></td><td>班级</td><td></td><td>填写日期</td><td></td></tr>
<tr><td colspan="8">工件概况</td></tr>
<tr><td>数量</td><td></td><td>材质</td><td></td><td>质量</td><td></td><td>外形尺寸</td><td></td></tr>
<tr><td>工时定额</td><td></td><td>实际工时</td><td></td><td>材料定额</td><td></td><td>实际消耗材料</td><td></td></tr>
<tr><td colspan="8">1. 确定工序，画出工序流程图（附零件草图）</td></tr>
<tr><td colspan="8"></td></tr>
<tr><td colspan="8">2. 主要工序加工工艺分析</td></tr>
<tr><td colspan="8"></td></tr>
<tr><td>备注</td><td colspan="7"></td></tr>
</table>

课题二　筒形旋风除尘器筒体制作

一、筒形旋风除尘器筒体图样（见图 14－2）

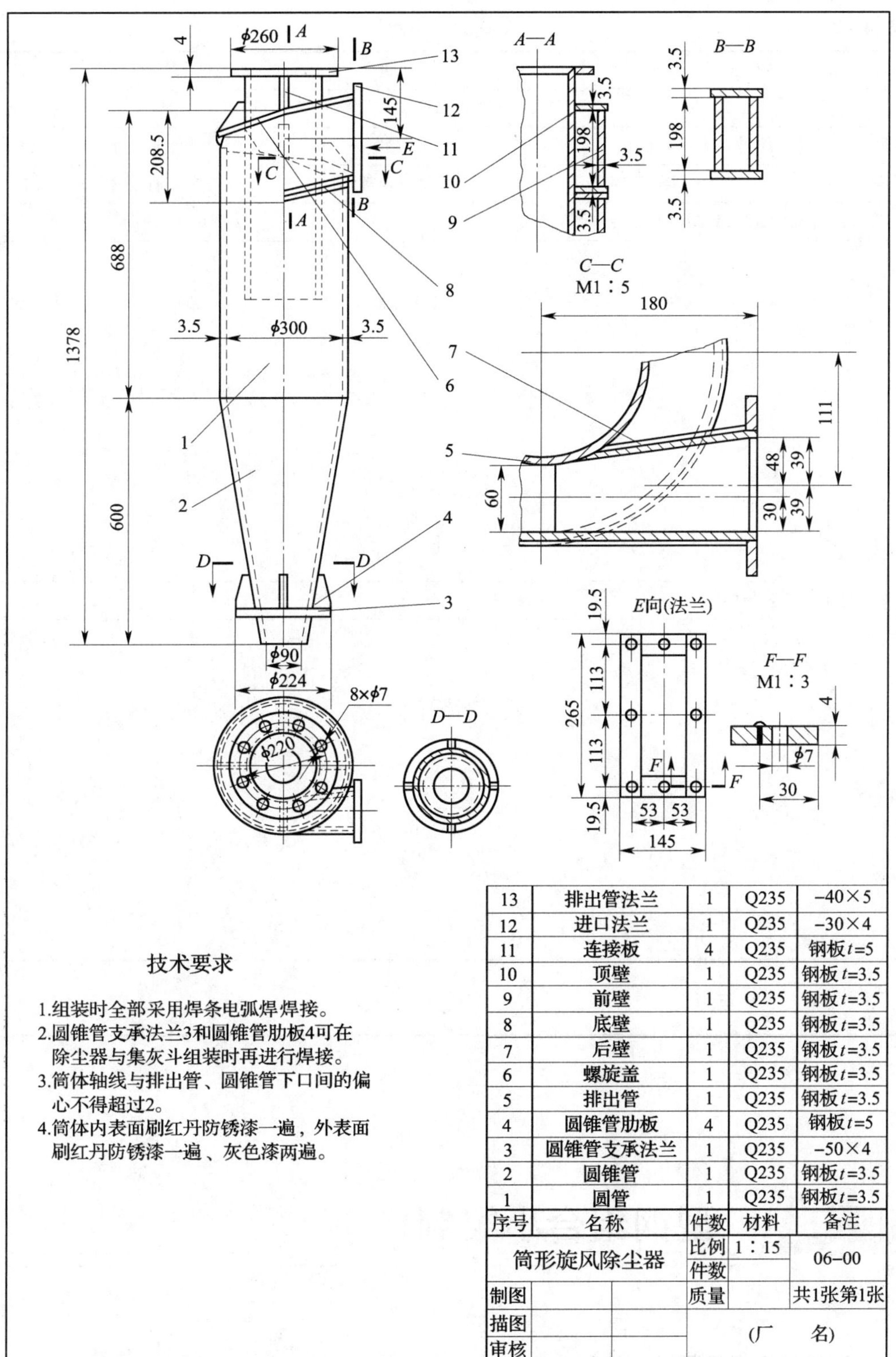

技术要求

1.组装时全部采用焊条电弧焊焊接。
2.圆锥管支承法兰3和圆锥管肋板4可在除尘器与集灰斗组装时再进行焊接。
3.筒体轴线与排出管、圆锥管下口间的偏心不得超过2。
4.筒体内表面刷红丹防锈漆一遍，外表面刷红丹防锈漆一遍、灰色漆两遍。

序号	名称	件数	材料	备注
13	排出管法兰	1	Q235	−40×5
12	进口法兰	1	Q235	−30×4
11	连接板	4	Q235	钢板 t=5
10	顶壁	1	Q235	钢板 t=3.5
9	前壁	1	Q235	钢板 t=3.5
8	底壁	1	Q235	钢板 t=3.5
7	后壁	1	Q235	钢板 t=3.5
6	螺旋盖	1	Q235	钢板 t=3.5
5	排出管	1	Q235	钢板 t=3.5
4	圆锥管肋板	4	Q235	钢板 t=5
3	圆锥管支承法兰	1	Q235	−50×4
2	圆锥管	1	Q235	钢板 t=3.5
1	圆管	1	Q235	钢板 t=3.5

筒形旋风除尘器		比例	1：15	06-00
		件数		
制图		质量		共1张第1张
描图		(厂　　名)		
审核				

图 14－2　筒形旋风除尘器筒体图样

二、工艺分析卡片（见表 14－2）

表 14－2　　工艺分析卡片

姓名		学号		班级		填写日期	
工件概况							
数量		材质		质量		外形尺寸	
工时定额		实际工时		材料定额		实际消耗材料	
1. 确定工序，画出工序流程图（附零件草图）							
2. 主要工序加工工艺分析							
备注							

课题三　型钢组合小梁制作

一、型钢组合小梁图样（见图 14－3）

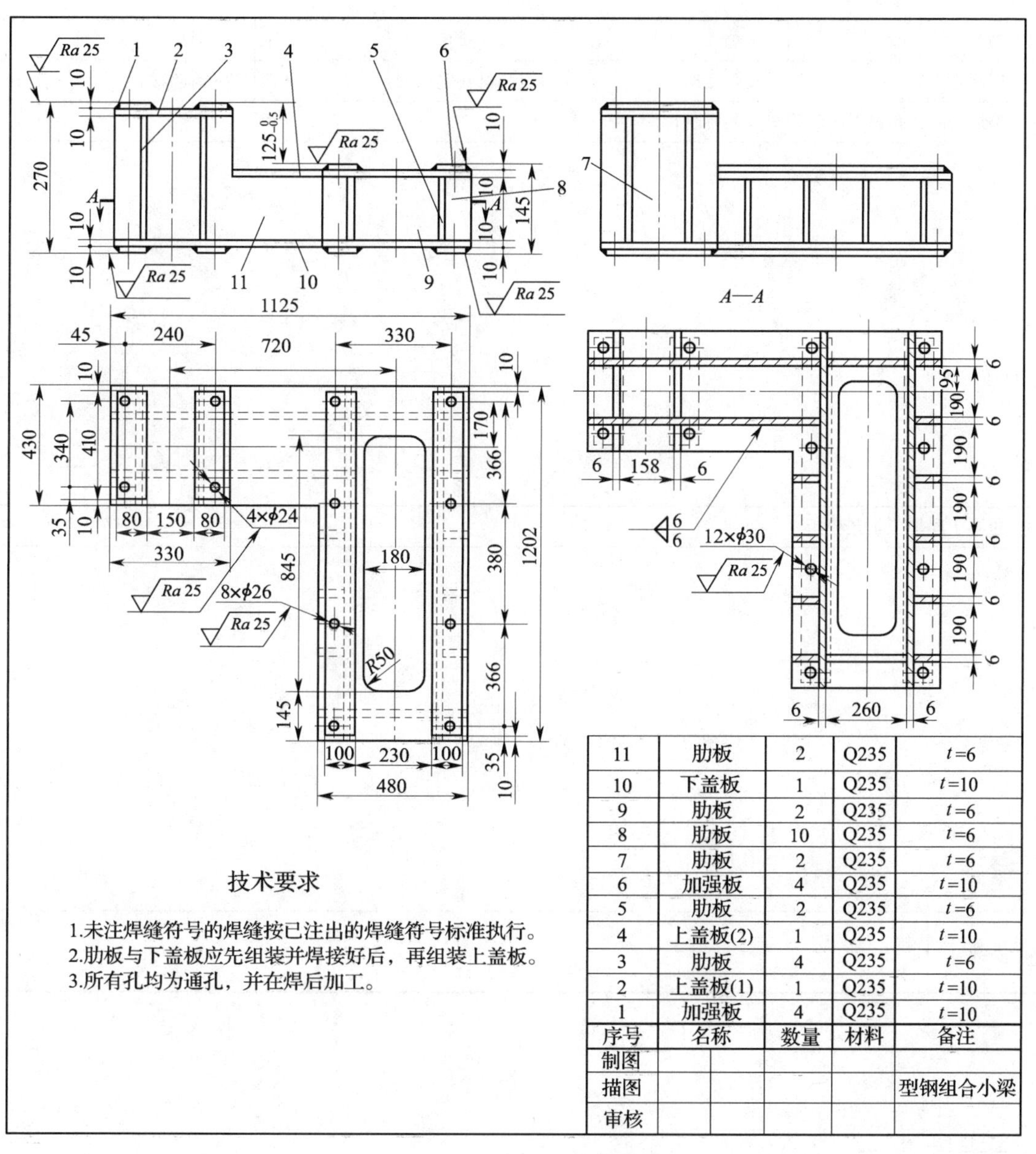

技术要求

1.未注焊缝符号的焊缝按已注出的焊缝符号标准执行。
2.肋板与下盖板应先组装并焊接好后，再组装上盖板。
3.所有孔均为通孔，并在焊后加工。

序号	名称	数量	材料	备注
11	肋板	2	Q235	t=6
10	下盖板	1	Q235	t=10
9	肋板	2	Q235	t=6
8	肋板	10	Q235	t=6
7	肋板	2	Q235	t=6
6	加强板	4	Q235	t=10
5	肋板	2	Q235	t=6
4	上盖板(2)	1	Q235	t=10
3	肋板	4	Q235	t=6
2	上盖板(1)	1	Q235	t=10
1	加强板	4	Q235	t=10

制图				
描图				型钢组合小梁
审核				

图 14－3　型钢组合小梁图样

二、工艺分析卡片（见表 14－3）

表 14－3　　工艺分析卡片

<table>
<tr><td>姓名</td><td></td><td>学号</td><td></td><td>班级</td><td></td><td>填写日期</td><td></td></tr>
<tr><td colspan="8">工件概况</td></tr>
<tr><td>数量</td><td></td><td>材质</td><td></td><td>质量</td><td></td><td>外形尺寸</td><td></td></tr>
<tr><td>工时定额</td><td></td><td>实际工时</td><td></td><td>材料定额</td><td></td><td>实际消耗材料</td><td></td></tr>
<tr><td colspan="8">1. 确定工序，画出工序流程图（附零件草图）</td></tr>
<tr><td colspan="8"></td></tr>
<tr><td colspan="8">2. 主要工序加工工艺分析</td></tr>
<tr><td colspan="8"></td></tr>
<tr><td>备注</td><td colspan="7"></td></tr>
</table>

课题四　储液筒体制作

一、储液筒体图样（见图 14－4）

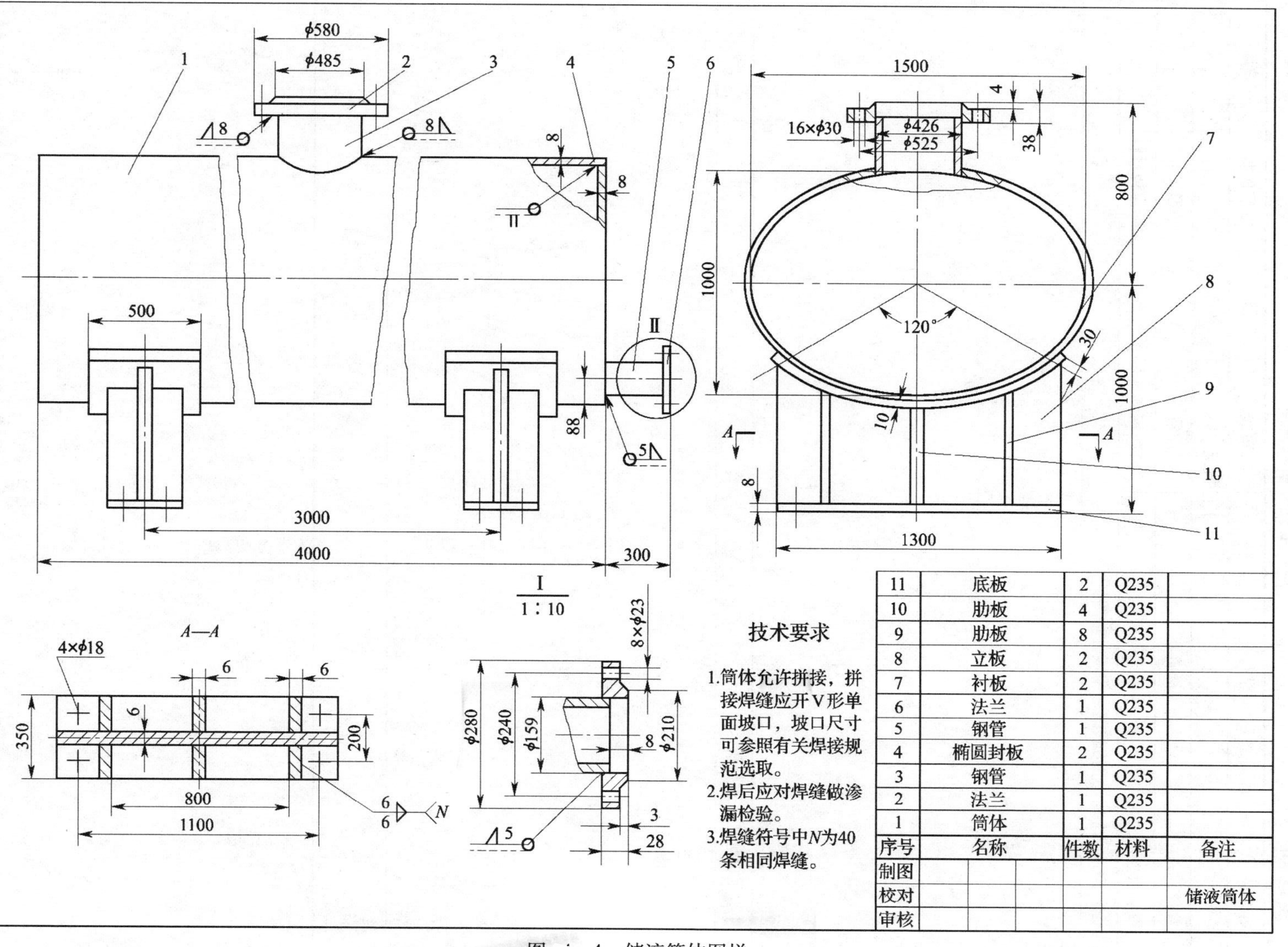

序号	名称	件数	材料	备注
11	底板	2	Q235	
10	肋板	4	Q235	
9	肋板	8	Q235	
8	立板	2	Q235	
7	衬板	2	Q235	
6	法兰	1	Q235	
5	钢管	1	Q235	
4	椭圆封板	2	Q235	
3	钢管	1	Q235	
2	法兰	1	Q235	
1	筒体	1	Q235	
制图				
校对				储液筒体
审核				

图 4 储液筒体图样

二、工艺分析卡片（见表 14 – 4）

表 14 – 4　　　　　　　　　　工艺分析卡片

姓名		学号		班级		填写日期	
工件概况							
数量		材质		质量		外形尺寸	
工时定额		实际工时		材料定额		实际消耗材料	
1. 确定工序，画出工序流程图（附零件草图）							
主要工序加工工艺分析							
备注							